北京理工大学"双一流"建设精品出版工程

Chemical Fluid Mechanics
化学流体力学

滕宏辉　王宽亮　张义宁 ◎ 编著

北京理工大学出版社
BEIJING INSTITUTE OF TECHNOLOGY PRESS

内 容 简 介

本书采用顺序与主题相结合的编写模式，以航空航天领域的气体动力学和燃烧学为核心内容，包含了化学流体的基础理论与应用案例。本书共7章，分别为流体力学与热力学基本概念、多组分反应流体的基本方程、几种简化的气体流动模型、高超声速反应流、燃烧化学动力学与火焰、爆轰气体动力学、工程中的化学流体力学前沿。本书内容丰富实用，涵盖了化学流体力学的基础知识与前沿探索。基础理论方面配有习题，以达到同步思考并巩固知识的目的。

本书适合作为化学流体力学课程的教材，也可供航空航天爱好者阅读参考。

版权专有　侵权必究

图书在版编目（CIP）数据

化学流体力学/滕宏辉，王宽亮，张义宁编著.
北京：北京理工大学出版社，2025.2.
ISBN 978-7-5763-5165-1

I．O362

中国国家版本馆 CIP 数据核字第 2025MA1304 号

责任编辑：李颖颖　　　**文案编辑**：吕思涵
责任校对：周瑞红　　　**责任印制**：李志强

出版发行 / 北京理工大学出版社有限责任公司
社　　址 / 北京市丰台区四合庄路6号
邮　　编 / 100070
电　　话 / (010) 68944439（学术售后服务热线）
网　　址 / http://www.bitpress.com.cn
版 印 次 / 2025年2月第1版第1次印刷
印　　刷 / 北京虎彩文化传播有限公司
开　　本 / 787 mm×1092 mm　1/16
印　　张 / 11.75
彩　　插 / 4
字　　数 / 282千字
定　　价 / 58.00元

图书出现印装质量问题，请拨打售后服务热线，负责调换

前言

本书是在北京理工大学力学系多年使用的化学流体力学讲义的基础上编著而成的。化学流体是指有化学反应发生的流体，化学流体力学既是流体力学的一个分支，也是力学与化学交叉的前沿学科。该学科关注单相或多相流动条件下，流体内部的质量传递、动量传递、能量传递及其转化过程的基本科学规律。在内容选取上，本书借鉴了许多本国内现有的气体动力学、燃烧学课程教材，融入了编者多年从事化学流体力学课程教学和科研方面的心得体会与研究成果，重点介绍了化学流体力学的物理现象、规律和机理，并融入了近年来的前沿科学问题，力求兼具基础性与前瞻性。

20世纪50—60年代，化学流体力学主要针对两个方面的问题：一个是化学工业中的传热、传质问题，另一个是火焰结构和发动机燃烧等问题。1966年，中国科学院力学研究所设立化学流体研究室，响应当时国家的重大需求，将注意力集中于发动机的燃烧方面。近几十年来，随着我国航空航天事业的快速发展，化学流体力学的重要性日益凸显，基于该学科解决实际需求的典型例子有（1）阐明航天器或航天器进入地球大气层或行星大气层时的气动加热现象；（2）阐明各类动力装置或推进系统中的燃烧现象。与研究（1）相关的问题是如何估计飞行物体弹道进入过程中的巨大气动加热，以及利用烧蚀和气动热防护方法等。对于航天器来说，准确估计离解和电离气体的气动加热非常重要。为了保护飞行器在再入飞行过程中保持稳定的姿态，必须获得更准确的气体离解模型、电离模型和壁催化模型。特别是随着完全可重复使用的太空运输系统的发展，对高焓气流的研究变得越来越重要，以便提供准确的气动力和热预测与研究。与研究（2）相关的典型问题可以通过超燃冲压发动机来说明。化学流体力学的应用对于发动机结构设计和优化、燃料设计与喷注、燃烧室流动与防热控制等方面至关重要。化学流体力学是一门应用于包含化学反应的复杂流动现象与规律的科学，它涉及气体动力学、燃烧学、热力学、传热学等学科，其内容丰富，实用性很强，相关内容散见于气体动力学、燃烧学或航空航天推进领域的教材与专著中，但是国内尚未有对此进行系统介绍的教材。

本书以航空航天研究为背景，主要包含了基础部分与应用部分两方面的内容。基础部分主要为气体动力学与燃烧学两方面的基本理论；应用部分结合当前的研究前沿，介绍化学流体力学在航空航天领域的应用案例。基础部分包括流体力学与热力学基本概念、多组分反应流体的基本方程、几种简化的气体流动模型、高超声速反应流、燃烧化学动力学与火焰、爆轰气体动力学等内容，是流体及燃烧相关专业的通用内容，也是本书的重点。应用部分包括工程中的化学流体力学前沿等内容，旨在提升学生应用工程方法解决复杂流动燃烧问题的能力。由于篇幅的限制，应用部分未详细论证这些流动现象的理论推导过程。为了使读者更好地掌握其中内容，书中还配有典型例题和习题，希望读者可以在理解的基础上进一步应用到不同的问题中。

  本书在编写过程中，曾得到中国航天空气动力技术研究院吕俊明研究员的审阅，他对本书内容的选取和编写提供了宝贵意见，在此表示衷心的感谢。

  由于编者水平有限，书中难免存在不足或错误之处，恳请读者批评指正。

编　者
2024 年 5 月

目 录
CONTENTS

第1章 流体力学与热力学基本概念 ⋯⋯ 001
  1.1 热力学系统、状态与特性 ⋯⋯ 001
  1.2 反应系统的热力学定律 ⋯⋯ 004
    1.2.1 热力学第一定律、焓、热容 ⋯⋯ 004
    1.2.2 热力学第二定律、熵 ⋯⋯ 005
  1.3 化学热力学简介 ⋯⋯ 007
    1.3.1 化学计量学 ⋯⋯ 007
    1.3.2 生成焓、燃烧焓、热值 ⋯⋯ 009
    1.3.3 化学平衡准则 ⋯⋯ 014
  1.4 气体动力学基本参数 ⋯⋯ 014
    1.4.1 声速、马赫数 ⋯⋯ 014
    1.4.2 总焓、总温和总压 ⋯⋯ 019
  习题 ⋯⋯ 020
  参考文献 ⋯⋯ 020

第2章 多组分反应流体的基本方程 ⋯⋯ 021
  2.1 绝热流动与等熵流动的基本关系 ⋯⋯ 021
    2.1.1 能量方程及其特征参数 ⋯⋯ 021
    2.1.2 无量纲速度 ⋯⋯ 022
    2.1.3 等熵流动关系式 ⋯⋯ 023
  2.2 多组分气体的基本关系式 ⋯⋯ 025
    2.2.1 质量守恒方程 ⋯⋯ 025
    2.2.2 动量守恒方程 ⋯⋯ 028
    2.2.3 能量守恒方程 ⋯⋯ 028
  2.3 化学反应动力学的基本关系式 ⋯⋯ 029

2.3.1　多组分扩散方程 ⋯⋯⋯⋯⋯⋯⋯⋯⋯⋯⋯⋯⋯⋯⋯⋯⋯⋯⋯⋯⋯⋯⋯⋯⋯⋯⋯ 029
　　2.3.2　多元扩散系数计算 ⋯⋯⋯⋯⋯⋯⋯⋯⋯⋯⋯⋯⋯⋯⋯⋯⋯⋯⋯⋯⋯⋯⋯⋯⋯ 030
　　2.3.3　混合物分数 ⋯⋯⋯⋯⋯⋯⋯⋯⋯⋯⋯⋯⋯⋯⋯⋯⋯⋯⋯⋯⋯⋯⋯⋯⋯⋯⋯⋯⋯ 033
2.4　化学反应流动中的相似性准则 ⋯⋯⋯⋯⋯⋯⋯⋯⋯⋯⋯⋯⋯⋯⋯⋯⋯⋯⋯⋯⋯⋯⋯ 037
习题 ⋯⋯⋯⋯⋯⋯⋯⋯⋯⋯⋯⋯⋯⋯⋯⋯⋯⋯⋯⋯⋯⋯⋯⋯⋯⋯⋯⋯⋯⋯⋯⋯⋯⋯⋯⋯⋯⋯ 037
参考文献 ⋯⋯⋯⋯⋯⋯⋯⋯⋯⋯⋯⋯⋯⋯⋯⋯⋯⋯⋯⋯⋯⋯⋯⋯⋯⋯⋯⋯⋯⋯⋯⋯⋯⋯⋯ 038

第3章　几种简化的气体流动模型 ⋯⋯⋯⋯⋯⋯⋯⋯⋯⋯⋯⋯⋯⋯⋯⋯⋯⋯⋯⋯⋯⋯ 039

3.1　变截面等熵流动 ⋯⋯⋯⋯⋯⋯⋯⋯⋯⋯⋯⋯⋯⋯⋯⋯⋯⋯⋯⋯⋯⋯⋯⋯⋯⋯⋯⋯⋯⋯ 039
　　3.1.1　微分关系式 ⋯⋯⋯⋯⋯⋯⋯⋯⋯⋯⋯⋯⋯⋯⋯⋯⋯⋯⋯⋯⋯⋯⋯⋯⋯⋯⋯⋯⋯ 039
　　3.1.2　流速与流量的计算 ⋯⋯⋯⋯⋯⋯⋯⋯⋯⋯⋯⋯⋯⋯⋯⋯⋯⋯⋯⋯⋯⋯⋯⋯⋯ 041
3.2　定常正激波 ⋯⋯⋯⋯⋯⋯⋯⋯⋯⋯⋯⋯⋯⋯⋯⋯⋯⋯⋯⋯⋯⋯⋯⋯⋯⋯⋯⋯⋯⋯⋯⋯ 042
　　3.2.1　正激波的形成 ⋯⋯⋯⋯⋯⋯⋯⋯⋯⋯⋯⋯⋯⋯⋯⋯⋯⋯⋯⋯⋯⋯⋯⋯⋯⋯⋯ 043
　　3.2.2　基本方程与参数变化 ⋯⋯⋯⋯⋯⋯⋯⋯⋯⋯⋯⋯⋯⋯⋯⋯⋯⋯⋯⋯⋯⋯⋯⋯ 043
3.3　斜激波与膨胀波 ⋯⋯⋯⋯⋯⋯⋯⋯⋯⋯⋯⋯⋯⋯⋯⋯⋯⋯⋯⋯⋯⋯⋯⋯⋯⋯⋯⋯⋯⋯ 047
　　3.3.1　斜激波基本关系式 ⋯⋯⋯⋯⋯⋯⋯⋯⋯⋯⋯⋯⋯⋯⋯⋯⋯⋯⋯⋯⋯⋯⋯⋯⋯ 047
　　3.3.2　激波极线 ⋯⋯⋯⋯⋯⋯⋯⋯⋯⋯⋯⋯⋯⋯⋯⋯⋯⋯⋯⋯⋯⋯⋯⋯⋯⋯⋯⋯⋯⋯ 054
　　3.3.3　普朗特-迈耶膨胀波 ⋯⋯⋯⋯⋯⋯⋯⋯⋯⋯⋯⋯⋯⋯⋯⋯⋯⋯⋯⋯⋯⋯⋯⋯ 055
　　3.3.4　激波、膨胀波的反射和相交 ⋯⋯⋯⋯⋯⋯⋯⋯⋯⋯⋯⋯⋯⋯⋯⋯⋯⋯⋯⋯ 058
习题 ⋯⋯⋯⋯⋯⋯⋯⋯⋯⋯⋯⋯⋯⋯⋯⋯⋯⋯⋯⋯⋯⋯⋯⋯⋯⋯⋯⋯⋯⋯⋯⋯⋯⋯⋯⋯⋯⋯ 062

第4章　高超声速反应流 ⋯⋯⋯⋯⋯⋯⋯⋯⋯⋯⋯⋯⋯⋯⋯⋯⋯⋯⋯⋯⋯⋯⋯⋯⋯⋯⋯ 063

4.1　高超声速流动特征 ⋯⋯⋯⋯⋯⋯⋯⋯⋯⋯⋯⋯⋯⋯⋯⋯⋯⋯⋯⋯⋯⋯⋯⋯⋯⋯⋯⋯⋯ 063
　　4.1.1　激波层很薄 ⋯⋯⋯⋯⋯⋯⋯⋯⋯⋯⋯⋯⋯⋯⋯⋯⋯⋯⋯⋯⋯⋯⋯⋯⋯⋯⋯⋯ 064
　　4.1.2　存在熵层 ⋯⋯⋯⋯⋯⋯⋯⋯⋯⋯⋯⋯⋯⋯⋯⋯⋯⋯⋯⋯⋯⋯⋯⋯⋯⋯⋯⋯⋯⋯ 064
　　4.1.3　需要考虑黏性-无黏相互作用 ⋯⋯⋯⋯⋯⋯⋯⋯⋯⋯⋯⋯⋯⋯⋯⋯⋯⋯⋯⋯ 064
　　4.1.4　高温激波层内有真实气体效应 ⋯⋯⋯⋯⋯⋯⋯⋯⋯⋯⋯⋯⋯⋯⋯⋯⋯⋯⋯ 065
4.2　高温气体性质 ⋯⋯⋯⋯⋯⋯⋯⋯⋯⋯⋯⋯⋯⋯⋯⋯⋯⋯⋯⋯⋯⋯⋯⋯⋯⋯⋯⋯⋯⋯⋯ 065
　　4.2.1　振动弛豫过程 ⋯⋯⋯⋯⋯⋯⋯⋯⋯⋯⋯⋯⋯⋯⋯⋯⋯⋯⋯⋯⋯⋯⋯⋯⋯⋯⋯ 068
　　4.2.2　化学反应速率过程 ⋯⋯⋯⋯⋯⋯⋯⋯⋯⋯⋯⋯⋯⋯⋯⋯⋯⋯⋯⋯⋯⋯⋯⋯⋯ 068
4.3　非平衡流动 ⋯⋯⋯⋯⋯⋯⋯⋯⋯⋯⋯⋯⋯⋯⋯⋯⋯⋯⋯⋯⋯⋯⋯⋯⋯⋯⋯⋯⋯⋯⋯⋯ 070
　　4.3.1　非平衡流动、平衡流动、冻结流动 ⋯⋯⋯⋯⋯⋯⋯⋯⋯⋯⋯⋯⋯⋯⋯⋯⋯ 070
　　4.3.2　正激波后的非平衡流动 ⋯⋯⋯⋯⋯⋯⋯⋯⋯⋯⋯⋯⋯⋯⋯⋯⋯⋯⋯⋯⋯⋯⋯ 071
　　4.3.3　绕凸角的超声速非平衡流动 ⋯⋯⋯⋯⋯⋯⋯⋯⋯⋯⋯⋯⋯⋯⋯⋯⋯⋯⋯⋯ 073
4.4　高超中的相似准则 ⋯⋯⋯⋯⋯⋯⋯⋯⋯⋯⋯⋯⋯⋯⋯⋯⋯⋯⋯⋯⋯⋯⋯⋯⋯⋯⋯⋯⋯ 074
　　4.4.1　小扰动理论的高超声速相似律 ⋯⋯⋯⋯⋯⋯⋯⋯⋯⋯⋯⋯⋯⋯⋯⋯⋯⋯⋯ 074
　　4.4.2　马赫数无关原理 ⋯⋯⋯⋯⋯⋯⋯⋯⋯⋯⋯⋯⋯⋯⋯⋯⋯⋯⋯⋯⋯⋯⋯⋯⋯⋯ 077
　　4.4.3　稀薄非平衡气体与气动加热相似律 ⋯⋯⋯⋯⋯⋯⋯⋯⋯⋯⋯⋯⋯⋯⋯⋯ 078
习题 ⋯⋯⋯⋯⋯⋯⋯⋯⋯⋯⋯⋯⋯⋯⋯⋯⋯⋯⋯⋯⋯⋯⋯⋯⋯⋯⋯⋯⋯⋯⋯⋯⋯⋯⋯⋯⋯⋯ 081

参考文献 ·· 081

第5章　燃烧化学动力学与火焰 ··· 082

5.1　基元反应与复杂反应 ·· 082
5.2　化学反应速率 ·· 082
  5.2.1　碰撞理论 ·· 083
  5.2.2　反应级数 ·· 085
5.3　多步反应机理 ·· 086
  5.3.1　多步反应的反应速率常数 ·· 086
  5.3.2　准稳态近似方法 ·· 089
  5.3.3　化学反应时间尺度 ·· 090
  5.3.4　部分平衡近似 ·· 094
5.4　典型的氧化反应机理 ·· 095
  5.4.1　氢氧燃烧 ·· 095
  5.4.2　CO 的氧化 ·· 098
  5.4.3　烷烃烯烃的氧化 ·· 098
  5.4.4　甲烷燃烧 ·· 100
5.5　火焰传播 ·· 103
  5.5.1　层流预混火焰 ·· 103
  5.5.2　熄火、可燃性、点火 ·· 106
  5.5.3　湍流预混火焰 ·· 112
  5.5.4　非预混火焰 ·· 115
习题 ··· 119
参考文献 ··· 120

第6章　爆轰气体动力学 ··· 121

6.1　爆轰气体动力学理论 ·· 121
  6.1.1　气体爆轰现象 ·· 121
  6.1.2　经典爆轰理论 ·· 122
  6.1.3　爆轰波的数学物理模型 ·· 126
  6.1.4　起爆与传播机理 ·· 128
6.2　爆轰波结构 ·· 130
  6.2.1　不稳定爆轰波分析 ·· 130
  6.2.2　爆轰波面结构与胞格 ·· 131
  6.2.3　爆轰波的反射与绕射 ·· 133
  6.2.4　爆轰临界直径 ·· 135
6.3　爆燃转爆轰 ·· 137
  6.3.1　爆燃转爆轰现象 ·· 137
  6.3.2　爆燃波的气体动力学 ·· 138

6.3.3 转变现象的特征 ··· 139
6.3.4 火焰加速机制 ·· 140
6.3.5 转变发生特性及转变判据 ·································· 141
6.4 斜爆轰 ·· 144
6.4.1 斜爆轰守恒关系与极线分析 ································ 144
6.4.2 斜爆轰的起爆 ·· 147
6.4.3 斜爆轰的波面失稳和局部结构 ···························· 149
习题 ·· 150
参考文献 ·· 151

第7章 工程中的化学流体力学前沿 ······························· 152
7.1 涡轮发动机 ··· 152
7.1.1 燃烧室内的流动与混合 ····································· 154
7.1.2 火焰的热释放率 ·· 155
7.1.3 燃烧室的声学结构 ··· 157
7.2 超燃冲压发动机 ··· 157
7.3 斜爆震发动机 ·· 161
7.3.1 非定常来流中的斜爆震稳定性 ···························· 162
7.3.2 几何约束对波系结构和稳定性的影响 ··················· 165
7.4 旋转爆震发动机 ··· 167
7.5 火星进入器 ··· 171
7.5.1 完全气体与化学非平衡流场比较 ·························· 172
7.5.2 升力式进入气动特性 ·· 174
7.5.3 MPF小攻角不稳定性 ······································· 174
参考文献 ·· 175

第1章

流体力学与热力学基本概念

化学流体力学主要研究的是化学反应时的流动问题，是流体力学与化学反应的结合，包含化学反应时流体内部的动量传递、热量传递、质量传递及化学反应过程之间的基本规律。本章将介绍化学反应流体的有关基本概念和预备知识，如与热力学相关的热力学状态、热力学特性、热力学定律、化学平衡准则等，以及气体动力学中极为重要的物理量，如声速、马赫数（Mach number，符号为 Ma）、滞止参数及临界参数。此外，还将给出流体有化学反应时，能量与状态转换的基本关系和算例。

1.1 热力学系统、状态与特性

本节将介绍经典热力学的一些定义和概念，并说明如何把它们推广应用到运动气体的连续流场中。

在热力学中，研究对象称为热力学系统，它可以是一部分物质或区域。与热力学系统相邻的物质或区域称为环境。热力学系统和环境之间通常存在相互作用，如传热、传质或做功。

封闭系统是指与环境之间没有质量交换的热力学系统，在气体动力学中对应随体观点（拉格朗日表示法）。开口系统是指与环境之间有质量交换的热力学系统，即在当地观点下进行描述（欧拉表示法）。如果热力学系统与环境之间没有热量交换，则称为绝热系统。如果热力学系统与环境间没有任何相互作用，则称为孤立系统。

为了方便论述，将完全均质的热力学系统定义为均匀系统或单相系统。如果热力学系统不均匀，含有多个相，则称为非均匀系统或多相系统。只含有一种化学组分的热力学系统称为单元系统，含有多种化学组分的称为多元系统。

热力学平衡态（简称平衡态）是指某个孤立系统在经过足够长的时间后，其热力学特性达到不再变化的状态。

一个达到平衡态的热力学系统的热力学特性（简称热力特性）可以通过一些状态变量来描述，包括压力（p，单位为 Pa）、热力学温度（T，单位为 K）、容积（V，单位为 m^3）、内能（U，单位为 J）、焓（H，单位为 J）、熵（S，单位为 J/K）。

其中压力和热力学温度这一类变量，与所取热力学系统的大小及其所含的质量大小均无关，属于强度量（或称为内含量）；而其余变量，如容积、内能等，是与所取热力学系统的大小及其所含质量大小直接相关的，具有可加性，属于广延量。把这些广延量除以系统所含质量就能够得到具有单位质量的热力学系统状态变量，这便在形式上把广延量转化为强度量，这些强度量包括比容（v，单位为 m³/kg）、密度$\left(\rho=\dfrac{1}{v}\right.$，单位为 kg/m³$\Big)$、比内能（$u$，单位为 J/kg）、比焓（$h$，单位为J/kg）、比熵（$s$，单位为 J/（kg·K））。

上述若干状态变量并不是相互独立的，而是存在一定的关系。其中，一类关系是基于实验测定而建立的气体状态方程；另一类关系则是基于热力学定律得出的状态方程。而要对系统的热力学状态进行全面描述，需要两类气体状态方程：热状态方程和量热状态方程。

均匀系统的热状态方程根据实验观察可表示为下列函数关系

$$p=p(v,T) \tag{1.1.1a}$$

或写成

$$F(p,v,T)=0 \tag{1.1.1b}$$

式（1.1.1）中各个量都可通过测量获得，但是仅依靠式（1.1.1）还不足以求出该均匀系统的全部热力学特性，因而还需要确定量热状态方程。对于均匀系统，其函数形式为

$$u=u(v,T)=u(p,T) \tag{1.1.2}$$

或

$$h=h(v,T)=h(p,T) \tag{1.1.3}$$

式中，比内能 u 和比焓 h 是不可测量的，因此这样的函数形式要由热力学定律并且利用热状态方程导出。

将经典热力学的概念和定律推广应用到连续流场，需要引入连续系统的概念。连续系统是一种非均匀系统，其中内部各点的强度变量（p，T）是连续变化的，首先要定义连续系统的状态变量。为此，在连续系统中任取一个具有假想绝热壁的微元体 ΔV_i，假定该微元体处于局部热平衡态，于是描述连续系统热力学特性的状态变量可定义为

$$T_i=\lim_{\Delta V_i \to 0}\overline{T}_i, p_i=\lim_{\Delta V_i \to 0}\overline{p}_i \tag{1.1.4}$$

式中，带上标"¯"的量表示微元体中状态变量的平均值。这样的定义可推广至由广延量转化成的强度量。

所以，连续系统的热力学特性可用欧拉法表示为

$$\left.\begin{array}{c}T=T(x,y,z,t),p=p(x,y,z,t)\\v=v(x,y,z,t),u=u(x,y,z,t)\\\vdots\end{array}\right\} \tag{1.1.5}$$

接下来需解决一个问题，即连续系统的热力学特性除了用式（1.1.5）表示以外，是否还需要包括各种物理量的梯度。伴随着各种梯度的各类交换率（如质量交换、能量交换等），也是确定系统状态的一个重要方面。但是根据实验观察得知，当这些梯度不大时，连续系统状态变量之间的局部和瞬时关系与均匀系统的状态方程相同，这就是局部状态原理。根据这个原理，适用于封闭均匀系统的一切经典热力学结论和概念都可以推广应用到连续系统。

系统热力学特性中一个或多个状态变量发生变化的过程称为热力学过程。可逆过程是一种理想化的热力学过程，定义为在封闭系统中，每个步骤都可以按相反的方向进行，而不会对系统和环境造成其他变化。否则，该过程即为不可逆过程。自然界中的任何自发过程都是

不可逆过程。例如，当系统内部的气体存在速度梯度时，由于黏性作用而引起动量传递，使速度场趋于均匀；当系统内部存在温度梯度时，热传导引起热流，使温度场趋于均匀，这是能量传递的过程。当混合气体的组分浓度分布存在梯度时，质量扩散流产生，使浓度分布趋于均匀，这是物质传递的过程。在实际过程中通常存在各种交换率，称为各"流"，只要存在这种"流"，就是不可逆过程。只有在准静态过程中，才能够近似看作可逆过程，即在过程进行中，系统受到环境的作用是连续且无限小时，可以认为系统始终处于平衡状态，过程速率无限小时，不会发生任何"流"和损耗。

与热力学过程相关的物理量有环境对系统所做的功 W 和传递的热量 Q。这些物理量取决于热力学过程的具体情况，例如，功与路程有关。一般来说，这些物理量不能仅凭过程的初态和终态来确定，因此其性质与状态变量不同，称为过程量。对于一个无限小的变化过程，元功用 δW 表示，微量热用 δQ 表示，两者都不是全微分。

如果所取的封闭系统具有单位质量，则功和热量用 w 和 q 表示。功和热量的单位均为 J。

接下来给出气体体积变化时对环境做功的表达式。

如图 1.1.1 所示，在气体中任取一个封闭系统，其状态变量为 p，v，如按准静态过程作微量体积膨胀，其表面上任一点 P 运动至点 P' 的微元距离为 $\mathrm{d}\boldsymbol{r}$，则该系统加于环境边界上的表面压力 p 作了元功 δW，即

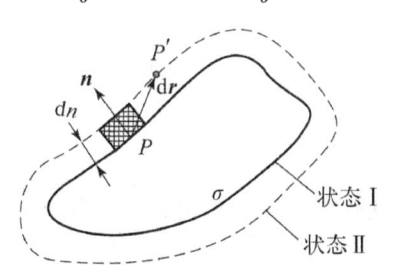

$$\delta W = \oiint_{\sigma} p \mathrm{d}\sigma \boldsymbol{n} \cdot \mathrm{d}\boldsymbol{r} = p \oiint_{\sigma} \mathrm{d}n \mathrm{d}\sigma = p \mathrm{d}V \tag{1.1.6}$$

图 1.1.1 计算气体膨胀做功示意图

该系统在从状态 I 到状态 II 的可逆过程中压力对环境做的功为

$$W = \int_{V_1}^{V_2} p \mathrm{d}V \tag{1.1.7}$$

如果取单位质量的气体作为系统，则式（1.1.6）与式（1.1.7）相应地可写为

$$\delta w = p \mathrm{d}v \tag{1.1.8}$$

$$w = \int_{v_1}^{v_2} p \mathrm{d}v \tag{1.1.9}$$

在功的定义中，将系统对环境做的功定义为正功，将环境对系统做的功定义为负功。

热量的定义：由系统和环境之间的温度差引起的，并通过系统界面传递的能量。将由环境传入系统的热量定为正能量。系统传递热量的方式包括热传导、对流和辐射，也可以通过化学反应和相变产生热量。

表示混合物组成的两个重要且有用的量是组分摩尔分数和组分质量分数。考虑一个多组分的混合物，其中组分 1 含有 N_1，组分 2 含有 N_2……则组分 i 的摩尔分数 χ_i 定义为组分 i

占系统总物质的量分数，即

$$\chi_i \equiv \frac{N_i}{N_1 + N_2 + \cdots + N_i + \cdots} = \frac{N_i}{N_{\text{tot}}}$$

同样地，组分 i 的质量分数 Y_i 就是组分 i 的质量占总混合物质量的份额，即

$$Y_i \equiv \frac{m_i}{m_1 + m_2 + \cdots + m_i + \cdots} = \frac{m_i}{m_{\text{tot}}}$$

值得注意的是，根据定义可知所有组分摩尔（质量）分数和是 1，即 $\sum \chi_i = 1$ $\left(\sum Y_i = 1 \right)$。

使用物质的摩尔质量和混合物的摩尔质量，就可以在摩尔分数和质量分数之间进行换算。此外，组分摩尔分数也可以用来确认对应组分的分压、焓、熵等参数。

1.2 反应系统的热力学定律

本节讲述热力学第一定律和热力学第二定律，介绍焓、熵的概念以及与比热容的关系，导出热力学基本方程和一些基本关系式。

1.2.1 热力学第一定律、焓、热容

热力学第一定律是能量守恒定律，这一普遍定律在热能和机械能相互转换的情况中，可表述为若环境给一封闭系统传递热量 Q，则这部分热量一方面使系统增加内能 ΔU，另一方面使系统对外做功 W，即

$$Q = \Delta U + W \tag{1.2.1}$$

也可用微分形式表示为

$$\delta Q = \mathrm{d}U + \delta W \tag{1.2.2}$$

如果只考虑由于系统体积变化对环境做的有用功，则 δW 可用式（1.1.6）表示，于是热力学第一定律可写为

$$\mathrm{d}U = \delta Q - p\mathrm{d}V \tag{1.2.3}$$

也可对单位质量的气体写为

$$\mathrm{d}u = \delta q - p\mathrm{d}v \tag{1.2.4}$$

再来引入一个新的状态函数——焓，用 H 表示，它是一个广延量，定义为

$$H = U + pV \tag{1.2.5}$$

比焓则定义为

$$h = u + pv \tag{1.2.6}$$

将式（1.2.5）、式（1.2.6）分别代入式（1.2.3）、式（1.2.4），得到热力学第一定律的另一种表达式

$$\mathrm{d}H = \delta Q + V\mathrm{d}p \tag{1.2.7}$$

或

$$\mathrm{d}h = \delta q + v\mathrm{d}p \tag{1.2.8}$$

热容的定义为在特定的热力学过程中，单位物量气体的温度每升高 1 ℃所需吸收的热

量。由于选取物量的单位不同，热容可以分为比热容、摩尔热容、容积热容。本书采用比热容 c，表示为

$$c = \frac{\delta q}{dT} \tag{1.2.9}$$

比热容的单位是 J/(kg·K)。在热力学中常用的是定容比热容 c_v 和定压比热容 c_p，它们表示为

$$c_v = \left(\frac{\delta q}{dT}\right)_v \tag{1.2.10}$$

$$c_p = \left(\frac{\delta q}{dT}\right)_p \tag{1.2.11}$$

把式 (1.2.4)、式 (1.2.8) 分别代入式 (1.2.10)、式 (1.2.11)，得

$$c_v = \left(\frac{\delta u}{\delta T}\right)_v \tag{1.2.12}$$

$$c_p = \left(\frac{\partial h}{\partial T}\right)_p = \left(\frac{\partial u}{\partial T}\right)_p + p\left(\frac{\partial v}{\partial T}\right)_p \tag{1.2.13}$$

c_p 和 c_v 之间存在一定的关系。从量热状态方程式 (1.1.2) 的函数形式可知，比内能 u 是 v 和 T 的函数，故有

$$\left(\frac{\partial u}{\partial T}\right)_p = \left(\frac{\partial u}{\partial T}\right)_v + \left(\frac{\partial u}{\partial v}\right)_T \left(\frac{\partial v}{\partial T}\right)_p$$

即

$$c_v = \left(\frac{\partial u}{\partial T}\right)_p - \left(\frac{\partial u}{\partial v}\right)_T \left(\frac{\partial v}{\partial T}\right)_p \tag{1.2.14}$$

把式 (1.2.13) 和式 (1.2.14) 相减，便得到

$$c_p - c_v = \left[p + \left(\frac{\partial u}{\partial v}\right)_T\right]\left(\frac{\partial v}{\partial T}\right)_p \tag{1.2.15a}$$

同理，从 $h = h(p, T)$ 出发（见式 (1.1.3)），可得出

$$c_p - c_v = \left[v - \left(\frac{\partial h}{\partial p}\right)_T\right]\left(\frac{\partial p}{\partial T}\right)_v \tag{1.2.15b}$$

利用热力学基本方程和麦克斯韦关系，还可导出

$$c_p - c_v = T\left(\frac{\partial p}{\partial T}\right)_v \left(\frac{\partial v}{\partial T}\right)_p \tag{1.2.15c}$$

1.2.2 热力学第二定律、熵

自然界的热力学过程都是不可逆的。为了判别过程进行的方向，需引入一个状态函数——熵，用 S 表示，它是一个广延量。不可逆过程的热力学第二定律表述如下。

(1) 在热力学过程进行中，熵的变化 dS 可分为两部分：一部分是由环境对系统输入或吸收物质和能量引起的熵流项 d_eS，它的值可以是正的或负的；另一部分是由系统内部不可逆过程产生的熵增项 d_iS。于是有

$$dS = d_eS + d_iS \tag{1.2.16}$$

(2) 依据经典热力学的概念，熵流项是可以计算的。若一封闭系统以准静态过程的方式吸收热量 Q，则熵流项为

$$d_e S = \frac{\delta Q}{T} \tag{1.2.17}$$

如果是开口系统，则 $d_e S$ 项中还应考虑物质运输对系统产生的熵流。

(3) 系统内部的熵增项 $d_i S$ 遵循下列判据

$$\begin{cases} d_i S = 0, & \text{可逆过程,平衡态} \\ d_i S > 0, & \text{不可逆过程} \end{cases}$$

(4) 综上所述，热力学第二定律可以表述为，对于封闭系统有

$$dS \geqslant \frac{\delta Q}{T} \tag{1.2.18}$$

式中，不等式指不可逆过程；等式指可逆过程。也可用比熵 s 来表示，有

$$ds \geqslant \frac{\delta q}{T} \tag{1.2.19}$$

对于理想气体混合物，它的焓与熵是可以计算的，多数以质量（或物质的量）为基的混合物强度参数，可以简单地用各物质强度参数的质量分数（或摩尔分数）加权和来计算得到。例如，理想气体混合物的焓为

$$h_{\text{mix}} = \sum_i Y_i h_i \tag{1.2.20a}$$

$$\overline{h}_{\text{mix}} = \sum_i \chi_i \overline{h}_i \tag{1.2.20b}$$

其他用这种方法来处理的常用参数还有内能 u 和 $\overline{u}$。在理想气体的假设下，不管是纯物质参数（u_i，$\overline{u}_i$，h_i，$\overline{h}_i$），还是混合物的参数都与压力无关。

混合物的熵也可以用各物质加权和来计算，即

$$s_{\text{mix}}(T,p) = \sum_i Y_i s_i(T,p_i) \tag{1.2.21a}$$

$$\overline{s}_{\text{mix}}(T,p) = \sum_i \chi_i \overline{s}_i(T,p_i) \tag{1.2.21b}$$

此时如式 (1.2.21)，单一物质的熵（s_i 和 $\overline{s}_i$）取决于该组分的分压。式 (1.2.21) 中各组分的熵可以用标准状态下的参考压力 p_{ref} 来表示；$p_{\text{ref}} \equiv p^0 = 1$ atm[①]，p^0 为标准状态压力，此处的"$\equiv$"表示以标准压力为参考值含义的值来计算，即

$$s_i(T,p_i) = s_i(T,p_{\text{ref}}) - R_u \ln \frac{p_i}{p_{\text{ref}}} \tag{1.2.22a}$$

$$\overline{s}_i(T,p_i) = \overline{s}_i(T,p_{\text{ref}}) - R_u \ln \frac{p_i}{p_{\text{ref}}} \tag{1.2.22b}$$

---

① 1 atm = 1.013 25 × 10⁵ Pa。

1.3 化学热力学简介

1.3.1 化学计量学

氧化剂的化学当量值是指完全燃烧一定量燃料所需要的氧化剂量。如果混合物中氧化剂量超过了化学当量,则该混合物为贫燃料,又称贫混合物;如果混合物中氧化剂量少于化学当量,则该混合物为富燃料,又称富混合物。假设燃料反应形成一组理想的产物,氧化剂(或空气)-燃料的化学当量(质量)比可简单地由原子平衡来计算。对于碳氢燃料 C_xH_y,化学计量关系式为

$$C_xH_y + a(O_2 + 3.76N_2) \longrightarrow xCO_2 + (y/2)H_2O + 3.76aN_2 \tag{1.3.1}$$

式中

$$a = x + y/4$$

为简单起见,本书假设空气是由 21% 的氧气和 79% 的氮气组成(体积百分比),即含有 1 mol 氧气的空气中,含有 3.76 mol 的氮气。

化学当量空-燃比可表示为

$$(A/F)_{\text{stoic}} = \left(\frac{m_{\text{air}}}{m_{\text{fuel}}}\right)_{\text{stoic}} = \frac{4.76a}{1} \cdot \frac{MW_{\text{air}}}{MW_{\text{fuel}}} \tag{1.3.2}$$

式中,MW_{air} 和 MW_{fuel} 分别为空气和燃料的摩尔质量。表 1.3.1 给出了甲烷和固体碳的化学当量空-燃比,还给出了氢气在纯氧中燃烧时的氧-燃比。由此可知,对于所有的系统氧化剂都要比燃料多许多倍。

表 1.3.1 甲烷、氢气和固体碳在反应物温度为 298 K 时的一些燃烧特性

	$\Delta h_{\text{R,fuel}}/(\text{kJ}\cdot\text{kg}^{-1})$	$\Delta h_{\text{R,mix}}/(\text{kJ}\cdot\text{kg}^{-1})$	$(O/F)^{①}_{\text{stoic}}/(\text{kg}\cdot\text{kg}^{-1})$	$T_{\text{ad,eq}}/K$
CH_4 + 空气	-55 528	-3 066	17.11	2 226
$H_2 + O_2$	-142 919	-15 880	8.0	3 079
C(固) + 空气	-32 794	-2 645	11.4	2 301

① O/F 是氧化剂-燃料比,当物质在空气中燃烧时,氧化剂是空气而不仅指空气中的氧。

化学当量比 Φ 常被用来定量地表示氧化剂-燃料混合物是富混合物、贫混合物或化学当量混合物。化学当量比定义为

$$\Phi = \frac{(A/F)_{\text{stoic}}}{A/F} = \frac{F/A}{(F/A)_{\text{stoic}}} \tag{1.3.3a}$$

从式(1.3.3a)可知,对于富混合物,$\Phi > 1$;对于贫混合物,$\Phi < 1$;对于化学当量下的混合物,$\Phi = 1$。在许多燃烧应用中,化学当量比是单一、最重要的、确定系统性能的因素。其余常用来定义相对化学计量的参数是当量空气百分比,它与化学当量比的关系是

$$\text{当量空气百分比} = \frac{100\%}{\Phi} \tag{1.3.3b}$$

以及过量空气百分比

$$\text{过量空气百分比} = \frac{1-\varPhi}{\varPhi} \times 100\% \tag{1.3.3c}$$

【例 1.1】 一小型低污染固定燃气轮机发动机（见图 1.3.1）在满负荷下运行(3 959 kW)，其化学当量比为 0.286，空气的质量流量为 15.9 kg/s。燃料（天然气）的当量组成为 $C_{1.16}H_{4.32}$。求燃料的质量流量和发动机的运行空 - 燃比。

解 已知：$\varPhi = 0.286$，$MW_{air} = 28.85$，$\dot{m}_{air} = 15.9$ kg/s，$MW_{fuel} = 1.16 \times 12.01 + 4.32 \times 1.008 = 18.286$。

求：$\dot{m}_{fuel}$ 和 $(A/F)_{stoic}$。

先求 $(A/F)_{stoic}$，再求 $\dot{m}_{fuel}$。用定义式 (1.3.2) 和式 (1.3.3) 可求解，即

$$(A/F)_{stoic} = 4.76a \frac{MW_{air}}{MW_{fuel}}$$

式中，$a = x + y/4 = 1.16 + 4.32/4 = 2.24$。故

$$(A/F)_{stoic} = 4.76 \times 2.24 \times \frac{28.85}{18.286} = 16.82$$

则从式 (1.3.3a) 有

$$A/F = \frac{(A/F)_{stoic}}{\varPhi} = \frac{16.82}{0.286} = 58.8$$

A/F 是空气流率与燃料流率之比，即有

$$\dot{m}_{fuel} = \frac{\dot{m}_{air}}{A/F} = \frac{15.9}{58.8} \text{ kg/s} = 0.270 \text{ kg/s}$$

此结果证明，即使在满功率下，也有过量空气供给发动机。

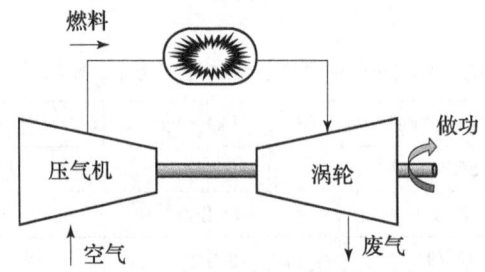

图 1.3.1 小型低污染固定燃气轮机发动机

【例 1.2】 一台天然气工业锅炉运行时烟气中的氧气摩尔分数为 3%。求其运行的空 - 燃比和化学当量比。天然气可以当作甲烷处理。

解 已知：$\chi_{O_2} = 0.03$，$MW_{fuel} = 16.04$，$MW_{air} = 28.85$。

求：$(A/F)_{stoic}$ 和 $\varPhi$。

首先假设天然气完全燃烧，即没有离解发生（所有的碳都形成二氧化碳，所有的氢都形成了水），则可以写出完全燃烧方程，再从给定的氧气摩尔分数求出空 - 燃比，即

$$CH_4 + a(O_2 + 3.76 N_2) \longrightarrow CO_2 + 2H_2O + bO_2 + 3.76aN_2$$

式中，a 和 b 可以通过氧原子的守恒来列出式子，即

$$2a = 2 + 2 + 2b$$

或

$$b = a - 2$$

从摩尔分数的定义有

$$\chi_{O_2} = \frac{N_{O_2}}{N_{mix}} = \frac{b}{1+2+b+3.76a} = \frac{a-2}{1+4.76a}$$

将已知的值 $\chi_{O_2} = 0.03$ 代入可以求出 a，即

$$0.03 = \frac{a-2}{1+4.76a}$$

或

$$a = 2.368$$

空-燃比的一般表达式为

$$A/F = \frac{N_{air}}{N_{fuel}} \cdot \frac{MW_{air}}{MW_{fuel}}$$

则

$$A/F = \frac{4.76a}{1} \cdot \frac{MW_{air}}{MW_{fuel}}$$

$$A/F = \frac{4.76 \times 2.368 \times 28.85}{16.04} = 20.3$$

要求 Φ，先要求出 $(A/F)_{stoic}$。根据式（1.3.2），令 $a=2$，则有

$$(A/F)_{stoic} = \frac{4.76 \times 2 \times 28.85}{16.04} = 17.1$$

从 Φ 的定义式（1.3.3a）有

$$\Phi = \frac{(A/F)_{stoic}}{A/F} = \frac{17.1}{20.3} = 0.84$$

1.3.2 生成焓、燃烧焓、热值

涉及化学反应系统时，绝对焓的概念就显得格外重要。对任何物质，绝对焓定义为生成焓与显焓之和。所谓生成焓 h_f，是指考虑了与化学键（或无化学键）相关能量的焓。显焓的变化 Δh 是一个只与温度相关的焓。这样物质 i 的绝对焓可以定义为

$$\underbrace{\bar{h}_i(T)}_{\text{温度}T\text{下的绝对焓}} = \underbrace{\bar{h}^0_{f,i}(T_{ref})}_{\text{标准参考状态}(T_{ref},p^0)\text{下的生成焓}} + \underbrace{\Delta \bar{h}_{s,i}(T_{ref})}_{\text{从温度}T_{ref}\text{到}T\text{时显焓的变化}}$$

式中，上标 0 用来表示在标准状态压力下的值。

在标准参考状态下，要形成氧原子，就要破坏一个很强的化学键。在 298 K 下，氧分子键断裂的能量是 498 390 kJ/kmol。破坏这个键产生了两个氧原子，因此，氧原子的生成焓就是断裂氧分子键能量的 1/2，即

$$\bar{h}^0_{f,O} = 249\ 195\ kJ/kmol$$

这样，生成焓的物理解释就很清晰了，指的是在标准参考状态下，元素的化学键断裂并形成新的键而产生所需要化合物时的净焓变化值。

用图示来描绘绝对焓可以更好地理解和使用这一概念。图 1.3.2 所示为氧原子和氧分子的生成焓随温度的变化规律，温度的原点为绝对零度。在 298.15 K，$\bar{h}_0$ 为零（按标准参考状态的定义）。因为氧原子在 298.15 K 时的显焓为零，所以氧原子的绝对焓等于它的生成焓。图 1.3.2 中标示出一个高于标准状态的温度（4 000 K），可以看到绝对焓中要加入显焓。

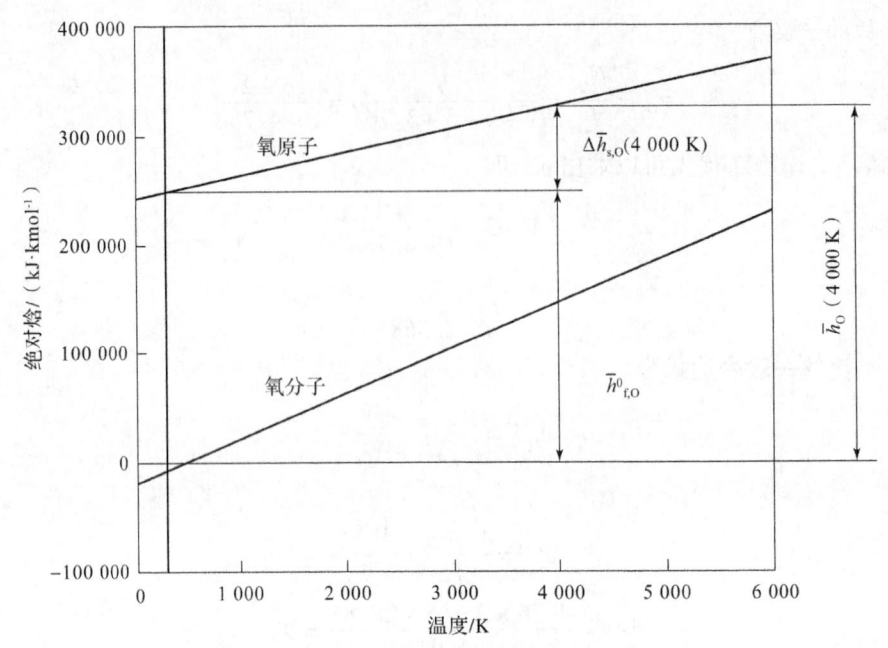

图 1.3.2 氧原子和氧分子的生成焓随温度的变化规律

【**例 1.3**】 考虑一股由一氧化碳、二氧化碳和氮气组成的气流。其一氧化碳的摩尔分数为 0.10，二氧化碳的摩尔分数为 0.20。气流的温度是 1 200 K。求混合物的绝对焓，分别以每摩尔计和每千克计，并求三种组分各自的质量分数。

解 已知：$\chi_{CO} = 0.10$，$T = 1\ 200$ K，$\chi_{CO_2} = 0.20$，$p = 1$ atm。

求：$\bar{h}_{mix}$，h_{mix}，Y_{CO}，Y_{CO_2}，Y_{N_2}。

要求 $\bar{h}_{mix}$，可以直接采用理想气体混合物定律（即式（1.2.20））来进行。先从 $\sum \chi_i = 1$ 求 χ_{N_2}，即

$$\chi_{N_2} = 1 - \chi_{CO_2} - \chi_{CO}$$

则有

$$\begin{aligned}
\bar{h}_{mix} &= \sum \chi_i \bar{h}_i \\
&= \chi_{CO} [\bar{h}^0_{f,CO} + (\bar{h}(T) - \bar{h}^0_{f,298})_{CO}] + \\
&\quad \chi_{CO_2} [\bar{h}^0_{f,CO_2} + (\bar{h}(T) - \bar{h}^0_{f,298})_{CO_2}] + \\
&\quad \chi_{N_2} [\bar{h}^0_{f,N_2} + (\bar{h}(T) - \bar{h}^0_{f,298})_{N_2}]
\end{aligned}$$

分别查阅 CO，CO_2，N_2 的热力学性质数据值并代入，有

$$\begin{aligned}
\bar{h}_{mix} &= [0.10 \times (-110\ 541 + 28\ 440) + \\
&\quad 0.20 \times (-393\ 546 + 44\ 488) + \\
&\quad 0.70 \times (0 + 28\ 118)]\ \text{kJ/kmol} \\
&= -58\ 339.1\ \text{kJ/kmol}
\end{aligned}$$

欲求 h_{mix}，首先要求得混合物的摩尔质量，即

$$\begin{aligned}
MW_{mix} &= \sum \chi_i MW_i \\
&= 0.10 \times 28.01 + 0.20 \times 44.01 + 0.70 \times 28.013 \\
&= 31.212
\end{aligned}$$

这样就有

$$h_{\text{mix}} = \frac{\overline{h}_{\text{mix}}}{\text{MW}_{\text{mix}}} = \frac{-58\,339.1}{31.212}\ \text{kJ/kg} = -1\,869.12\ \text{kJ/kg}$$

各组分的质量分数可以根据定义计算出，得

$$Y_{\text{CO}} = 0.10 \times \frac{28.01}{31.212} = 0.089\,7$$

$$Y_{\text{CO}_2} = 0.20 \times \frac{44.01}{31.212} = 0.282\,0$$

$$Y_{\text{N}_2} = 0.70 \times \frac{28.013}{31.212} = 0.628\,3$$

经验算，$0.089\,7 + 0.282\,0 + 0.628\,3 = 1.000$，故计算结果是正确的。

在知道如何来表示反应物的混合物和生成物的混合物绝对焓之后，就可以定义反应焓。反应焓对于特定燃烧反应来说，就是燃烧焓。

图 1.3.3 所示为一个稳定流动反应器，满足化学当量比的反应物流入，生成物流出。在不做功的情况下，且不考虑控制体本身的势能与动能变化时，稳定流动的第一定律可以表示为 $q_{\text{cv}} = h_{\text{out}} - h_{\text{in}}$，式中，$q_{\text{cv}}$ 为环境向控制体的传热率；h_{out} 与 h_{in} 分别为出口与入口的焓值，反应物与生成物都处在标准状态下（25 ℃，1 atm）。假设燃料完全燃烧，即所有的燃料碳都转化为二氧化碳，所有的燃料氢都转化为水。为了让出口的生成物与入口的反应物温度相同，要从反应器将热取走。采用热力学第一定律的稳定流动形式，就可以从反应物与生成物的绝对焓来计算取走的热，即

$$q_{\text{cv}} = h_{\text{out}} - h_{\text{in}} = h_{\text{prod}} - h_{\text{reac}} \tag{1.3.4}$$

反应焓或燃烧焓 Δh_{R}（单位质量混合物）定义为

$$\Delta h_{\text{R}} \equiv q_{\text{cv}} = h_{\text{prod}} - h_{\text{reac}} \tag{1.3.5a}$$

或以广延量方式表示为

$$\Delta H_{\text{R}} = H_{\text{prod}} - H_{\text{reac}} \tag{1.3.5b}$$

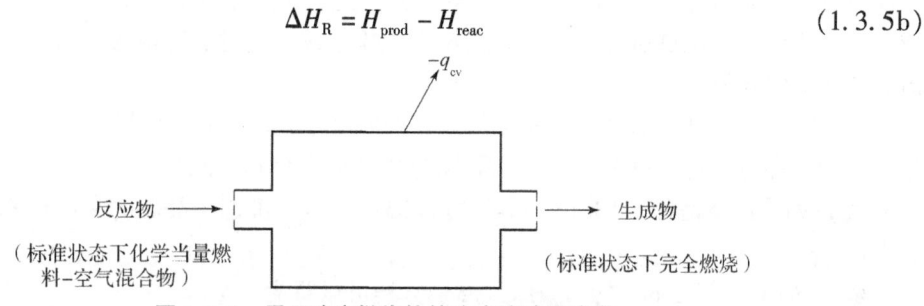

图 1.3.3　用于确定燃烧焓的稳定流动反应器

反应焓的图解如图 1.3.4 所示。符合传热为负的情况，生成物的绝对焓低于反应物的绝对焓。例如，在 25 ℃，1 atm 条件下，CH_4 与空气按照化学当量混合，1 mol 燃料反应时的反应焓是 $-74\,831$ kJ。在同样的条件下，生成物的绝对焓是 $-877\,236$ kJ。这样

$$\Delta H_{\text{R}} = [-877\,236 - (-74\,831)]\ \text{kJ} = -802\,405\ \text{kJ}$$

以每单位质量燃料计时，可以计算为

$$\Delta h_{\text{R,fuel}} = \Delta H_{\text{R}} / \text{MW}_{\text{fuel}} \tag{1.3.6}$$

即

$$\Delta h_{\text{R,fuel}} = \frac{-802\,405}{16.043}\ \text{kJ/kg} = -50\,016\ \text{kJ/kg}$$

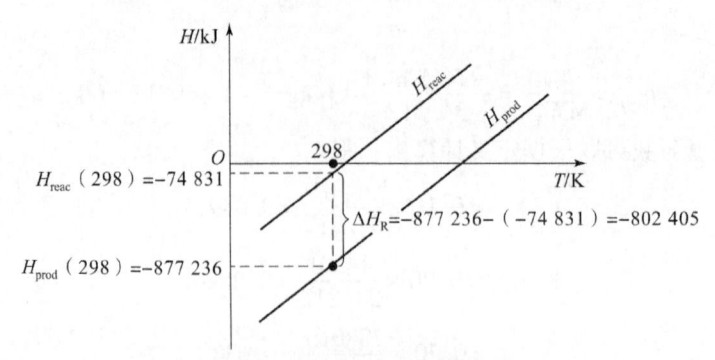

图 1.3.4 反应焓的图解

注：以 CH_4-空气化学当量混合物为例，假设生成物中水是气态的。

此值也可以依次用每单位质量的混合物来计，即

$$\Delta h_{R,mix} = \Delta h_{R,fuel} \frac{m_{fuel}}{m_{mix}} \tag{1.3.7}$$

式中

$$\frac{m_{fuel}}{m_{mix}} = \frac{m_{fuel}}{m_{air}+m_{fuel}} = \frac{1}{(A/F)+1} \tag{1.3.8}$$

从表 1.3.1 可知，CH_4 的化学当量空-燃比为 17.11，则有

$$\Delta h_{R,mix} = \frac{-50\,016}{17.11+1} \text{ kJ/kg} = -2\,761.8 \text{ kJ/kg}$$

反应物的焓和生成物的焓都是随温度变化的，因而燃烧焓的值也与计算采用的温度有关。也就是说，在图 1.3.4 中 H_{prod} 和 H_{reac} 之间的距离不是常数。

燃烧热（Δh_c 又称热值），在数值上与反应焓相等，但符号相反。高位热值（HHV）是假设所有的生成物都凝结成液体水时的燃烧热。这一情形下释放出最大的能量，因此称为高位热值。相应的低位热值（LHV）是指没有水凝结成液态时的燃烧热。对于 CH_4，其高位热值大约比低位热值大 11%。

【例 1.4】 （1）求在 298 K 下气态正癸烷（$C_{10}H_{22}$）的高位热值和低位热值，分别用每摩尔燃料和每千克燃料来表示。正癸烷的摩尔质量为 142.284。

（2）如果正癸烷在 298 K 时的蒸发焓为 359 kJ/kg，液态正癸烷的高位热值与低位热值是多少？

解 （1）对于 1 mol 的 $C_{10}H_{22}$，燃烧方程可以写为

$$C_{10}H_{22}(气) + 15.5 \times (O_2 + 3.76 N_2) \longrightarrow 10 CO_2 + 11 H_2O(液或气) + 15.5 \times 3.76 N_2$$

高位热值与低位热值都可写为

$$\Delta H_c = -\Delta H_R = H_{reac} - H_{prod}$$

式中，H_{prod} 的值取决于生成物中的水是液态（用于确定高位热值）或是气态（用于确定低位热值）。

由于是求在参考温度（298 K）下的热值，因此所有物质的显焓都为零。另外，O_2 和 N_2 在 298 K 的生成焓也为零。已知

$$H_{reac} = \sum_{reac} N_i \bar{h}_i, \quad H_{prod} = \sum_{prod} N_i \bar{h}_i$$

得到

$$\Delta H_{\mathrm{c,H_2O(l)}} = \mathrm{HHV} = 1 \times \bar{h}^0_{\mathrm{f,C_{10}H_{22}}} - (10\bar{h}^0_{\mathrm{f,CO_2}} + 11\bar{h}^0_{\mathrm{f,H_2O(l)}})$$

查阅水蒸气的生成焓（$\bar{h}^0_{\mathrm{f,H_2O(g)}}$）和蒸发焓（$h_{\mathrm{fg}}$），采用这些值，再减去单位质量液体在定压过程中完全蒸发所需要的热量，就可以计算出液态水的生成焓，即

$$\bar{h}^0_{\mathrm{f,H_2O(l)}} = \bar{h}^0_{\mathrm{f,H_2O(g)}} - h_{\mathrm{fg}} = (-241\,847 - 44\,010)\,\mathrm{kJ/kmol} = -285\,857\,\mathrm{kJ/kmol}$$

采用此值与生成焓，就可以得到高位热值，即

$$\Delta H_{\mathrm{c,H_2O(l)}} = \{1 \times (-249\,791) - [10 \times (-393\,546) + 11 \times (-285\,857)]\}\,\mathrm{kJ}$$
$$= 6\,830\,096\,\mathrm{kJ}$$

及

$$\Delta \bar{h}_{\mathrm{c}} = \frac{\Delta H_{\mathrm{c}}}{N_{\mathrm{C_{10}H_{22}}}} = \frac{6\,830\,096\,\mathrm{kJ}}{1\,\mathrm{kmol}} = 6\,830\,096\,\mathrm{kJ/kmol}$$

或

$$\Delta h_{\mathrm{c}} = \frac{\Delta \bar{h}_{\mathrm{c}}}{\mathrm{MW}_{\mathrm{C_{10}H_{22}}}} = \frac{6\,830\,096\,\dfrac{\mathrm{kJ}}{\mathrm{kmol}}}{142.284\,\dfrac{\mathrm{kg}}{\mathrm{kmol}}} = 48\,003\,\mathrm{kJ/kg}$$

用 $\bar{h}^0_{\mathrm{f,H_2O(g)}} = -241\,847\,\mathrm{kJ/kmol}$ 代替 $\bar{h}^0_{\mathrm{f,H_2O(l)}} = -285\,884\,\mathrm{kJ/kmol}$，就可以求低位热值，即

$$\Delta \bar{h}_{\mathrm{c}} = 6\,345\,986\,\mathrm{kJ/kmol}$$

或

$$\Delta h_{\mathrm{c}} = 44\,601\,\mathrm{kJ/kg}$$

（2）当 $\mathrm{C_{10}H_{22}}$ 处于液态时

$$H_{\mathrm{reac}} = 1 \times (\bar{h}^0_{\mathrm{f,C_{10}H_{22}(g)}} - \bar{h}_{\mathrm{fg}})$$

则

$$\Delta h_{\mathrm{c}}(\text{高位}) = (48\,003 - 359)\,\mathrm{kJ/kg} = 47\,644\,\mathrm{kJ/kg}$$
$$\Delta h_{\mathrm{c}}(\text{低位}) = (44\,601 - 359)\,\mathrm{kJ/kg} = 44\,242\,\mathrm{kJ/kg}$$

在解决问题和核算结果的时候，对各种定义和热力学过程进行图解是一个很好的方法。图1.3.5 在焓 – 温曲线图中对本例题的重要数值进行了图示。

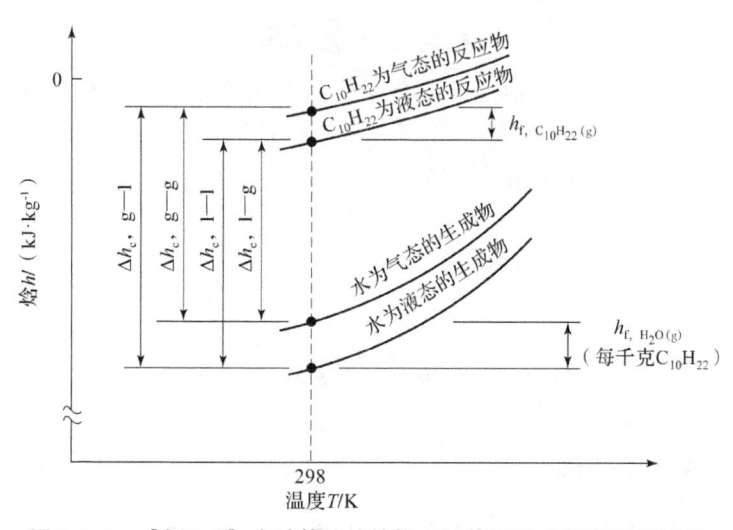

图 1.3.5 【例 1.4】中计算热值的焓 – 温曲线图（未按比例绘制）

1.3.3 化学平衡准则

现在来研究化学平衡准则的条件、质量作用定律的表达式和平衡常数。

根据热力学第二定律

$$ds = d_e s + d_i s = \frac{\delta q}{T} + d_i s$$

利用热力学第一定律，化为

$$ds = \frac{du + pdv}{T} + d_i s \tag{1.3.9}$$

另外，涉及化学反应系统时，化学热力学基本方程可写为

$$ds = \frac{du + pdv}{T} - \frac{1}{T}\sum_{i=1}^{k}\mu_i dc_i \tag{1.3.10}$$

将式（1.3.9）和式（1.3.10）作对比，可得

$$d_i s = -\frac{1}{T}\sum_{i=1}^{k}\mu_i dc_i \tag{1.3.11}$$

对于处于力学平衡和热力学平衡的均匀封闭系统，dc_i 完全来源于化学反应，因此判别该系统是否处于化学平衡的准则为

$$d_i s \geq 0 \tag{1.3.12}$$

即

$$\sum_{i=1}^{k}\mu_i dc_i \leq 0 \tag{1.3.13}$$

式中，等号表示化学平衡。再利用物质的量和质量之间的关系，式（1.3.13）可化为

$$\sum_{i=1}^{k}\mu_i M_i (b_i - a_i) \leq 0 \tag{1.3.14}$$

或

$$\sum_{i=1}^{k}\bar{\mu}_i (b_i - a_i) \leq 0 \tag{1.3.15}$$

对于化学非平衡情况，有

$$\sum_{i=1}^{k}a_i \bar{\mu}_i > \sum_{i=1}^{k}b_i \bar{\mu}_i \tag{1.3.16}$$

式（1.3.16）说明，化学反应是从高化学势状态向低化学势状态方向进行的，这就是化学势的含义。

因此均匀封闭系统的化学平衡准则为

$$\sum_{i=1}^{k}\bar{\mu}_i (b_i - a_i) = 0 \tag{1.3.17}$$

1.4 气体动力学基本参数

1.4.1 声速、马赫数

在物理学中，对于弹性介质（包括流体和固体），只要对它施加任意的小扰动，就会在

介质中引起微小的压力增量（或应力增量），并以波的形式向四周传播，这种小扰动波称为声波，该小扰动波的传播速度称为声速。

用一个简化模型来形象地表示小扰动波在弹性介质中传播的物理过程。设有一串并排挂着的小球，小球之间用弹簧相连，假定小球是刚体，弹簧本身没有质量，这样就可以把质量和弹性作用分别表示出来，构成了弹性介质的简化模型（见图1.4.1）。如果有人轻轻碰一下左边的小球，也就是说，对这个系统施加一个小扰动，则通过弹簧的弹性作用，会很快把这一扰动传到右边，可以看到各个小球都依次动了一下。外加的小扰动在这些小球之间的传播速度类似于小扰动在介质中传播的声速。显而易见，声速与介质本身的运动速度（在本例中即小球的速度）不应该混为一谈。

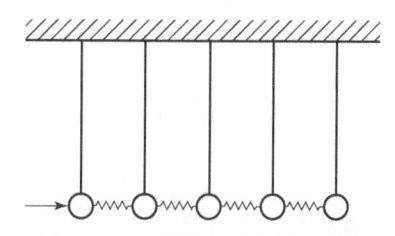

图 1.4.1 弹性介质的简化模型

关于声速公式的推导，将在后文叙述。这里利用物理学中给出的声速公式

$$c = \sqrt{\frac{K_s}{\rho}} \tag{1.4.1}$$

式中，c 表示声速；K_s 表示等熵过程的体积模量。

通常认为，声波传播的过程为等熵过程。其理由是流体质点因受到声波的作用而产生的压缩或膨胀过程极其短暂，来不及与环境发生热交换。现代研究表明，声波属于等熵过程的假设，只适用于声波作低频传播的情况，这时由波动引起的各个热力学变量梯度很小，因而可以不计黏性耗散作用。

对于流体，声速公式（1.4.1）写为

$$c = \sqrt{\frac{1}{\rho \tau_s}} \tag{1.4.2}$$

式中，τ_s 表示等熵过程的流体可压缩系数。

利用等熵关系可得流体中声速公式的一般形式，即

$$c^2 = \left(\frac{\partial p}{\partial \rho}\right)_s = -v^2 \left(\frac{\partial p}{\partial v}\right)_s \tag{1.4.3}$$

要注意把声速传播的等熵过程与气体流动过程是否等熵加以区别。事实上，在任何等熵或非等熵流动过程中，小扰动以声速传播的过程都可视为等熵过程。由于式（1.4.3）中的 p 和 ρ 通常是流场的坐标和时间的函数，因而流场中各质点的声速是随位置和时间的变化而改变的，故声速是当地的或局部的。

接下来推导热完全气体的声速公式。为此，要利用一个热力学恒等式，即

$$\left(\frac{\partial p}{\partial v}\right)_s = \gamma \left(\frac{\partial p}{\partial v}\right)_T \tag{1.4.4a}$$

也可以写为

$$\left(\frac{\partial p}{\partial \rho}\right)_s = \gamma \left(\frac{\partial p}{\partial \rho}\right)_T \tag{1.4.4b}$$

式中，$\gamma = c_p/c_v$，一般是温度和压力（或密度）的函数。

式（1.4.4）对一般的气体热状态方程都适用，因此一般情况下的声速公式也可写为

$$c^2 = \gamma \left(\frac{\partial p}{\partial \rho}\right)_T \tag{1.4.5}$$

由此可见，对于一般的气体热状态方程，声速是两个状态变量的函数。

有了式（1.4.4），就可以立即推导出热完全气体的声速公式，利用热完全气体状态方程 $p = \rho RT$，即有

$$c = \sqrt{\gamma RT} \tag{1.4.6a}$$

或

$$c = \sqrt{\gamma \frac{p}{\rho}} \tag{1.4.6b}$$

式中，比热比 γ 是温度的函数。

由此可见，热完全气体的声速只与温度有关。

对于热完全气体，状态函数内能和焓都是温度的函数，与其他参量无关，而量热完全气体是比热和比热比都保持恒值不变的气体。所以凡是量热完全气体，必定是热完全气体。因此量热完全气体的声速公式与式（1.4.6）的形式相同，这时的 γ 为恒量。通常需要计算各温度下在空气中传播时的声速。对于空气，$\gamma = 1.4$，$R = 287 \text{ J}/(\text{kg} \cdot \text{K})$，则式（1.4.6a）给出

$$c = 20.04 \text{ m} \cdot \text{s}^{-1} \cdot \text{K}^{-\frac{1}{2}} \times \sqrt{T} \tag{1.4.7}$$

例如，当空气的温度为 15 ℃，即 $T = 288$ K 时，由式（1.4.7）得出 $c = 340$ m/s。

在标准大气中，离地面 11 km 以内的对流层内，每升高 1 km，气温降低 6.5 ℃，声速也相应地减小；在对流层之上的平流层中，气温约为 216 K，则声速约为 294.5 m/s；在 30~60 km 间，因大气温度逐渐上升，声速也不断变大，如在 40 km 处，$c = 334$ m/s，在 50 km 处，$c = 375$ m/s。

介质不同，声速也不同。例如，采用 H_2 作为介质，其 R 值是空气的 14.5 倍，在常温下的声速达 1 200 m/s 以上，因此 H_2 可在叶轮式压缩机中用作介质，使叶片端头处的速度远低于声速，以提高压缩机的性能；氟利昂（CCl_2F_2）的 R 值只等于空气的 1/4，因此它在常温下的声速不到 200 m/s，可用作高超声速风洞的介质，易于实现高马赫数实验气流。

声速在气体动力学中很重要，它是一个热力学导数，与宏观流速无关，与分子运动状态相关。从分子运动论可知，分子运动的均方速度 V_s 为

$$V_s = \sqrt{3RT} \tag{1.4.8}$$

可见，声速与分子运动的均方速度关系为

$$c^2 = \frac{\gamma}{3} V_s^2 \tag{1.4.9}$$

气体的内能是指分子热运动的能量。因为 V_s^2 是气体内能的度量，并且声速的平方是与气体的内能成比例的，所以声速可以作为分子热运动能量的一个度量。

在气体动力学中有一个很重要的无量纲参数，即

$$Ma = \frac{V}{c} \tag{1.4.10}$$

它是当地流速与当地声速之比,称为马赫数。

为了说明 Ma 的物理意义,现导出式 (1.4.11) 和式 (1.4.12)。其一,利用式 (1.4.9)、式 (1.4.10) 可写为

$$Ma^2 = \frac{3}{\gamma} \cdot \frac{V^2}{V_s^2} \tag{1.4.11}$$

其二,对于量热完全气体,气流动能与内能之比为

$$\frac{\frac{V^2}{2}}{u} = \frac{\frac{V^2}{2}}{c_V T} = \frac{\frac{V^2}{2}}{\frac{RT}{(\gamma-1)}} = \frac{\left(\frac{\gamma}{2}\right)V^2}{\frac{c^2}{(\gamma-1)}} = \frac{\gamma(\gamma-1)}{2} Ma^2 \tag{1.4.12}$$

式 (1.4.11) 和式 (1.4.12) 都说明,Ma^2 是和气流的动能与内能之比成正比例的,也就是说,Ma^2 可以作为对比气体宏观流动动能与分子随机热运动能量的度量。当流速 $V \ll c$ 时,即 $Ma \approx 0$,宏观流动动能只占分子热运动能量的很小比例,因此流速的改变对热力学状态的影响可以忽略不计,这就说明了低速流动中无须考虑热力学关系。但是随着 Ma 的增大,宏观流动动能的变化对改变热力学状态的影响越来越大,热力学定律就成为气体动力学中不可分割的基础。总之,Ma 可以反映气体可压缩性效应的大小,是无黏可压缩气流的一个相似参数。可以证明,Ma^2 表示气流的迁移惯性力与压力的比值。因此本书导出的气体流动各种关系式大多表示为 Ma 的函数。

因为 Ma 具有上述意义,所以在气体动力学中可用 Ma 的大小将气体流动的速度进行划分,其范围如下。

(1) $Ma \approx 0$,即 $V \ll c$,不可压缩流动。

(2) $Ma < 1$,即 $V < c$,亚声速流动。

(3) $Ma = 1$,即 $V = c$,声速流动。

(4) $Ma > 1$,即 $V > c$,超声速流动。

(5) $Ma \gg 1$,即 $V \gg c$,高超声速流动。

为了阐明上述几种流动的不同性质,需分别研究它们在声波传播方面的不同图像。设在 O 点有一个固定的扰动源(可以是一个微小物体),它在静止气流中产生的每个小扰动都以声速 c 向四周传播,因此不同时刻小扰动传播的波阵面构成同心球面 [见图 1.4.2 (a)]。如果气流是运动的,相当于把这一个扰动流场叠加一个自左向右的均匀来流 [见图 1.4.2 (b)、图 1.4.2 (c)、图 1.4.2 (d)],来流速度为 V,则小扰动传播的绝对速度应是 $V + c e_r$,式中,e_r 是扰动源径向的单位向量,于是对某一扰动在不同时刻形成的波阵面不再是同心球面,其形状取决于 $Ma = \frac{V}{c}$ 的大小。下面逐一分析上述几种流动的小扰动波阵面形状。

(1) 低速流动,$Ma \approx 0$。

这时 $V \ll c$,令来流速度 $V = 0$。设扰动源每隔 Δt 发出一个小扰动,则经过三个小扰动后,扰动波阵面由三个同心球面组成(这与由某一个扰动在不同时刻形成的图像是重合的)[见图 1.4.2 (a)]。

事实上,在不可压缩气体的流动中,流速 V 一般不为零,而是声速趋于无限大,因而上

述同心球面的图像只是一个假想。

(2) 亚声速流动，$V<c$。

如图 1.4.2 (b) 所示，在 $t=0$ 时刻由 O 点发出的小扰动，经 Δt 时间，其波阵面将到达以 O_1 点为中心（$OO_1=V\Delta t$），以 $c\Delta t$ 为半径的球面上；在 $t_2=2\Delta t$ 时刻，这个波阵面又将传播到以 O_2 为中心（$OO_2=2V\Delta t$），以 $2c\Delta t$ 为半径的球面上，依次类推。由于 $V<c$，因而扰动波阵面是一组对扰动源 O 偏心的球面。由此可见，从 O 点产生的小扰动仍能传遍全流场，不过，在逆流的方向传得慢，在顺流的方向传得快。

(3) 声速流动，$V=c$。

如图 1.4.2 (c) 所示，由于 $V=c$，因而 $OO_1=c\Delta t$，即不同时刻的波阵面构成一组在扰动源 O 点具有公切面的球面。由此可见，由 O 点发出的小扰动，在任何时刻都不能越过 $x=0$ 的平面，只局限在 $x\geqslant 0$ 的半个空间中传播。

(4) 超声速流动，$V>c$。

如图 1.4.2 (d) 所示，如同上述，在 $t=0$ 时刻发出的小扰动，到 $t_1=\Delta t$ 和 $t_2=2\Delta t$ 时刻，其波阵面分别为以 O_1 点和 O_2 点为中心的球面，因为 $OO_1>c\Delta t$，又 $OO_2>2c\Delta t$，因此扰动源将始终位于这些球面之外，在它们的上游。于是不同时刻这些球面形成了圆锥状的包络面，其顶点在扰动源，以来流速度方向为中轴线，且其半顶角 μ 满足

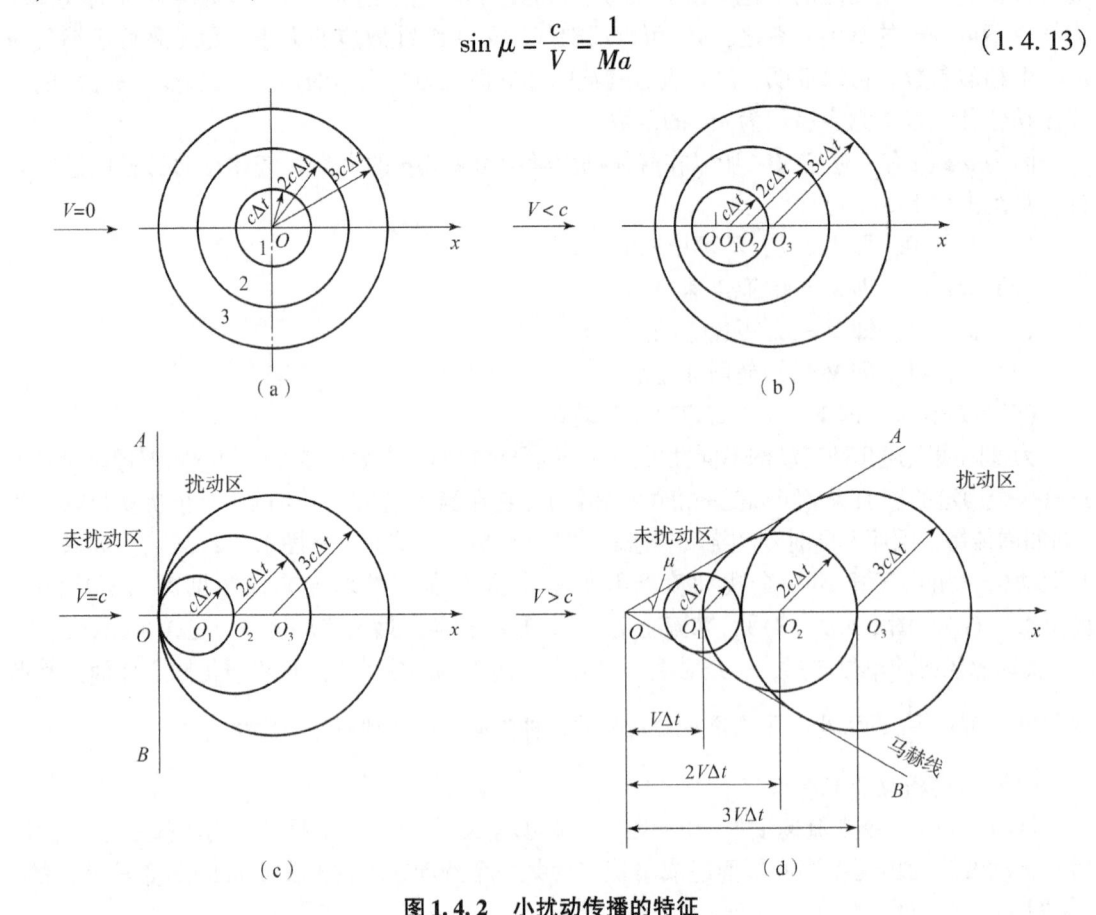

$$\sin\mu = \frac{c}{V} = \frac{1}{Ma} \tag{1.4.13}$$

图 1.4.2 小扰动传播的特征

(a) 低速流动；(b) 亚声速流动；(c) 声速流动；(d) 超声速流动

通常 μ 称为马赫角，这个圆锥状的包络面称为马赫锥，锥面的母线［图1.4.2（d）中的 OA 或 OB］称为马赫线。由此可见，在超声速流动中，小扰动的传播区域仅局限在以扰动为顶点、以气流速度方向为轴线的后向马赫锥内。

对于高超声速流动，$V \gg c$，小扰动传播的图像在定性上与超声速流动的情况一致，不过这时 $\mu \approx \dfrac{c}{V} \ll 1$。

由以上分析可知，亚声速流动中某处的小扰动能传遍各处，而在超声速流动中小扰动的传播却只局限于以扰动点为顶点的后向马赫锥内，这两者的根本区别导致亚声速流动和超声速流动在数学形式上和在流动规律上都具有不同的性质，后文将详加叙述。

1.4.2　总焓、总温和总压

一维定常绝热流动的能量方程为

$$h_1 + \frac{V_1^2}{2} = h_2 + \frac{V_2^2}{2} = h + \frac{V^2}{2} = 常数 \tag{1.4.14}$$

对于量热完全气体，有

$$h = c_p T = \frac{c^2}{\gamma - 1} = \frac{\gamma}{\gamma - 1} \cdot \frac{p}{\rho} = \frac{\gamma}{\gamma - 1} RT \tag{1.4.15}$$

于是能量方程有以下形式

$$c_p T + \frac{V^2}{2} = 常数 \tag{1.4.16}$$

$$\frac{c^2}{\gamma - 1} + \frac{V^2}{2} = 常数 \tag{1.4.17}$$

$$\frac{\gamma}{\gamma - 1} \cdot \frac{p}{\rho} + \frac{V^2}{2} = 常数 \tag{1.4.18}$$

$$\frac{\gamma}{\gamma - 1} RT + \frac{V^2}{2} = 常数 \tag{1.4.19}$$

上列能量方程右边的常数常用某个参考状态的物理量来表示，称为特征常数。常用的参考状态有三种：（1）速度为零的滞止状态（参数的下标以"0"表示）；（2）温度达到 0 K 时的最大速度（$V_{\max}$）状态；（3）流速等于当地声速时的临界参数状态（参数的上标以"*"表示）。

设想气流到达速度为零的截面，如风洞的储气罐，这时气流的参数称为驻点参数，又称滞止参数，用下标"0"表示。驻点参数可以用来表征能量方程的常数，尽管所研究的实际流动中可以不出现流速为零的截面。

$$h + \frac{V^2}{2} = h_0 = c_p T_0 = \frac{\gamma}{\gamma - 1} \cdot \frac{p_0}{\rho_0} = \frac{1}{\gamma - 1} c_0^2 \tag{1.4.20}$$

式中，h_0，T_0，p_0 分别称为总焓、总温和总压，其区别于静焓 h、静温 T 和静压 p，这里"静"的含义是在与流体质点一起运动的坐标上，相对于气体是静止的观测参数。另外，ρ_0 和 c_0 分别称为驻点密度和驻点声速。由式（1.4.20）可知，h_0，T_0，$\dfrac{p_0}{\rho_0}$，c_0 的大小均可反映气流总能量的大小。

习 题

（1）什么是摩尔生成焓、标准摩尔生成焓？什么是摩尔燃烧焓、标准摩尔燃烧焓？
（2）如何判断一个系统是否处于化学平衡？
（3）查阅资料，试分析物理学中声速公式的含义。
（4）请分别计算 20 km，30 km，40 km 高度处，Ma 为 5 的飞行速度。
（5）查阅并说明进气道总压恢复系数的概念，试分析总压损失对发动机的推力影响。

参 考 文 献

[1] 童秉纲，孔祥言，邓国华. 气体动力学 [M]. 2 版. 北京：高等教育出版社，2012.
[2] 特纳斯. 燃烧学导论：概念与应用 [M]. 3 版. 姚强，李水清，王宇，译. 北京：清华大学出版社，2015.
[3] KEE R J, RUPLEY F M, MILLER J A. The Chemkin thermodynamic data base [R]. Livermore：Sandia National Laboratories，1990.
[4] FONYÓ Z. Fundamentals of engineering thermodynamics [J]. Journal of Thermal Analysis & Calorimetry，2000，60（2）：707-708.
[5] LEWIS G N, RANDALL M, PITZER K S, et al. Thermodynamics [M]. New York：Courier Dover Publications，2020.
[6] CENGEL Y A, BOLES M A, KANOĞLU M. Thermodynamics：An engineering approach [M]. 8th ed. New York：McGraw-Hill，2011.

第 2 章

多组分反应流体的基本方程

化学流体力学描述的客观事物有其特殊规律，既包含流体力学中描述的流动、传热、传质等现象，也包含燃烧时的化学反应及它们之间的相互作用。具有化学反应的流动过程是一种综合的物理化学过程，本章主要介绍其内在的基本方程组，即质量守恒方程、动量守恒方程、能量守恒方程，它们组成了化学流体的基本方程。此外，本章将对简化的流动模型，即一维流动，以及化学反应过程中的反应动力学基本关系式进行重点介绍，为分析各类涉及反应流体的现象提供基础。

2.1 绝热流动与等熵流动的基本关系

一维定常流动是指气流的物理量仅是某一个坐标的函数，是最简化的流动模型。在变截面管道中的流动可以简化为准一维运动。只要管道截面面积变化缓慢且管道的曲率半径比水力半径大得多，那么沿管轴方向的气流物理量变化就要比其他方向的变化大得多，且在每个截面上可采用物理量的平均值进行表征。一维流动或准一维流动具有实际应用意义。在某些条件下，一维流动可以提供解析或半解析半数值结果，对于了解可压缩流体的流动规律有很大价值。长期以来，许多内部流动问题都将一维流动解作为主要手段，并使用经验系数修正该流动中实际存在的三维效应。本节基于一维定常绝热流动的能量方程，首先讨论绝热流动与等熵流动的基本关系，然后给出各流动参数沿流线的变化关系。

2.1.1 能量方程及其特征参数

第 1 章中提到一维定常绝热流动的能量方程为

$$h_1 + \frac{V_1^2}{2} = h_2 + \frac{V_2^2}{2} = h + \frac{V^2}{2} = 常数 \tag{2.1.1}$$

另外，从动力学方程导出的伯努利积分为

$$h + \frac{V^2}{2} = 常数 \tag{2.1.2}$$

式（2.1.2）适用于沿流线的等熵流动。

这两个方程在形式上一致，但在适用范围上有区别。式（2.1.1）适用于绝热流动，允许在任何两个截面之间存在激波间断、管壁摩阻这一不可逆过程，也就是说，能量方程既适用于等熵的可逆过程，也适用于绝热不等熵的不可逆过程。式（2.1.2）只适用于沿流线等熵的可逆过程。总之，能量方程比伯努利积分的适用范围要广些，但对无黏连续流场而言，这两个方程是等价的。

设想气流膨胀到极限的情况（真空），这时 $h=0$，$T=0$，速度可达最大值，即

$$\frac{\gamma}{\gamma-1}\cdot\frac{p}{\rho}+\frac{V^2}{2}=\frac{V_{\max}^2}{2} \tag{2.1.3}$$

其实，$V_{\max}$ 是不存在的，不过可以用它来表征气流总能量的大小。此外，根据式 (1.4.20) 可以找到 $V_{\max}$ 与驻点参数间的关系，即

$$V_{\max}=\sqrt{2h_0}=\sqrt{2c_pT_0}=\sqrt{\frac{2\gamma}{\gamma-1}RT_0}=\sqrt{\frac{2}{\gamma-1}}c_0 \tag{2.1.4}$$

对于空气，$\gamma=1.4$，设 $p_0=101\ 325\ \text{Pa}$，$T=15\ ℃$，则可算出

$$V_{\max}=757\ \text{m/s}$$

设想气流到某一截面其速度等于当地声速，即 $V=c=c^*$，其中 c^* 称为临界速度，则这个截面的所有参数统称为临界参数，用 p^*，T^* 等表示。这样，能量方程的常数值可用临界参数表示，即

$$\frac{V^2}{2}+\frac{c^2}{\gamma-1}=\frac{c^{*2}}{2}+\frac{c^{*2}}{\gamma-1}=\frac{\gamma+1}{\gamma-1}\cdot\frac{c^{*2}}{2} \tag{2.1.5}$$

已知，一维定常绝热流动的能量方程可以用在不可逆过程，即截面 1 和截面 2 之间可以发生摩擦损失。因而能量方程在截面 1 处的特征常数必等于其在截面 2 处的特征常数，即

$$h_{01}=h_{02},T_{01}=T_{02},c_{01}=c_{02},c_1^*=c_2^*,V_{\max 1}=V_{\max 2} \tag{2.1.6}$$

又有

$$\frac{p_{01}}{\rho_{01}}=\frac{p_{02}}{\rho_{02}} \tag{2.1.7}$$

在发生摩擦损失前后，尽管总压与驻点密度的比值相等，但两处的总压不等。可以利用热力学的熵增原理来说明。因为对于量热完全气体的熵函数

$$s=c_p\ln T-R\ln p+\text{常数}$$

故

$$s_2-s_1=s_{02}-s_{01}=c_p\ln\frac{T_{02}}{T_{01}}+R\ln\frac{p_{01}}{p_{02}}$$

这是由于把截面 1 和截面 2 分别等熵转化为相应的驻点参数，即

$$s_1=s_{01},s_2=s_{02}$$

对于绝热不可逆过程，必定 $s_2-s_1>0$，而 $T_{01}=T_{02}$，那么必然有

$$p_{01}>p_{02}$$

随之有

$$\rho_{01}>\rho_{02} \tag{2.1.8}$$

可见，在绝热不可逆过程中，熵的增加和总压下降是联系在一起的，这说明，通过摩擦损失，部分机械能转换为热能，机械能的可利用率降低了。因此总压之比可以用作描述机械能可利用率的一个指标，在工程上称为总压恢复系数，即 $\sigma_p=p_{02}/p_{01}$。

2.1.2 无量纲速度

有时需要引用另外一个无量纲速度

$$\lambda = \frac{V}{c^*}$$

现在来建立 λ 与 Ma 的关系，并加以比较。把式（2.1.5）写为

$$\frac{c^2}{c^{*2}} = \frac{\gamma+1}{2} - \frac{\gamma-1}{2}\lambda^2$$

因为

$$Ma^2 = \frac{V^2}{c^2} = \frac{V^2}{c^{*2}} \cdot \frac{c^{*2}}{c^2}$$

于是可得

$$Ma^2 = \frac{\lambda^2}{1 - \frac{\gamma-1}{2}(\lambda^2-1)} \tag{2.1.9}$$

或

$$\lambda^2 = \frac{Ma^2}{1 + \frac{\gamma-1}{\gamma+1}(Ma^2-1)} \tag{2.1.10}$$

根据式（2.1.10），Ma 与 λ 的关系见表 2.1.1。

表 2.1.1　Ma 与 λ 的关系

Ma	<1	1	>1	0	∞
λ	<1	1	>1	0	$\sqrt{\frac{\gamma+1}{\gamma-1}}$

在亚声速区

$$Ma < \lambda < 1$$

在超声速区

$$Ma > \lambda > 1$$

除了已讲的两种无量纲的速度 Ma 和 λ 外，在有些文献中还采用其他无量纲的速度

$$\zeta = \frac{V}{V_{\max}}, \quad \mu = \frac{V}{c_0}$$

这些无量纲的值与 Ma（或 λ）的关系，读者可自行推导。

2.1.3　等熵流动关系式

下面利用一维定常绝热流动的能量方程、热完全气体状态方程和等熵关系来推导沿流线各参数与当地 Ma（或 λ）的关系。先利用式（1.4.15），再代入热完全气体状态方程，可得到

$$\frac{V^2}{2} + \frac{\gamma}{\gamma-1}RT = \frac{\gamma}{\gamma-1}RT_0$$

再转化为

$$\frac{T_0}{T} = 1 + \frac{\gamma-1}{2} \cdot \frac{V^2}{\gamma RT} = 1 + \frac{\gamma-1}{2}Ma^2$$

再运用式 (2.1.9), 可写成

$$\frac{T}{T_0} = \frac{1}{1 + \frac{\gamma-1}{2}Ma^2} = 1 - \frac{\gamma-1}{\gamma+1}\lambda^2 \qquad (2.1.11)$$

因为

$$\frac{c^2}{c_0^2} = \frac{\gamma RT}{\gamma RT_0} = \frac{T}{T_0}$$

故

$$\frac{c}{c_0} = \frac{1}{\left(1 + \frac{\gamma-1}{2}Ma^2\right)^{\frac{1}{2}}} = \left(1 - \frac{\gamma-1}{\gamma+1}\lambda^2\right)^{\frac{1}{2}} \qquad (2.1.12)$$

上述所得的式 (2.1.11) 和式 (2.1.12) 只要是量热完全气体的定常绝热流动即可运用，不需要等熵条件。但是其他参数的关系式必须利用等熵条件

$$\frac{p}{p_0} = \left(\frac{\rho}{\rho_0}\right)^{\gamma} = \left(\frac{T}{T_0}\right)^{\frac{\gamma}{\gamma-1}} \qquad (2.1.13)$$

由此可得

$$\frac{p}{p_0} = \frac{1}{\left(1 + \frac{\gamma-1}{2}Ma^2\right)^{\frac{\gamma}{\gamma-1}}} = \left(1 - \frac{\gamma-1}{\gamma+1}\lambda^2\right)^{\frac{\gamma}{\gamma-1}} \qquad (2.1.14)$$

$$\frac{\rho}{\rho_0} = \frac{1}{\left(1 + \frac{\gamma-1}{2}Ma^2\right)^{\frac{1}{\gamma-1}}} = \left(1 - \frac{\gamma-1}{\gamma+1}\lambda^2\right)^{\frac{1}{\gamma-1}} \qquad (2.1.15)$$

图 2.1.1 表示了式 (2.1.11)、式 (2.1.14) 和式 (2.1.15) 的变化规律。从能量方程可知，气体动能的增加，只有用降低焓的办法实现，所以在等熵流动中，速度的增加必伴随着温度的降低，同时引起压力的减小。从图 2.1.1 看到，压力降低比温度降低幅度更大，所以气流密度也随着压力降低速度的增加而减小。

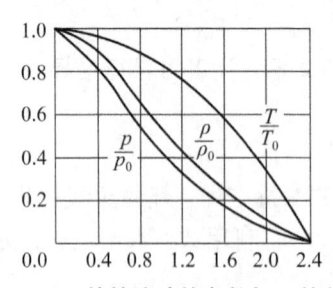

图 2.1.1 等熵流动的参数与 λ 的关系

在式 (2.1.11)、式 (2.1.12)、式 (2.1.14) 和式 (2.1.15) 中，令 $Ma=1$（或 $\lambda=1$），就可以求出临界参数与驻点参数的比值，即

$$\frac{T^*}{T_0} = \frac{2}{\gamma+1}, \quad \frac{c^*}{c_0} = \left(\frac{2}{\gamma+1}\right)^{\frac{1}{2}}$$

$$\frac{p^*}{p_0} = \left(\frac{2}{\gamma+1}\right)^{\frac{\gamma}{\gamma-1}}, \frac{\rho^*}{\rho_0} = \left(\frac{2}{\gamma+1}\right)^{\frac{1}{\gamma-1}} \tag{2.1.16}$$

对于空气，$\gamma = 1.4$，则

$$\frac{T^*}{T_0} = 0.8333, \frac{p^*}{p_0} = 0.5283, \frac{\rho^*}{\rho_0} = 0.6339$$

对于一定的气流来说（即 p_0，ρ_0，T_0 一定时），可求出确定的临界参数，也可以得到截面 1 参数与截面 2 参数间的关系，即

$$\frac{T_2}{T_1} = \frac{c_2^2}{c_1^2} = \frac{1+\frac{\gamma-1}{2}Ma_1^2}{1+\frac{\gamma-1}{2}Ma_2^2} = \frac{1-\frac{\gamma-1}{\gamma+1}\lambda_2^2}{1-\frac{\gamma-1}{\gamma+1}\lambda_1^2} \tag{2.1.17}$$

$$\frac{p_2}{p_1} = \left(\frac{1+\frac{\gamma-1}{2}Ma_1^2}{1+\frac{\gamma-1}{2}Ma_2^2}\right)^{\frac{\gamma}{\gamma-1}} = \left(\frac{1-\frac{\gamma-1}{\gamma+1}\lambda_2^2}{1-\frac{\gamma-1}{\gamma+1}\lambda_1^2}\right)^{\frac{\gamma}{\gamma-1}} \tag{2.1.18}$$

$$\frac{\rho_2}{\rho_1} = \left(\frac{1+\frac{\gamma-1}{2}Ma_1^2}{1+\frac{\gamma-1}{2}Ma_2^2}\right)^{\frac{1}{\gamma-1}} = \left(\frac{1-\frac{\gamma-1}{\gamma+1}\lambda_2^2}{1-\frac{\gamma-1}{\gamma+1}\lambda_1^2}\right)^{\frac{1}{\gamma-1}} \tag{2.1.19}$$

2.2 多组分气体的基本关系式

2.2.1 质量守恒方程

图 2.2.1 为一维质量守恒分析中的控制体，即厚度为 Δx 的平面薄层。质量从 x 处进入，从 $x + \Delta x$ 处流出，其进、出口的质量流量差别，正是控制体内质量增加速率，即

$$\underbrace{\frac{\mathrm{d}m_{\mathrm{cv}}}{\mathrm{d}t}}_{\text{控制体内质量增加速率}} = \underbrace{[\dot{m}]_x}_{\text{流入控制体的质量}} - \underbrace{[\dot{m}]_{x+\Delta x}}_{\text{流出控制体的质量}} \tag{2.2.1}$$

控制体内质量应为 $m_{\mathrm{cv}} = \rho V_{\mathrm{cv}}$，其中 $V_{\mathrm{cv}} = A\Delta x$（$A$ 为控制体的控制面），因此控制体质量流量为 $\dot{m} = \rho v_x A$，则式（2.2.1）可变为

$$\frac{\mathrm{d}\rho A \Delta x}{\mathrm{d}t} = [\rho v_x A]_x - [\rho v_x A]_{x+\Delta x} \tag{2.2.2}$$

两边同时除以 $A\Delta x$，并认为 $\Delta x \to 0$，则式（2.2.2）可以变为

$$\frac{\partial \rho}{\partial t} = -\frac{\partial(\rho v_x)}{\partial x} \tag{2.2.3}$$

在稳定流中，$\partial \rho / \partial t = 0$，即

$$\frac{\partial(\rho v_x)}{\partial x} = 0 \tag{2.2.4a}$$

或者

$$\rho v_x = \text{常数} \tag{2.2.4b}$$

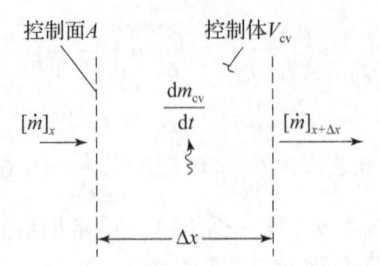

图 2.2.1　一维质量守恒分析中的控制体

在燃烧系统中，流动中的密度随着位置不同，变化会很大。因此，从式（2.2.4）中可以看出速度也必须有很大变化才能保证反应产物的 ρv_x 和质量通量 $\dot{m}''$ 守恒。在更通用的形式中，某一个固定点的质量守恒可以写成

$$\underbrace{\frac{\partial \rho}{\partial t}}_{\text{单位体积质量增加速率}} + \underbrace{\nabla \cdot (\rho V)}_{\text{单位体积流出的质量净流量}} = 0 \tag{2.2.5}$$

假设流体为稳定流，并在所选定的坐标系内做适当的矢量变换，在球坐标系中可以得到

$$\frac{1}{r^2} \cdot \frac{\partial}{\partial r}(r^2 \rho v_r) + \frac{1}{r\sin\theta} \cdot \frac{\partial}{\partial \theta}(\rho v_\theta \sin\theta) + \frac{1}{r\sin\theta} \cdot \frac{\partial}{\partial \phi}(\rho v_\phi) = 0$$

在一维球对称坐标系中，$v_\theta = v_\phi = 0$，且 $\partial(\ )/\partial\theta = \partial(\ )/\partial\phi = 0$，因此，可以简化为

$$\frac{1}{r^2} \cdot \frac{d}{dr}(r^2 \rho v_r) = 0 \tag{2.2.6a}$$

或者

$$r^2 \rho v_r = 常数 \tag{2.2.6b}$$

式（2.2.6b）相当于 $\dot{m}=$ 常数 $=\rho v_r A(r)$，其中 $A(r) = 4\pi r^2$。

对于轴对称系统的稳定流，在完全的柱坐标方程下可以设 $v_\theta = 0$，则式（2.2.5）此时可写为

$$\frac{1}{r} \cdot \frac{\partial}{\partial r}(r\rho v_r) + \frac{\partial}{\partial x}(\rho v_x) = 0 \tag{2.2.7}$$

特别指出的是，以往分析中只有一个速度参数，现在开始出现两个速度参数 v_r 和 v_x。

上述推导的为一维组分守恒方程，但是假设混合物中含有两种组分，即二元混合物，而且组分的扩散只由浓度梯度引起。对于稳定流，可写为

$$\frac{d}{dx}\left[\dot{m}''Y_A - \rho \mathcal{D}_{AB}\frac{dY_A}{dx}\right] = \dot{m}'''_A$$

或

$$\underbrace{\frac{d}{dx}\dot{m}''Y_A}_{\substack{\text{单位体积内对流（宏观整体流动的平均）}\\\text{引起的组分A质量流量（kg/(s·m}^3))}} - \underbrace{\frac{d}{dx}\left(\rho \mathcal{D}_{AB}\frac{dY_A}{dx}\right)}_{\substack{\text{单位体积内分子扩散引起的}\\\text{组分A质量流量（kg/(s·m}^3))}} = \underbrace{\dot{m}'''_A}_{\substack{\text{单位体积内化学反应引起的}\\\text{组分A净质量生成率（kg/(s·m}^3))}} \tag{2.2.8}$$

式中，$\dot{m}''$ 是组分质量通量 ρv_x；$\dot{m}'''_A$ 是单位体积内化学反应引起的组分 A 净质量生成率；$\mathcal{D}_{AB}$ 是二元扩散系数。组分连续性方程变为通用的一维形式，即

$$\frac{d\dot{m}''_i}{dx} = \dot{m}'''_i, \quad i = 1,2,\cdots,N \tag{2.2.9}$$

式中，下标 i 表示组分 i。在式（2.2.9）的形式下，描述组分质量通量 $\dot{m}''$ 时没有了前面的

约束条件，如菲克定律所控制的二元扩散限制。

组分 i 质量守恒的通用形式可表示为

$$\underbrace{\frac{\partial(\rho Y_i)}{\partial t}}_{\text{单位体积内组分}i\text{质量随时间变化率}} + \underbrace{\nabla \cdot \dot{m}_i''}_{\text{单位体积内分子扩散及宏观流动引起的组分}i\text{净流量}} = \underbrace{\dot{m}_i'''}_{\text{单位体积内化学反应引起的组分}i\text{净质量生成率}}$$

(2.2.10)

在介绍下一部分前，有必要再一次仔细地讨论组分质量通量的定义。组分 i 质量通量 $\dot{m}_i''$ 是根据组分 i 的平均质量流速定义的，可以表示为

$$\dot{m}_i'' \equiv \rho Y_i v_i \tag{2.2.11}$$

式中，组分速度 v_i 通常是考虑了浓度梯度引起质量扩散（常规扩散）以及其他形式扩散共同作用的一个相当复杂的参量。混合物质量通量等于各个组分质量通量的总和，即

$$\sum \dot{m}_i'' = \sum \rho Y_i v_i = \dot{m}'' \tag{2.2.12}$$

鉴于满足 $\dot{m}'' \equiv \rho V$，则平均质量流速为

$$V = \sum Y_i v_i \tag{2.2.13}$$

式（2.2.13）就是流体速度，定义为质量平均宏观整体速度。组分速度和整体速度的差则定义为扩散速度，即 $v_{i,\text{diff}} \equiv v_i - V$，也就是说单个组分的速度是与整体速度有关的。扩散质量通量也可以用扩散速度表示，即

$$\dot{m}_{i,\text{diff}}'' \equiv \rho Y_i (v_i - V) = \rho Y_i v_{i,\text{diff}} \tag{2.2.14}$$

组分质量通量是组分宏观整体流动和分子扩散运动的和，即

$$\dot{m}_i'' = \dot{m}'' Y_i + \dot{m}_{i,\text{diff}}'' \tag{2.2.15a}$$

或者用速度的形式表示，即

$$\rho Y_i v_i = \rho Y_i V + \rho Y_i v_{i,\text{diff}} \tag{2.2.15b}$$

根据组分浓度梯度的方向，扩散通量或扩散速度可以与宏观整体流动反向或者同向。例如，下游方向组分的高浓度使上游方向的扩散通量与整体流动方向相反。采用式（2.2.4）和式（2.2.14），则通用的组分守恒方程［式（2.2.10）］可以重写成如下组分扩散速度 $v_{i,\text{diff}}$ 和质量分数 Y_i 的形式：

$$\frac{\partial(\rho Y_i)}{\partial t} + \nabla \cdot [\rho Y_i (V + v_{i,\text{diff}})] = \dot{m}_i''', i = 1, 2, \cdots, N \tag{2.2.16}$$

对于二元混合物中常规扩散（不发生热扩散或压力扩散），下面给出菲克定律的通用形式，可以用来计算组分守恒方程［式（2.2.10）］中的组分质量通量 $\dot{m}_i''$：

$$\dot{m}_A'' = \dot{m}'' Y_A - \rho \mathcal{D}_{AB} \nabla \cdot Y_A \tag{2.2.17}$$

对于稳定流的球对称坐标系，式（2.2.10）可变为

$$\frac{1}{r^2} \cdot \frac{d}{dr}(r^2 \dot{m}_i'') = \dot{m}_i''', \quad i = 1, 2, \cdots, N \tag{2.2.18}$$

同时，根据二元扩散，式（2.2.17）可写为

$$\frac{1}{r^2} \cdot \frac{d}{dr}\left[r^2 \left(\rho v_r Y_A - \rho \mathcal{D}_{AB} \frac{dY_A}{dr}\right)\right] = \dot{m}_A''' \tag{2.2.19}$$

上述公式的物理意义与式（2.2.8）类似，只是组分 A 质量流动的方向是沿半径方向而不再是 x 轴方向。

对于轴对称坐标系（r 轴和 x 轴）对应二元混合物的组分守恒方程为

$$\underbrace{\frac{1}{r}\cdot\frac{\partial}{\partial r}(r\rho v_r Y_A)}_{\substack{\text{单位体积内径向对流(宏观整体流动的径向}\\\text{平流)引起的组分A质量流量}(kg/(s\cdot m^3))}} + \underbrace{\frac{1}{r}\cdot\frac{\partial}{\partial x}(r\rho v_x Y_A)}_{\substack{\text{单位体积内轴向对流(宏观整体流动的轴向}\\\text{平流)引起的组分A质量流量}(kg/(s\cdot m^3))}} - \underbrace{\frac{1}{r}\cdot\frac{\partial}{\partial r}\left(r\rho \mathcal{D}_{AB}\frac{dY_A}{dr}\right)}_{\substack{\text{单位体积内径向分子平流引起的}\\\text{组分A质量流量}(kg/(s\cdot m^3))}} = \underbrace{\dot m'''_A}_{\substack{\text{单位体积内化学反应引起的}\\\text{组分A净质量生成率}(kg/(s\cdot m^3))}}$$

(2.2.20)

上述方程中，假设轴向扩散与径向扩散、轴向对流和径向对流等相比是可以忽略的。

2.2.2 动量守恒方程

控制体内的变化率等于作用在控制体的表面力和体积力之和。对于一维直角坐标系，当忽略黏性力与体积力时，只有作用在控制体上的压力，动量守恒方程就会变得十分简单，对于定常流动，可以表示为

$$\sum F = \dot m'' v_{\text{out}} - \dot m'' v_{\text{in}} \qquad (2.2.21)$$

对于一维流动

$$(pA)_x - (pA)_{x+\Delta x} = \dot m''(v_{x+\Delta x} - v_x) \qquad (2.2.22)$$

式 (2.2.22) 除以 $A\Delta x$，并取极限 $\Delta x \to 0$，得

$$-\frac{dp}{dx} = \dot m'' \frac{dv}{dx} \qquad (2.2.23)$$

或

$$-\frac{dp}{dx} = \rho v_x \frac{dv}{dx} \qquad (2.2.24)$$

当考虑黏性力影响时，则一维动量守恒方程可以写为

$$\frac{\partial(\rho v)}{\partial t} + \frac{\partial(\rho v)}{\partial x} - \frac{\partial}{\partial x}\left(\mu \frac{\partial v}{\partial x}\right) = -\frac{\partial p}{\partial x} \qquad (2.2.25)$$

2.2.3 能量守恒方程

根据热力学第一定律，控制体内能量变化率等于获得外部热的总和与对外做功的总和的差值。一维笛卡儿坐标系下，能量守恒方程可以表示为

$$(\dot Q''_x - \dot Q''_{x+\Delta x})A - \dot W'''_{cv} = \dot m'' A\left[\left(h + \frac{v^2}{2} + gz\right)_{x+\Delta x} - \left(h + \frac{v^2}{2} + gz\right)_x\right] \qquad (2.2.26)$$

对于定常流动，能量随时间的变化率等于零，假设系统对外界不做功，控制体进出口势能无变化，式 (2.2.26) 则变成

$$(\dot Q''_x - \dot Q''_{x+\Delta x}) = \dot m''\left[\left(h + \frac{v^2}{2}\right)_{x+\Delta x} - \left(h + \frac{v^2}{2}\right)_x\right] \qquad (2.2.27)$$

式 (2.2.27) 除以 Δx，并取极限 $\Delta x \to 0$，得

$$-\frac{d\dot Q''_x}{dx} = \dot m''\left(\frac{dh}{dx} + v\frac{dv}{dx}\right) \qquad (2.2.28)$$

热流通量包括热传导产生的热通量和由于组分扩散引起的附加焓通量，若不考虑热辐射，热流通量的一般表达形式为

$$\dot Q'' = -\lambda \nabla T + \sum \dot m''_{i,\text{diff}} h_i \qquad (2.2.29)$$

对于一维情况，热流通量可以表示为

$$\dot{Q}_x'' = -\lambda \frac{dT}{dx} + \sum \rho \omega_i (v_i - v) h_i \qquad (2.2.30)$$

由于 $\dot{m}_i'' = \rho v_{ix} \omega_i, \rho v = \dot{m}'', \sum w_i h_i = h$，式（2.2.30）可以写为

$$\dot{Q}_x'' = -\lambda \frac{dT}{dx} + \sum \dot{m}_i'' h_i - \dot{m}'' h \qquad (2.2.31)$$

将式（2.2.31）代入（2.2.28），得

$$-\frac{d}{dx}\left(\sum h_i \dot{m}_i''\right) + \frac{d}{dx}\left(-\lambda \frac{dT}{dx}\right) + \dot{m}'' v \frac{dv}{dx} = 0 \qquad (2.2.32)$$

代入式（2.2.9），得

$$\sum \dot{m}_i'' \frac{dh_i}{dx} + \frac{d}{dx}\left(-\lambda \frac{dT}{dx}\right) + \dot{m}'' v \frac{dv}{dx} = -\sum h_i \dot{m}_i''' \qquad (2.2.33)$$

因为

$$h_i(T) = h_{f,i}^{\ominus}(T_{\text{ref}}) + \Delta h_{s,i}(T_{\text{ref}}) = h_{f,i}^{\ominus}\left(T_{\text{ref}} + \int_{T_{\text{ref}}}^{T} C_p dT\right) = h_{f,i}^{\ominus}(T_{\text{ref}}) + \bar{C}_p T$$

代入式（2.2.33），得

$$\frac{\partial(\rho C_p T)}{\partial t} + \frac{\partial(\rho v C_p T)}{\partial x} - \frac{\partial}{\partial x}\left(\lambda \frac{\partial T}{\partial x}\right) = -\sum h_{f,i}^{\ominus} \dot{m}_i''' \qquad (2.2.34)$$

2.3　化学反应动力学的基本关系式

2.3.1　多组分扩散方程

在诸多燃烧系统详细的建模和理解过程中，尤其对于层流预混合非预混火焰（non-premixed flame）结构的研究，不宜采用二元混合物来简化。在这种情况下，组分传递定律的公式必须同时考虑系统存在大量组分，而且每一组分的性质又差别巨大。例如，大分子燃料的扩散要远慢于氢原子的扩散。此外，火焰中典型的大温度梯度形成了浓度梯度之外另一个推动传质过程的作用力。这种温度梯度引起的扩散作用称为热扩散或者索雷特效应，它导致了较轻的分子从低温区扩散到高温区，反之，较重的分子从高温区扩散到低温区。

本节先给出一些描述单个组分质量扩散通量和扩散速度的、最通用的关系式；随后，将这些关系式简化为可用于实际燃烧设备的形式；再通过一些限制性假设，得到相对比较简单的、描述火焰系统内多元扩散的近似表达式。

多元混合物中组分扩散一般有4种不同的形式：由浓度梯度引起的常规扩散，由温度梯度引起的热扩散，由压力梯度引起的压力扩散以及由组分中不平等单位质量体积力引起的体积力扩散。扩散质量通量可以写成以上4种扩散的总和，即

$$\dot{m}_{i,\text{diff}}'' = \dot{m}_{i,\text{diff},x}'' + \dot{m}_{i,\text{diff},T}'' + \dot{m}_{i,\text{diff},p}'' + \dot{m}_{i,\text{diff},f}'' \qquad (2.3.1)$$

等式右边各项下标 χ，T，p，f 分别表示常规扩散、热扩散、压力扩散和体积力扩散。类似的，可以得到扩散速度的矢量关系，即

$$\boldsymbol{v}_{i,\text{diff}} = \boldsymbol{v}_{i,\text{diff},x} + \boldsymbol{v}_{i,\text{diff},T} + \boldsymbol{v}_{i,\text{diff},p} + \boldsymbol{v}_{i,\text{diff},f} \qquad (2.3.2)$$

在典型的燃烧系统中，压力梯度很小不足以引起压力扩散，因此这一项可以忽略，体积力扩散最初是由荷电组分（如离子）和电场作用引起的，虽然火焰中确实存在一定浓度的离子，但体积力扩散并不是很明显，因此，只需保留常规扩散和热扩散2项，4项扩散都考虑的方法在参考文献[1]~[4]中可以找到。

假设组分为理想气体，通常将常规扩散简化为以下形式：

$$\dot{m}''_{i,\text{diff},\chi} = \frac{p}{R_u T} \cdot \frac{\text{MW}_i}{\text{MW}_{\text{mix}}} \sum_{j=1}^{N} \text{MW}_j D_{ij} \nabla \chi_j, \quad i = 1,2,\cdots,N \tag{2.3.3}$$

式中，MW_{mix}是混合物摩尔质量；D_{ij}是常规多元扩散系数。需要注意的是，多元扩散系数D_{ij}与二元扩散系数$\mathcal{D}_{ij}$是不同的。对应的扩散速度公式为

$$v_{i,\text{diff},\chi} = \frac{1}{\chi_i \text{MW}_{\text{mix}}} \sum_{j=1}^{N} \text{MW}_j D_{ij} \nabla \chi_j, \quad i = 1,2,\cdots,N \tag{2.3.4}$$

将$\nabla \chi_j$表示为多种组分扩散速度差的形式消除了方程计算D_{ij}值的要求，得

$$\nabla \chi_j = \sum_{j=1}^{N} \left[\frac{\chi_i \chi_j}{\mathcal{D}_{ij}} (v_{j,\text{diff},\chi} - v_{i,\text{diff},\chi}) \right], \quad i = 1,2,\cdots,N \tag{2.3.5}$$

对N个组分方程（$i=1,2,\cdots,N$）的任何一个，所有组分的摩尔分数梯度都会出现，而扩散速度只有第i个组分出现；相反，对N个组分方程中任何一个，所有组分的扩散速度都会出现，而摩尔分数梯度则只有在第i个组分出现。

第i个组分的热扩散速度可以表示为

$$v_{i,\text{diff},T} = -\frac{D_i^T}{\rho Y_i} \cdot \frac{1}{T} \nabla T \tag{2.3.6}$$

式中，D_i^T为热扩散系数，可能为正也可能为负，分别表示热扩散向冷区域或热区域进行。有兴趣的读者可以详读参考文献[5]。

2.3.2 多元扩散系数计算

由参考文献[4]和参考文献[6]可知，常规扩散的多元扩散系数D_{ij}可以表示为

$$D_{ij} = \chi_i \frac{\text{MW}_{\text{mix}}}{\text{MW}_j} (F_{ij} - F_{ii}) \tag{2.3.7}$$

式中，F_{ij}和F_{ii}为矩阵$[F_{ij}]$的元素。$[F_{ij}]$是$[L_{ij}]$的逆矩阵，即

$$[F_{ij}] = [L_{ij}]^{-1} \tag{2.3.8}$$

$[L_{ij}]$矩阵中的元素为

$$[L_{ij}] = \sum_{k=1}^{K} \frac{\chi_k}{\text{MW}_i \mathcal{D}_{ik}} [\text{MW}_j \chi_j (1 - \delta_{ik}) - \text{MW}_i \chi_i (\delta_{ij} - \delta_{jk})] \tag{2.3.9}$$

式中，δ_{mn}为克罗内克δ（Kronecker delta）函数，当$m=n$时取1，其他情况为0；k（$k=1, 2, \cdots, K$）为所有的组分。

多元扩散系数具有如下性质：

$$D_{ii} = 0 \tag{2.3.10a}$$

$$\sum_{i=1}^{N} (\text{MW}_i \text{MW}_h D_{ih} - \text{MW}_i \text{MW}_k D_{ik}) = 0 \tag{2.3.10b}$$

多元扩散系数由两个参数决定，一是混合物中的组分摩尔分数χ_i，二是两两组分之间的二元扩散系数$\mathcal{D}_{ij}$。一般来说，只有在二元混合物中，多元扩散系数才等于二元扩散系数。

二元扩散系数的数值可以通过查询热力学数据手册得出,同时参考文献 [7] 中所给的软件是 CHEMKIN 的一部分,可以用它来确定多元扩散系数及其他传递特性。

【例 2.1】 氢气、氧气、氮气的混合物,其中 $\chi_{H_2} = 0.15, \chi_{O_2} = 0.20, \chi_{N_2} = 0.65$,试确定所有的多元扩散系数。$T = 600$ K,$p = 1$ atm。

解 直接运用式 (2.3.7) 来确定多元扩散系数 $\mathcal{D}_{ij}$,理论上是简单的,但是计算量相当大。首先写出矩阵 $[L_{ij}]_{3\times 3}$ [式 (2.3.9)],令 i 和 j 的值 1,2,3 分别表示 H_2,O_2,N_2,即

$$[L_{ij}] = \begin{bmatrix} L_{11} & L_{12} & L_{13} \\ L_{21} & L_{22} & L_{23} \\ L_{31} & L_{32} & L_{33} \end{bmatrix}$$

根据前面的知识,有 $\mathcal{D}_{ij} = \mathcal{D}_{ji}$,即

$$L_{11} = L_{22} = L_{33}$$
$$L_{12} = \chi_2(MW_2\chi_2 + MW_1\chi_1)/(MW_1\mathcal{D}_{12}) + \chi_3 MW_2\chi_2/MW_1\mathcal{D}_{13}$$
$$L_{13} = \chi_3(MW_3\chi_3 + MW_1\chi_1)/(MW_1\mathcal{D}_{13}) + \chi_2 MW_3\chi_3/MW_1\mathcal{D}_{12}$$
$$L_{21} = \chi_1(MW_1\chi_1 + MW_2\chi_2)/(MW_2\mathcal{D}_{21}) + \chi_3 MW_1\chi_1/MW_2\mathcal{D}_{23}$$
$$L_{23} = \chi_3(MW_3\chi_3 + MW_2\chi_2)/(MW_2\mathcal{D}_{23}) + \chi_1 MW_3\chi_3/MW_2\mathcal{D}_{21}$$
$$L_{31} = \chi_1(MW_1\chi_1 + MW_3\chi_3)/(MW_3\mathcal{D}_{31}) + \chi_2 MW_1\chi_1/MW_3\mathcal{D}_{32}$$
$$L_{32} = \chi_2(MW_2\chi_2 + MW_3\chi_3)/(MW_3\mathcal{D}_{32}) + \chi_1 MW_2\chi_2/MW_3\mathcal{D}_{31}$$

为了得到上述矩阵的值,需要先求出二元扩散系数 $\mathcal{D}_{12}$,$\mathcal{D}_{13}$,$\mathcal{D}_{23}$ 的值。这些值可以根据 Reid 等人的研究结果得到。Lennard–Jones 参数的取值见表 2.3.1。

表 2.3.1 Lennard–Jones 参数的取值

i	组分	χ_i	MW_i	$\sigma_i/\text{Å}$[①]	$(\varepsilon_i/k_B)/K$
1	H_2	0.15	2.016	2.827	59.7
2	O_2	0.20	32.000	3.467	106.7
3	N_2	0.65	28.014	3.798	71.4

① 1 Å = 10^{-10} m。

首先计算出 H_2 和 O_2 的碰撞积分 Ω_D,而求 Ω_D 则需要首先计算出 $\varepsilon_{H_2-O_2}/k_B$ 和 T^*,得

$$\varepsilon_{H_2-O_2}/k_B = [(\varepsilon_{H_2}/k_B)(\varepsilon_{O_2}/k_B)]^{1/2} = (59.7 \times 106.7)^{1/2} \text{ K} = 79.8 \text{ K}$$
$$T^* = k_B T/\varepsilon_{H_2-O_2} = 600/79.8 = 7.519$$

查阅二元扩散系数可知碰撞积分 Ω_D 为

$$\Omega_D = \frac{1.060\,36}{(7.519)^{0.156\,10}} + \frac{0.193\,000}{\exp(0.476\,35 \times 7.519)} + \frac{1.035\,87}{\exp(1.529\,96 \times 7.519)} +$$
$$\frac{1.764\,74}{\exp(3.894\,11 \times 7.519)} = 0.779\,3$$

其他参数为

$$\varepsilon_{H_2-O_2} = \frac{\sigma_{H_2} + \sigma_{O_2}}{2} = \frac{2.827 + 3.467}{2}\text{Å} = 3.147\text{ Å}$$

$$\mathrm{MW_{H_2-O_2}} = 2[(1/\mathrm{MW_{H_2}}) + (1/\mathrm{MW_{O_2}})]^{-1}$$
$$= 2 \times [(1/2.016) + (1/32.000)]^{-1} = 3.793$$

所以有

$$\mathcal{D}_{\mathrm{H_2-O_2}} = \frac{0.0266 T^{\frac{3}{2}}}{P\,\mathrm{MW}_{\mathrm{H_2-O_2}}^{\frac{1}{2}} \sigma_{\mathrm{H_2-O_2}}^2 \Omega_D} = \frac{0.0266 \times 600^{\frac{3}{2}}}{101\,325 \times 3.793^{\frac{1}{2}} \times 3.147^2 \times 0.7793}\ \mathrm{m^2/s}$$
$$= 2.5668 \times 10^{-4}\ \mathrm{m^2/s}$$

或 $2.5668\ \mathrm{cm^2/s}$

另外两个二元扩散系数 $\mathcal{D}_{\mathrm{H_2-N_2}}$ 和 $\mathcal{D}_{\mathrm{O_2-N_2}}$ 也如此计算（可以用电子表格软件），得

$$\mathcal{D}_{\mathrm{H_2-N_2}} = 2.4095\ \mathrm{cm^2/s}$$
$$\mathcal{D}_{\mathrm{O_2-N_2}} = 0.6753\ \mathrm{cm^2/s}$$

对于矩阵 $[L_{ij}]$，以 L_{12} 为例进行计算，其他元素与其类似，得

$$L_{12} = \chi_2(\mathrm{MW_2}\chi_2 + \mathrm{MW_1}\chi_1)/(\mathrm{MW_1}\mathcal{D}_{12}) + \chi_3 \mathrm{MW_2}\chi_2/\mathrm{MW_1}\mathcal{D}_{13}$$
$$= 0.20 \times (32.000 \times 0.20 + 2.016 \times 0.15)/(2.016 \times 2.5668) +$$
$$0.65 \times (32.000 \times 0.20)/(2.016 \times 2.4095) = 1.1154$$

可以得到其他元素，即

$$[L_{ij}] = \begin{bmatrix} 0 & 1.1154 & 3.1808 \\ 0.0213 & 0 & 0.7735 \\ 0.0443 & 0.2744 & 0 \end{bmatrix}$$

矩阵 $[L_{ij}]$ 的逆矩阵可由计算机或者计算器算，即

$$[L_{ij}]^{-1} = [F_{ij}] = \begin{bmatrix} -3.7319 & 15.3469 & 15.1707 \\ 0.6030 & -2.4796 & 1.1933 \\ 0.1029 & 0.8695 & -0.4184 \end{bmatrix}$$

有了上面的结果，就可以通过式 (2.3.7) 来最终计算出多元扩散系数 D_{ij}，其中混合物摩尔质量 $\mathrm{MW_{mix}}$ 为 24.9115（即 $0.15 \times 2.016 + 0.20 \times 32.000 + 0.65 \times 28.014$）。比如：

$$D_{12} = \mathcal{D}_{\mathrm{H_2-O_2}} \chi_1 \frac{\mathrm{MW_{mix}}}{\mathrm{MW_2}}(F_{12} - F_{11})$$
$$= \left[0.15 \times \frac{24.9115}{32.000} \times (15.346 + 3.7319)\right]\ \mathrm{cm^2/s} = 2.228\ \mathrm{cm^2/s}$$

同样可以得出如下多元扩散系数矩阵：

$$[D_{ij}] = \begin{bmatrix} 0 & 2.228 & 2.521 \\ 7.618 & 0 & 0.653 \\ 4.188 & 0.652 & 0 \end{bmatrix}\ \mathrm{cm^2/s}$$

在这个例子中，多组分系统只包含三个组分，用代数的技巧也可以解出多元扩散系数的解析解，如

$$D_{12} = \mathcal{D}_{12}\left[1 + \chi_3 \frac{(\mathrm{MW_3/MW_2})\mathcal{D}_{13} - \mathcal{D}_{12}}{\chi_1 \mathcal{D}_{23} + \chi_2 \mathcal{D}_{13} + \chi_3 \mathcal{D}_{12}}\right]$$

在研究的大多数燃烧系统中，通常包含多种组分，所以通常情况下，上述所有的计算都是在计算机上完成的。为了更好地评价多元扩散系数 D_{ij} 和二元扩散系数 $\mathcal{D}_{ij}$ 的不同，可以将上述计算的多元扩散系数矩阵与二元扩散系数矩阵相比。二元扩散系数矩阵如下：

$$[\mathcal{D}_{ij}] = \begin{bmatrix} 4.587 & 2.567 & 2.410 \\ 2.567 & 0.689 & 0.675 \\ 2.410 & 0.675 & 0.661 \end{bmatrix} \text{cm}^2/\text{s}$$

从比较中可以看出，$[\mathcal{D}_{ij}]$ 中的元素都非零，$[D_{ij}]$ 则不然；另外，$[\mathcal{D}_{ij}]$ 是对称矩阵，而 $[D_{ij}]$ 中所有非零的元素各不相同。

多组分系统热扩散系数的计算不像计算常规扩散系数那样直接。热扩散比常规扩散多出 6 个矩阵。利用 CHEMKIN 软件可以在计算热传导和黏度等多元传递特性参数的同时，计算热扩散系数。

2.3.3　混合物分数

守恒标量大幅简化了反应流问题的求解（即速度场、组分场和温度场的确定），尤其是解决非预混火焰问题时。守恒标量定义为流场内满足守恒的任一标量。例如，在特定的条件下，没有热量源（或汇）的流体中，即流场中没有辐射流入或流出且没有黏性耗散，各个位置的绝对焓满足守恒。在这种情况下，绝对焓可以视为守恒标量。化学反应不会创造或消灭元素，所以元素质量分数也是一个守恒标量。另外，还有许多其他守恒标量，这里只讨论其中的两个：一个是以下定义的混合物分数，另一个是上述提到的混合物绝对焓。

(1) 混合物分数的定义。

如果将所研究的流动系统定义为只有一股纯燃料输入流和一股纯氧化剂输入流，且反应后只有一种产物，则守恒标量混合物分数可以定义为

$$f \equiv \frac{源于燃料的质量}{混合物总质量} \tag{2.3.11}$$

由于式 (2.3.11) 对应无限小的体积，所以 f 只是一种特殊的质量分数，由燃料、氧化剂和产物的质量分数组成。比如，在燃料中 f 为 1，在氧化剂中 f 为 0，而在流场中 f 在 0 和 1 之间。

就三组分系统来说，可以定义流体中任意一点的燃料、氧化剂和产物的质量分数。当

$$1 \text{ kg 燃料} + v\text{kg 氧化剂} \longrightarrow (1+v)\text{kg 产物} \tag{2.3.12}$$

有

$$\underset{源于燃料的质量分数}{f} = \underset{\frac{源于燃料的物质(\text{kg})}{燃料(\text{kg})}}{1} \times \underset{\frac{燃料(\text{kg})}{混合物(\text{kg})}}{Y_F} + \underset{\frac{源于燃料的物质(\text{kg})}{产物(\text{kg})}}{\left(\frac{1}{v+1}\right)} \times \underset{\frac{产物(\text{kg})}{混合物(\text{kg})}}{Y_{Pr}} + \underset{\frac{源于燃料的物质(\text{kg})}{氧化剂(\text{kg})}}{0} \times \underset{\frac{氧化剂(\text{kg})}{混合物(\text{kg})}}{Y_{O_x}} \tag{2.3.13}$$

式中，源于燃料的物质是混合物中源于燃料流真正能燃烧的物质。

对于烃类燃料，即只含碳和氢，式 (2.3.13) 可以简单地表示为

$$f = Y_F + \left(\frac{1}{v+1}\right)Y_{Pr} \tag{2.3.14}$$

这一守恒标量尤其适用于研究扩散火焰（diffusion flame），因为扩散火焰中，燃料流和氧化剂流在初始状态是分开的。对于预混燃烧，如果各个组分扩散率相同，则混合物分数处处相等，混合物分数守恒方程并不会带来求解所需的新信息。

（2）混合物分数的守恒。

守恒标量混合物分数 f 可以用来推导不含化学反应速率项的组分守恒方程，即该方程是"无源"的。接下来用一维笛卡儿坐标系的组分守恒方程来举例说明，分别代入燃料和产物组分的值，得到

$$\dot{m}''\frac{dY_F}{dx} - \frac{d}{dx}\left(\rho\mathcal{D}\frac{dY_F}{dx}\right) = \dot{m}_F''' \tag{2.3.15}$$

和

$$\dot{m}''\frac{dY_{Pr}}{dx} - \frac{d}{dx}\left(\rho\mathcal{D}\frac{dY_{Pr}}{dx}\right) = \dot{m}_{Pr}''' \tag{2.3.16}$$

对式（2.3.16）除以 $(v+1)$ 得到

$$\dot{m}''\frac{d(Y_{Pr}/(v+1))}{dx} - \frac{d}{dx}\left[\rho\mathcal{D}\frac{d(Y_{Pr}/(v+1))}{dx}\right] = \frac{1}{v+1}\dot{m}_{Pr}''' \tag{2.3.17}$$

同时，由式（2.3.12）得

$$\dot{m}_{Pr}'''/(v+1) = -\dot{m}_F''' \tag{2.3.18}$$

其中的负号表示燃料是消耗的，而产物是增加的。将式（2.3.18）代入式（2.3.17），再代入式（2.3.15）得

$$\dot{m}''\frac{d(Y_F + Y_{Pr}/(v+1))}{dx} - \frac{d}{dx}\left[\rho\mathcal{D}\frac{d(Y_F + Y_{Pr}/(v+1))}{dx}\right] = 0 \tag{2.3.19}$$

式（2.3.19）是"无源"的，也就是说，等式右边为 0，等式左边微分内的标量即为守恒标量混合物分数 f。所以式（2.3.19）可以写为

$$\dot{m}''\frac{df}{dx} - \frac{d}{dx}\left[\rho\mathcal{D}\frac{df}{dx}\right] = 0 \tag{2.3.20}$$

用类似的方法，可以得到一维球坐标系和二维轴对称坐标系的组分守恒方程。

对于一维球坐标系，有

$$\frac{d}{dr}\left[r^2\left(\rho v_r f - \rho\mathcal{D}\frac{df}{dr}\right)\right] = 0 \tag{2.3.21}$$

而对于二维轴对称坐标系，则有

$$\frac{\partial}{\partial x}(r\rho v_x f) + \frac{\partial}{\partial r}(r\rho v_r f) - \frac{\partial}{\partial r}\left(r\rho\mathcal{D}\frac{df}{dr}\right) = 0 \tag{2.3.22}$$

【例 2.2】 考虑非预混乙烷-空气火焰燃烧过程中各个组分（C_2H_6, CO, CO_2, H_2, H_2O, N_2, O_2, OH）的摩尔分数可利用各种技术测得，其他成分忽略。定义混合物分数 f，用测出的各项摩尔分数表示。

解 先将 f 表示为组分质量分数的形式，然后再转化为摩尔分数。有

$$f = \frac{源于燃料的质量}{混合物总质量} = \frac{[m_C + m_H]_{mix}}{m_{mix}}$$

由于燃料中只含有碳和氢,并假设氧化剂中无碳或氢,空气中只含有 N_2 和 O_2。

在非预混乙烷 - 空气火焰中,碳元素集中在所有未燃烧的燃料和 CO_2,CO 中;氢元素集中在未燃烧燃料及 H_2,H_2O 和 OH 中。将每一项中碳元素和氢元素的质量分数汇总,得到

$$f = Y_{C_2H_6}\frac{2MW_C}{MW_{C_2H_6}} + Y_{CO}\frac{MW_C}{MW_{CO}} + Y_{CO_2}\frac{MW_C}{MW_{CO_2}} +$$

$$Y_{C_2H_6}\frac{3MW_{H_2}}{MW_{C_2H_6}} + Y_{H_2} + Y_{H_2O}\frac{MW_{H_2}}{MW_{H_2O}} + Y_{OH}\frac{0.5MW_{H_2}}{MW_{OH}}$$

式中,分子摩尔质量的权重比表示每个组分中碳元素或氢元素的质量分数。代入 $Y_i = \chi_i MW_i/MW_{mix}$ 得

$$f = \chi_{C_2H_6}\frac{MW_{C_2H_6}}{MW_{mix}} \cdot \frac{2MW_C}{MW_{C_2H_6}} + \chi_{CO}\frac{MW_{CO}}{MW_{mix}} \cdot \frac{MW_C}{MW_{CO}} + \cdots$$

$$= \frac{(2\chi_{C_2H_6} + \chi_{CO} + \chi_{CO_2})MW_C + (3\chi_{C_2H_6} + \chi_{H_2} + \chi_{H_2O} + 0.5\chi_{OH})MW_{H_2}}{MW_{mix}}$$

其中

$$MW_{mix} = \sum \chi_i MW_i = \chi_{C_2H_6}MW_{C_2H_6} + \chi_{CO}MW_{CO} + \chi_{CO_2}MW_{CO_2} +$$
$$\chi_{H_2}MW_{H_2} + \chi_{H_2O}MW_{H_2O} + \chi_{N_2}MW_{N_2} + \chi_{O_2}MW_{O_2} + \chi_{OH}MW_{OH}$$

【例 2.3】 根据【例 2.2】,下面给出了实验测得的非预混乙烷 - 空气火焰中某点各组分的摩尔分数,试确定混合物分数 f。

$\chi_{CO} = 949 \times 10^{-6}$, $\chi_{H_2O} = 0.1488$, $\chi_{CO_2} = 0.0989$, $\chi_{O_2} = 0.0185$, $\chi_{H_2} = 315 \times 10^{-6}$, $\chi_{OH} = 1350 \times 10^{-6}$

假设混合物的其余组分为氮气。试用计算出的混合物分数 f 求出混合物的当量比 Φ。

解 应用【例 2.2】的结果,可以直接计算 f。首先求出氮气的摩尔分数为

$$\chi_{N_2} = 1 - \sum \chi_i$$
$$= 1 - 0.0989 - 0.1488 - 0.0185 - (949 + 315 + 1350) \times 10^{-6}$$
$$= 0.7312$$

混合物的摩尔质量为

$$MW_{mix} = \sum \chi_i MW_i = 28.16 \text{ kg/kmol}$$

然后将数值代入【例 2.2】的 f 公式中,得到

$$f = \frac{(949 \times 10^{-6} + 0.0989) \times 12.011 + (315 \times 10^{-6} + 0.1488 + 0.5 \times 1350 \times 10^{-6}) \times 2.016}{28.16}$$

$$= 0.0533$$

计算当量比,首先需要注意,根据定义,混合物分数与燃 - 空比是有关系的,即

$$F/A = f/(1-f)$$

且

$$\Phi = (F/A)/(F/A)_{stoic}$$

对于任意的 C_xH_y,化学当量的燃 - 空比可求出,得

$$(F/A)_{stoic} = \left[4.76 \times (x + y/4) \times \frac{MW_{air}}{MW_{C_xH_y}}\right]^{-1} = \left[4.76 \times (2 + 6/4) \times \frac{28.85}{30.07}\right]^{-1} = 0.0626$$

所以有

$$\Phi = \frac{f/(1-f)}{(F/A)_{\text{stoic}}} = \frac{0.0533/(1-0.0533)}{0.0626} = 0.90$$

这一例题表现了混合物分数与定义的化学当量的关系。今后需要做到能够根据基本的定义，推导 f，(A/F)，(F/A) 以及 Φ 的相互关系。

【例 2.4】 非预混射流火焰燃料为 C_3H_8，氧化剂为等摩尔的 O_2 和 CO_2 混合物。火焰中存在的组分为 C_3H_8，CO，CO_2，O_2，H_2，H_2O 和 OH。试确定系统的化学当量混合物分数 f_{stoic}，并用 Y_i 表示出非预混射流火焰中任意位置的局部混合物分数 f。假设所有两两对应的二元扩散系数都相等，即无微分扩散。

解 为确定化学当量混合物分数，只需计算化学当量混合反应物下燃料的质量分数 $Y_{C_3H_8}$，反应式如下：

$$C_3H_8 + a(O_2 + CO_2) \longrightarrow bCO_2 + cH_2O$$

根据 H，C 和 O 原子守恒，可以得到

$$H: 8 = 2c$$
$$C: 3 + a = b$$
$$O: 2a + 2a = 2b + c$$

解得 $a = 5$，$b = 8$，$c = 4$，所以

$$f_{\text{stoic}} = Y_F = \frac{MW_{C_3H_8}}{MW_{C_3H_8} + 5(MW_{O_2} + MW_{CO_2})}$$

$$= \frac{44.096}{44.096 + 5 \times (32.000 + 44.011)}$$

$$= 0.1040$$

在计算局部混合组分前，要注意不是所有的 C 都来源于燃料，因为氧化剂中有 CO_2，所以还有一部分 C 是源于氧化剂。但是，火焰中 H 的唯一来源是 C_3H_8，所以，局部混合物分数必与局部 H 质量分数成比例，这种关系表示为

$$f = \left(\frac{燃料质量}{H 的质量}\right)\left(\frac{H 的质量}{混合物质量}\right) = \frac{44.096}{8 \times 1.008} Y_H = 5.468 Y_H$$

式中，Y_H 由含 H 组分质量分数的加权得到，即

$$Y_H = \frac{8 \times 1.008}{44.096} Y_{C_3H_8} + Y_{H_2} + \frac{2.016}{18.016} Y_{H_2O} + \frac{1.008}{17.008} Y_{OH}$$

$$= 0.1829 Y_{C_3H_8} + Y_{H_2} + 0.1119 Y_{H_2O} + 0.0593 Y_{OH}$$

局部混合物分数最终可写成

$$f = Y_{C_3H_8} + 5.468 Y_{H_2} + 0.6119 Y_{H_2O} + 0.3243 Y_{OH}$$

虽然燃料中的 C 可能会转化为 CO 和 CO_2，但在这里并不需要特别关注。另外，如果含 H 组分存在微分扩散，那么火焰中局部的 $\frac{H}{燃料 C}$ 就不会处处相等了，因此上述结果就只能是近似值。虽然固体碳在例题中没有考虑，但是实际的非预混烃-空气火焰中是有碳烟存在的，这将使火焰组分的测量和混合物分数的确定变得更为复杂。

2.4 化学反应流动中的相似性准则

由于得到的基本守恒方程组具有其复杂性，一般很难进行求解，在研究具体问题时需进行简化和近似处理。实际上，即使针对没有化学反应的流体力学问题，至今也只有 70 多例特殊情况可以求出精确解。对化学反应中的流体力学问题，其复杂性更大，求解自然更为困难。要解决实际的工程问题，只能通过实验室的模拟实验，例如，高空或太空飞行器燃烧室中的燃烧问题。但实验室的模拟实验不可能做到与实物完全相同，因而提出了模拟实验与实物工作情况是否相似的问题。

如果在相应的时刻，两个现象相应特征量之间的比值保持是常数，则称这两个现象为相似的，这些常数称为相似系数，它们在物理模拟中是无量纲常数。判断两个现象是否相似的依据就是下面介绍的由特征量所组成的无量纲数。

对多元反应流体，进行物理模拟涉及的相似性问题分为流动相似、传热相似、化学反应或燃烧相似。相似的判据是通过选择体系的特征量并进行无量纲化，然后代入基本守恒方程组得到的无量纲数。

体系特征量的无量纲以"$*$"表示。选取物体特征尺度 L，特征时间 t，重力加速度特征量 g，压力特征量 p，温度特征量 T，无穷远处各物理量 u，ρ，c_p，D，λ，μ，其相应的无量纲量为

$$t^* = \frac{t}{t_\infty}, F^* = \frac{F}{g}, p^* = \frac{p}{p_\infty}$$

$$x^* = \frac{x}{L}, y^* = \frac{y}{L}, z^* = \frac{z}{L}$$

$$u^* = \frac{u}{u_\infty}, v^* = \frac{v}{v_\infty}, w^* = \frac{w}{w_\infty}$$

$$\rho^* = \frac{\rho}{\rho_\infty}, \mu^* = \frac{\mu}{\mu_\infty}, c_p^* = \frac{c_p}{c_{p\infty}}$$

$$D^* = \frac{D}{D_\infty}, \lambda^* = \frac{\lambda}{\lambda_\infty}, T^* = \frac{T}{T_\infty}$$

$$[e_{ij}]^* = \frac{L}{u}[e_{ij}], \varphi^* = \frac{L}{\mu u}\varphi$$

将上述无量纲量代入基本守恒方程组，并采用无量纲算符，即可得到无量纲数。

习 题

(1) 在一维等熵流动中，哪些物理量保持不变？压力与速度之间的关系是什么？

(2) 查阅资料，试给出不同于 Ma 与 λ 的无量纲速度表示方法，并推导其与 Ma 和 λ 的关系。

(3) 试根据多组分气体的基本关系式给出单组分气体的质量守恒方程、动量守恒方程、能量守恒方程。

（4）混合物分数与燃-空比的关系是什么？试根据燃-空比求任意当量比的 C_7H_{16} 混合物分数。

（5）气体的扩散系数在不同温度下是否相同？如何说明？

参 考 文 献

[1] BIRD R B. Transport phenomena [J]. Applied Mechanics Reviews, 2002, 55 (1): R1 - R4.

[2] FORMAN A, WILLIAMS. Combustion theory [M]. 2nd ed. Boca Raton: CRC Press, 1985.

[3] KUO K K. Principles of combustion [M]. New York: John Wiley & Sons, 1986.

[4] HIRSCHFELDER J O, CURTISS C F, BIRD R B. The molecular theory of gases and liquids [M]. New York: John Wiley & Sons, 1964.

[5] GREW K E, IBBS T L. Thermal diffusion in gases [M]. Cambridge: Cambridge University Press, 1952.

[6] DIXON - LEWIS G N. Flame structure and flame reaction kinetics Ⅱ. Transport phenomena in multicomponent systems [J]. Proceedings of the Royal Society of London. Series A. Mathematical and Physical Sciences, 1968, 307 (1488): 111 - 135.

[7] KEE R J, DIXON - LEWIS G, WARNATZ J, et al. A fortran computer code package for the evaluation of gas - phase multicomponent transport properties [J]. Sandia Report Sand, 1986, 13: 1 -45.

[8] REID R C, PRAUSNITZ J M, POLING B E. The properties of gases and liquids [M]. 4th ed. New York: McGraw - Hill, 1987.

[9] BILGER R W. Turbulent flows with nonpremixed reactants [M]. New York: Springer - Verlag, 1980.

第 3 章
几种简化的气体流动模型

第 2 章在能量方程的基础上，讨论了绝热流动与等熵流动的基本关系，这是最简化的流动模型。但鉴于一维定常流动的模型很简单，无法解释一些在工程上常见的运动变化，如由收缩段和扩张段组成的拉瓦尔喷管变截面管道流动。本章将叙述在处理气体的某些特定问题时，如何忽略一些处于次要地位的物理属性，抓住主要的物理本质使问题得到简化，以描述现象的主要特征。从第 2 章的基本守恒方程组出发，首先介绍对流动起约束作用的变截面因素在哪些基本方程中出现及其数学表示形式，然后分析气体穿过正激波（间断面）的一维流动规律，进一步将模型从一维扩展到二维，叙述膨胀波与斜激波这两种不同性质波的基本规律，并建立波前后流动参数的变化关系。

3.1 变截面等熵流动

气体沿变截面管道等熵流动问题的数学描述：给定管道截面面积变化规律 $\sigma(x)$，给定某个初始截面的气流参数 V_1，p_1，ρ_1，T_1 等，求任意一个截面上的气流参数 V_2，p_2，ρ_2，T_2 等。

在第 2 章中导出的等熵流动公式还不足以确定任意截面处的参数，因为该截面处的 Ma（或 λ）是未知的，因此有必要利用基本方程组来建立截面面积与 Ma 的关系。

在进行定量分析之前，先导出流动参数与截面面积变化的微分关系式，进行定性分析。

3.1.1 微分关系式

首先，列出气体沿变截面管道的等熵流动的基本方程组。作为广义一维定常流动基本方程组的特殊情况，对于量热完全气体，有以下微分形式的基本方程组：

$$\left.\begin{aligned}&\frac{\mathrm{d}\rho}{\rho}+\frac{\mathrm{d}V}{V}+\frac{\mathrm{d}\sigma}{\sigma}=0\\&\frac{\mathrm{d}p}{p}+\gamma Ma^2\frac{\mathrm{d}V}{V}=0\\&\frac{\mathrm{d}T}{T}+(\gamma-1)Ma^2\frac{\mathrm{d}V}{V}=0\\&\frac{\mathrm{d}p}{p}-\frac{\mathrm{d}\rho}{\rho}-\frac{\mathrm{d}T}{T}=0\end{aligned}\right\} \quad (3.1.1)$$

其次，从微分形式的基本方程组导出各流动参数与截面面积变化的微分关系，从而得到

$$\frac{\mathrm{d}p}{p} = \frac{\gamma Ma^2}{1-Ma^2} \cdot \frac{\mathrm{d}\sigma}{\sigma} \tag{3.1.2}$$

$$\frac{\mathrm{d}V}{V} = \frac{-1}{1-Ma^2} \cdot \frac{\mathrm{d}\sigma}{\sigma} \tag{3.1.3}$$

$$\frac{\mathrm{d}\rho}{\rho} = \frac{Ma^2}{1-Ma^2} \cdot \frac{\mathrm{d}\sigma}{\sigma} \tag{3.1.4}$$

$$\frac{\mathrm{d}T}{T} = \frac{(\gamma-1)Ma^2}{1-Ma^2} \cdot \frac{\mathrm{d}\sigma}{\sigma} \tag{3.1.5}$$

$$\frac{\mathrm{d}Ma}{Ma} = -\frac{2+(\gamma-1)Ma^2}{2(1-Ma^2)} \cdot \frac{\mathrm{d}\sigma}{\sigma} \tag{3.1.6}$$

由式（3.1.3）、式（3.1.4）还可得出

$$Ma^2 = -\frac{\dfrac{\mathrm{d}\rho}{\rho}}{\dfrac{\mathrm{d}V}{V}} \tag{3.1.7}$$

从上列微分关系，得出流动参数随截面面积变化的规律如下。

（1）在亚声速流动（$Ma<1$）中，如果增大（减小）截面面积，必然引起速度减小（增大），压力增加（减小），密度增加（减小），温度增加（减小）。由此可见，亚声速气流与不可压缩气流在性质上是相似的。

（2）在超声速流动（$Ma>1$）中，如果增大（减小）截面面积，必然引起速度增大（减小），压力减小（增大），密度减小（增大），温度减小（增大）。这个性质可以用式（3.1.7）来解释，在超声速流动中，密度减小率大于速度增加率，比流量密度ρV变小了，因此需扩大截面面积使一定质量的气体能够通过。

（3）当$Ma=1$时，如果该处速度仍有变化，$\mathrm{d}V\neq 0$，则$\mathrm{d}\sigma=0$，即截面面积变化率为零。从此可推断，声速必然出现在最小截面面积处（即喷管的喉部）。这是由于亚声速气流趋近最大截面时将减速，而超声速气流趋近最大截面时将加速，因此不会在最大截面上得到声速。

（4）在管道的最大或最小截面处（$\mathrm{d}\sigma=0$），如果不出现声速，$Ma\neq 1$，则$\mathrm{d}V=0$，即在该处的速度将是极值，是最大值还是最小值要结合具体情况分析。

表3.1.1列出了在收缩管和扩张管中，当流速是亚声速或超声速时，气流的速度、密度、压力和温度等随截面面积变化的情况。

表 3.1.1　截面面积变化对流动参数的影响

$\dfrac{\mathrm{d}\sigma}{\mathrm{d}x}$	Ma	$\dfrac{\mathrm{d}V}{\mathrm{d}x}$	$\dfrac{\mathrm{d}\rho}{\mathrm{d}x}, \dfrac{\mathrm{d}p}{\mathrm{d}x}, \dfrac{\mathrm{d}T}{\mathrm{d}x}$
收缩管 $\dfrac{\mathrm{d}\sigma}{\mathrm{d}x}<0$	<1	>0	<0
	>1	<0	>0
扩张管 $\dfrac{\mathrm{d}\sigma}{\mathrm{d}x}>0$	<1	<0	>0
	>1	>0	<0

根据上述结论，要想产生超声速气流，管道的截面形状在亚声速段应是收缩的，在超声速段应是扩张的，而以声速处截面面积为最小。同时，上下游还必须有足够的压力差，但管道先收缩后扩张是必要的几何条件，否则，上下游压力差再大也不可能在管道内部产生超声速气流。1889 年，瑞典的蒸汽轮机设计师拉瓦尔首先利用这种先收缩后扩张的管道获得了超声速气流，因而具有这种形状的管道称为拉瓦尔喷管（见图 3.1.1）。这种喷管应用很广，可用作超声速风洞的喷管和喷气发动机的尾喷管。

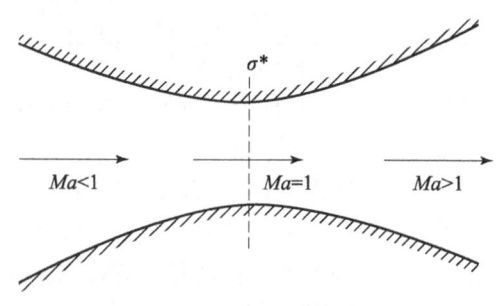

图 3.1.1 拉瓦尔喷管示意图

在拉瓦尔喷管的临界截面（即产生声速气流的最小截面）附近，很小的截面面积变化会引起很大的速度增量，但是在远离声速处，同样的截面面积变化却只能引起很小的速度变化。下面用具体数据来说明这一点，计算时设 $\frac{d\sigma}{\sigma} = -1\%$，则有表 3.1.2。

表 3.1.2 马赫数与截面积变化

Ma	0	0.50	0.90	0.98	0.99	1.05	1.50	2.0
$\frac{dV}{V}(\%)$	1	1.33	5.27	25	50	-10	-0.8	-0.33

应该指出，虽然该规律是基于量热完全气体的基本方程组所得结果而给出的，但是这一结论也适用于一般气体，例如，式（3.1.3）等对有化学反应的高温平衡态气体仍然适用，其他各式所指出的变化趋势仍然有效。这可以从一般气体的基本方程组出发作出论证。

3.1.2 流速与流量的计算

使用喷管不外乎两个目的：一个是获得一定的速度，如风洞试验中要有一个确定的均匀流场；另一个是需要得到一定的质量流量，如喷气发动机要达到预定推力。

设喷管上游的储气罐参数为 p_0，ρ_0，T_0，喷管出口处的压力为 p_e，出口截面面积为 σ_e。根据式（2.1.5）和式（2.1.16），可推导出喷管等熵流的出口速度 V_e 和马赫数 Ma_e，分别为

$$V_e = \sqrt{2\frac{\gamma}{\gamma-1} \cdot \frac{p_0}{\rho_0}\left[1 - \left(\frac{p_e}{p_0}\right)^{\frac{\gamma-1}{\gamma}}\right]} \tag{3.1.8a}$$

$$Ma_e = \frac{V_e}{c_e} = \sqrt{\frac{2}{\gamma-1}\left[\left(\frac{p_0}{p_e}\right)^{\frac{\gamma-1}{\gamma}} - 1\right]} \tag{3.1.8b}$$

于是等熵流动的质量流量为

$$q_m = \rho_e V_e \sigma_e = \sigma_e \rho_0 \left(\frac{p_e}{p_0}\right)^{\frac{1}{\gamma}} \sqrt{\frac{2\gamma}{\gamma-1} \cdot \frac{p_0}{\rho_0}\left[1-\left(\frac{p_e}{p_0}\right)^{\frac{\gamma-1}{\gamma}}\right]}$$

$$= \sigma_e \rho_0 \left(\frac{p_e}{p_0}\right)^{\frac{1}{\gamma}} \sqrt{\frac{2c_0^2}{\gamma-1}\left[1-\left(\frac{p_e}{p_0}\right)^{\frac{\gamma-1}{\gamma}}\right]}$$

或

$$q_m = \sigma_e \rho_0 c_0 \sqrt{\frac{2}{\gamma-1}} \sqrt{\left(\frac{p_e}{p_0}\right)^{\frac{2}{\gamma}} - \left(\frac{p_e}{p_0}\right)^{\frac{\gamma+1}{\gamma}}} \qquad (3.1.9)$$

但是应该指出，在一定的总温、总压条件下，喷管流量的增加是有限度的。只要在喷管内出现了临界截面 σ^*，那么流量便达到了最大值。

在亚声速流动（$\lambda < 1$）中，比流量密度 ρV 随着 λ 增大而增大，在超声速流动中，情况刚好相反，ρV 随着 λ 增大而减小。特别有意义的是，当 $\lambda = 1$，即流速达到声速时，$q(1) = q_{\max} = 1$，即比流量密度达到最大值，$\lambda = 1$ 的截面就是临界截面。在等熵流动中，利用 $q(\lambda)$根据驻点参数 ρ_0, T_0, λ 可以得到质量流量，即

$$q_m = \rho_0 V \sigma = \frac{\rho V}{\rho^* V^*}(\rho^* V^*)\sigma = q(\lambda)(\rho^* c^*)\sigma$$

基于式（2.1.19）可以得到 $\rho^* c^*$，代入整理后可得 $q_m = K \dfrac{p_0}{\sqrt{T_0}} q(\lambda) \sigma$ 或 $q_m = K \dfrac{p_0}{\sqrt{T_0}} q(Ma)\sigma$，由此可得最大质量流量为

$$q_{m_{\max}} = \rho^* V^* \sigma^* = K \frac{p_0}{\sqrt{T_0}} q(1)\sigma^* = K \frac{p_0}{\sqrt{T_0}}\sigma^* \qquad (3.1.10)$$

从式（3.1.10）可见，对于一定形状的喷管，其允许的最大质量流量正比于气流总压，反比于总温的平方根，同时与气体的性质有关。

对于空气，最大质量流量为

$$q_{m_{\max}} = 0.04042 \frac{p_0}{\sqrt{T_0}}\sigma^* \qquad (3.1.11)$$

由此可见，在变截面管道流动中，存在着壅塞现象。所谓壅塞，是指在管道的喉部一旦成为临界截面，其最大的质量流量就被管道中给定的 p_0、T_0 值及喉部面积大小所限定，无论怎样降低背压（由此提高压比），都无法增大流量。也就是说，在一定条件下，在变截面管道中通过的流量有一定的限量，再多就被"堵"住了。

3.2 定常正激波

3.1 节的等熵流动中，参数沿流线各点都是连续变化的。但是在可压缩性气流中，存在一种流动间断的现象，称为激波，其特点是气流越过它时参数产生突跃，随之还有机械能的损失，这是一个不可逆过程。因此，要掌握气体动力学的规律，必须把连续流动和间断流动分别研究清楚。

激波的一般形式是不定常的曲线激波。这里将先讲定常正激波（一维情况）。所谓正激

波就是激波面与气流方向垂直,曲线激波的中段就属于正激波情况,还有在喷管中也可以观察到接近于正激波的波系。因此,研究正激波是有实际意义的。

3.2.1 正激波的形成

关于正激波形成过程的概念,可以利用活塞在直管中产生压缩波的叠加过程来加以简单地说明。

设在活塞右边的气体处于静止状态,压力为 p_1,现在让活塞向右移动,并在极短时间内增速到 V 值,将气体的压力提高到 p_2(见图 3.2.1)。如果将 $p_1 - p_2$ 分为无数个小扰动的叠加,每个小扰动都将以波速等于当地声速的压缩波向右传播。在活塞作绝热压缩的条件下,因为后面的温度高,当地声速大,所以后面的压缩波比前面的压缩波传播得快。后面的压缩波不断赶上前面的波,使原来压力较平缓变化的波阵面变为越来越陡的波阵面,最后压缩波叠加成一道正激波,使气流参数在很窄的区域中发生急剧变化。

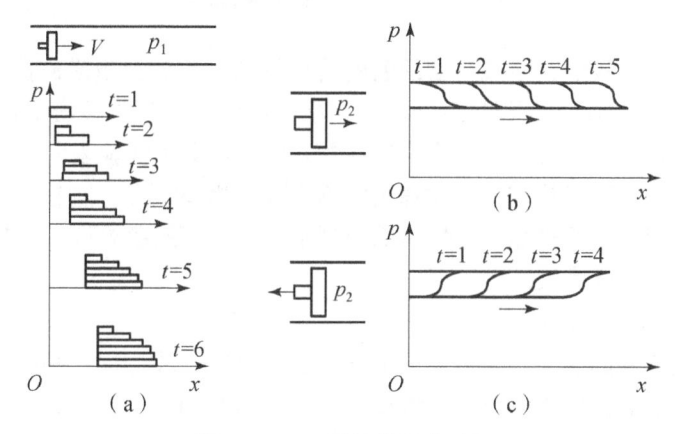

图 3.2.1 正激波的形成过程
(a) 正激波形成过程;(b) 向右传播的压缩波;(c) 向左传播的膨胀波

如果活塞向左加速到 V 值,将产生一系列膨胀波向右传播[见图 3.2.1(c)],但是后面的波速小于前面的波速,使波阵面越来越平缓,因此膨胀波不会叠加成激波。

3.2.2 基本方程与参数变化

由于激波是间断面,必须采用积分形式的基本方程。现在研究定常正激波,取一个包含正激波的开口系统(见图 3.2.2),用角标 1,2 分别表示激波前后的参数,可列出如下基本方程。

连续性方程

$$\rho_1 V_1 = \rho_2 V_2 = m_A \tag{3.2.1}$$

动量方程

$$p_1 + \rho_1 V_1^2 = p_2 + \rho_2 V_2^2 \tag{3.2.2}$$

能量方程

$$h_1 + \frac{V_1^2}{2} = h_2 + \frac{V_2^2}{2} \tag{3.2.3}$$

热完全气体状态方程

$$p = \rho RT \tag{3.2.4}$$

对于量热完全气体，有

$$h = c_p T = \frac{1}{\gamma - 1} \cdot \frac{p}{\rho} \tag{3.2.5}$$

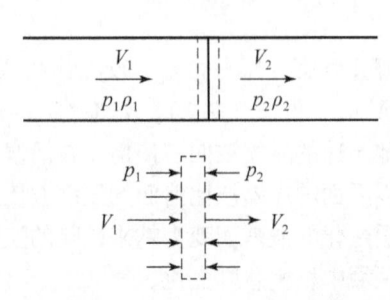

图 3.2.2　包含正激波的开口系统

研究表明，当激波较强，激波后面的温度就比较高，例如，当激波前的 $Ma_1 > 4$ 时，激波后的温度就会超过 1 000 K，气体分子的振动能开始激发；当温度更高时，会逐步产生离解甚至电离。对这种情况就必须考虑真实气体的效应。计算和实验表明，尽管强激波后的密度和温度的真实值较之以量热完全气体算出的相应数值相差很大，但是，所得的激波后的压力值却相差很小。因此采用量热完全气体的模型不仅对较弱的激波可以适用，而且对较强的激波计算压力比也有实际意义。

（1）正激波前后参数关系。

先来建立激波前后的热力学参数间的关系，以便于把激波过程与等熵过程、加热流等过程进行对比，达到解激波过程的目的。为此，从式（3.2.1）和式（3.2.2）得到

$$p_2 - p_1 = m_A(V_1 - V_2) = m_A^2 \left(\frac{1}{\rho_1} - \frac{1}{\rho_2} \right) = m_A^2 (v_1 - v_2) \tag{3.2.6}$$

式中，v_1 和 v_2 是激波前后的比容。

式（3.2.6）表明气流越过间断面时，力的增加必引起速度的减小、密度的增加或比容的减小。这个结论不仅适用于激波，而且也适用于如爆震波等的间断面。

再把能量方程［式（3.2.3）］改写成

$$h_1 + \frac{m_A^2 v_1^2}{2} = h_2 + \frac{m_A^2 v_2^2}{2}$$

或

$$h_1 - h_2 + \frac{1}{2} m_A^2 (v_1 + v_2)(v_1 - v_2) = 0 \tag{3.2.7}$$

把式（3.2.6）和式（3.2.7）合并得

$$h_1 - h_2 + \frac{1}{2} \left(\frac{1}{\rho_1} + \frac{1}{\rho_2} \right)(p_2 - p_1) = 0 \tag{3.2.8}$$

这就是激波前后热力学参数的关系式，同样适用于非完全气体的情况。

在量热完全气体的状态下，在式（3.2.8）中代入式（3.2.5），便得

$$\frac{p_2}{p_1} = \frac{\dfrac{\gamma+1}{\gamma-1} \cdot \dfrac{\rho_2}{\rho_1} - 1}{\dfrac{\gamma+1}{\gamma-1} - \dfrac{\rho_2}{\rho_1}} \tag{3.2.9a}$$

或

$$\frac{\rho_2}{\rho_1} = \frac{\dfrac{\gamma+1}{\gamma-1} \cdot \dfrac{p_2}{p_1} + 1}{\dfrac{\gamma+1}{\gamma-1} + \dfrac{p_2}{p_1}} \tag{3.2.9b}$$

或

$$\frac{p_2 - p_1}{p_2 + p_1} = \gamma \frac{\rho_2 - \rho_1}{\rho_2 + \rho_1} \tag{3.2.9c}$$

$\dfrac{p_2}{p_1}$ 与 $\dfrac{\rho_2}{\rho_1}$ 间的关系称为 Rankine – Hugoniot 关系（简称 R – H 关系）。

（2）正激波前后速度间关系。

对于量热完全气体，动量方程可写为

$$V_2 - V_1 = \frac{p_1}{m_A} - \frac{p_2}{m_A} = \frac{p_1}{\rho_1 V_1} - \frac{p_2}{\rho_2 V_2} = \frac{c_1^2}{\gamma V_1} - \frac{c_2^2}{\gamma V_2}$$

将能量方程相应关系式

$$\frac{c_1^2}{\gamma-1} = \frac{\gamma+1}{\gamma-1} \cdot \frac{c^{*2}}{2} - \frac{V_1^2}{2}$$

$$\frac{c_2^2}{\gamma-1} = \frac{\gamma+1}{\gamma-1} \cdot \frac{c^{*2}}{2} - \frac{V_2^2}{2}$$

代入得到

$$V_2 - V_1 = \frac{\gamma-1}{2\gamma}(V_2 - V_1) + \frac{\gamma+1}{2\gamma} c^{*2} \left(\frac{1}{V_1} - \frac{1}{V_2} \right)$$

或

$$(V_2 - V_1)\left(1 - \frac{\gamma-1}{2\gamma}\right) = \frac{\gamma+1}{2\gamma} c^{*2} \frac{V_2 - V_1}{V_2 V_1}$$

由于 $V_1 \neq V_2$，故得

$$V_2 V_1 = c^{*2}, \quad 或 \lambda_1 \lambda_2 = 1 \tag{3.2.10}$$

式（3.2.10）称为普朗特（Prandtl）公式。该式说明，作为压缩突跃的正激波，$V_1 > V_2$，则激波前必是 $\lambda_1 > 1$，而激波后必是 $\lambda_2 < 1$，也就是说，在定常正激波中，激波前一定是超声速气流，而激波后一定是亚声速气流。

（3）正激波前后气流状态的变化。

从式（3.2.1）和式（3.2.10）可得

$$\frac{\rho_2}{\rho_1} = \frac{V_1}{V_2} = \frac{V_1^2}{V_1 V_2} = \frac{V_1^2}{c^{*2}} = \lambda_1^2 = \frac{Ma_1^2}{1 + \dfrac{\gamma-1}{\gamma+1}(Ma_1^2 - 1)} \tag{3.2.11}$$

从式（3.2.2）和式（3.2.11）得

$$\frac{p_2 - p_1}{p_1} = \frac{\rho_1 V_1}{p_1}(V_1 - V_2) = \frac{\rho_1 V_1^2}{p_1}\left(1 - \frac{V_2}{V_1}\right) = \gamma Ma_1^2\left(1 - \frac{1}{\lambda_1^2}\right)$$

$$= \gamma Ma_1^2\left[1 - \frac{1 + \frac{\gamma-1}{\gamma+1}(Ma_1^2 - 1)}{Ma_1^2}\right] = \frac{2\gamma}{\gamma+1}(Ma_1^2 - 1)$$

或

$$\frac{p_2}{p_1} = 1 + \frac{2\gamma}{\gamma+1}(Ma_1^2 - 1) = \frac{2\gamma}{\gamma+1}Ma_1^2 - \frac{\gamma-1}{\gamma+1} \tag{3.2.12}$$

根据热完全气体的状态方程可以得到激波前后的温度比，即

$$\frac{T_2}{T_1} = \frac{c_2^2}{c_1^2} = \frac{\dfrac{p_2}{p_1}}{\dfrac{\rho_2}{\rho_1}} = \frac{[2\gamma Ma_1^2 - (\gamma-1)][(\gamma-1)Ma_1^2 + 2]}{(\gamma+1)^2 Ma_1^2} \tag{3.2.13}$$

激波前后的 Ma 关系式为

$$\left(\frac{Ma_2}{Ma_1}\right)^2 = \left(\frac{V_2}{V_1}\right)^2\left(\frac{c_1}{c_2}\right)^2 = \left(\frac{V_2}{V_1}\right)^2\left(\frac{T_1}{T_2}\right)$$

代入式（3.2.11）和式（3.2.13），经简化得

$$Ma_2^2 = \frac{1 + \dfrac{\gamma-1}{2}Ma_1^2}{\gamma Ma_1^2 - \dfrac{\gamma-1}{2}} \tag{3.2.14}$$

这个解如图 3.2.3 所示，其中曲线的有用部分是 $Ma_1 > 1$，$Ma_2 < 1$ 部分。在这部分，若 Ma_1 越大，则 Ma_2 越小，若 $Ma_1 \to \infty$ 时，则 $Ma_2 \to \sqrt{\dfrac{\gamma-1}{2\gamma}}$。对于空气，$\gamma = 1.4$，则 $Ma_2 \to 0.378$，$S_2 < S_1$ 代表熵减，$S_2 > S_1$ 代表熵增。

此外，还有必要研究气流通过激波的机械能损失。可用总压比或熵增值来表示

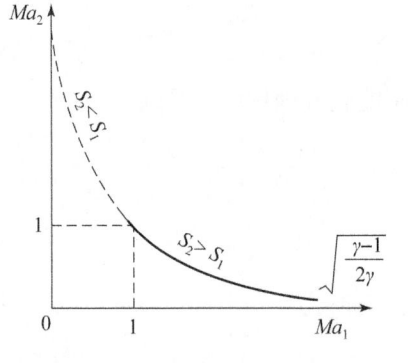

图 3.2.3 激波前后 Ma 的关系

$$\frac{p_{02}}{p_{01}} = \frac{p_{02}}{p_2} \cdot \frac{p_2}{p_1} \cdot \frac{p_1}{p_{01}} = \frac{\left(1 + \dfrac{\gamma-1}{2}Ma_2^2\right)^{\frac{\gamma}{\gamma-1}}\left(\dfrac{2\gamma}{\gamma+1}Ma_1^2 - \dfrac{\gamma-1}{\gamma+1}\right)}{\left(1 + \dfrac{\gamma-1}{2}Ma_1^2\right)^{\frac{\gamma}{\gamma-1}}}$$

$$= \frac{\left(\dfrac{\dfrac{\gamma+1}{2}Ma_1^2}{1 + \dfrac{\gamma-1}{2}Ma_1^2}\right)^{\frac{\gamma}{\gamma-1}}}{\left(\dfrac{2\gamma}{\gamma+1}Ma_1^2 - \dfrac{\gamma-1}{\gamma+1}\right)^{\frac{1}{\gamma-1}}} \tag{3.2.15}$$

因为激波过程是绝热的，T_0 不变，从式（2.1.7）知

$$\frac{\rho_{02}}{\rho_{01}} = \frac{p_{02}}{p_{01}}$$

激波前后熵的变化为

$$S_2 - S_1 = S_{02} - S_{01} = c_p \ln \frac{T_{02}}{T_{01}} + R \ln \frac{p_{01}}{p_{02}}$$

因为 $T_{01} = T_{02}$，将式（3.2.15）代入，得

$$\frac{S_2 - S_1}{R} = -\ln \frac{p_{02}}{p_{01}} = \ln \left\{ \left[1 + \frac{2\gamma}{\gamma + 1}(Ma_1^2 - 1) \right]^{\frac{1}{\gamma - 1}} \left[\frac{(\gamma + 1)Ma_1^2}{(\gamma - 1)Ma_1^2 + 2} \right]^{\frac{\gamma}{\gamma - 1}} \right\} \quad (3.2.16)$$

3.3 斜激波与膨胀波

3.2 节研究了一维定常正激波，本节则将叙述气体的二维和三维定常运动。

气体的扰动都是以波的形式向流场各处传播的。特别是在超声速流场中，使气体膨胀或压缩的任何扰动都是通过等熵波（连续波）或激波（间断波）的形式，传播到流场的一定范围内的。从定常的意义上，弄清楚这两种性质不同波的基本规律，建立波前后流动参数的变化关系，就成为研究超声速流动的理论基础。

在定常超声速流动中，膨胀波、斜激波以及圆锥激波的解是为数不多存在精确解的。斜激波的解由积分形式的基本方程组解出，普朗特－迈耶（Prandtl－Meyer）膨胀波解和超声速圆锥轴对称绕流解由理想气体等熵流动的基本方程组解出。

3.3.1 斜激波基本关系式

所谓斜激波是指激波面与来流方向倾斜的平面激波。

当超声速气流绕过一个楔形物时，可能在顶端两侧形成两道附体斜激波（见图3.3.1），在激波上游气流没有什么变化，而在激波后，压力有突跃。

观察钝头体超声速飞行时的流场照片，发现在物体前面有一道弓形的脱体曲线激波（见图3.3.2）。在曲线激波的中段后面有一段亚声速区，其余则为超声速区。

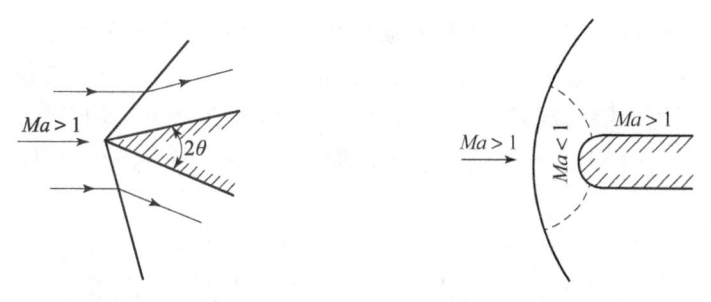

图 3.3.1 绕楔形物流动的斜激波　　**图 3.3.2 绕钝头体流动的曲线激波**

其实，曲线激波可以认为是无数微元段的平面斜激波的组合，仅在其正中间的一个微段是正激波。因此，问题的关键还在于研究平面斜激波的基本规律。

斜激波与正激波有共性，也各自有特点。有必要找出斜激波与正激波两者的联系，以便利用正激波的已有结论来推导斜激波的关系式，同时也要着重于探讨斜激波的特点。

列出斜激波的基本方程，然后与正激波的基本方程比较，可以得出斜激波与正激波的关系。

图 3.3.3 所示为对斜激波取控制面，若按虚线所示选择控制面，则对于没有发生物质变化的情况，质量守恒方程可以写为

$$\rho_1 V_{1n} = \rho_2 V_{2n} \tag{3.3.1}$$

动量守恒方程在激波面的法向 n 和切向 t 的投影式分别为

$$\rho_1 V_{1n}^2 + p_1 = \rho_2 V_{2n}^2 + p_2 \tag{3.3.2}$$

$$(-\rho_1 V_{1n}) V_{1t} + (\rho_2 V_{2n}) V_{2t} = 0 \tag{3.3.3}$$

将式（3.3.3）除以式（3.3.1），即可得到斜激波理论的基本等式

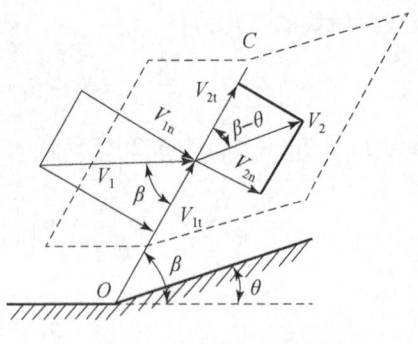

图 3.3.3 对斜激波取控制面

$$V_{1t} = V_{2t} = V_t \tag{3.3.4}$$

从式（3.3.4）可知，气体穿过斜激波后，其流速的切向分量保持不变，产生突跃变化的只是流速的法向分量。

能量方程又可以写为

$$p_1 V_{1n} - p_2 V_{2n} = -\rho_1 \left(u_1 + \frac{V_1^2}{2} \right) V_{1n} + \rho_2 \left(u_2 + \frac{V_2^2}{2} \right) V_{2n}$$

或

$$\left(h_1 + \frac{V_1^2}{2} \right) \rho_1 V_{1n} = \left(h_2 + \frac{V_2^2}{2} \right) \rho_2 V_{2n}$$

代入式（3.3.1），即得

$$h_1 + \frac{V_1^2}{2} = h_2 + \frac{V_2^2}{2} \tag{3.3.5}$$

由 $V^2 = V_t^2 + V_n^2$ 和 $V_{1t} = V_{2t}$，式（3.3.5）变为

$$h_1 + \frac{V_{1n}^2}{2} = h_2 + \frac{V_{2n}^2}{2} \tag{3.3.6}$$

与正激波的基本方程相比，只要把斜激波中的 V_{1n} 和 V_{2n} 代换正激波中的 V_1 和 V_2（见图 3.3.4），这两组方程是完全一样的。从此可知，斜激波前后的气流在激波面上的法向分量符合正激波的规律，或者说斜激波是由正激波与一个流速为 V_t 的均匀气流叠加而成，所以与正激波在本质上是一样的，只是站在不同的惯性参考系上观察流动而引起的差异而已。

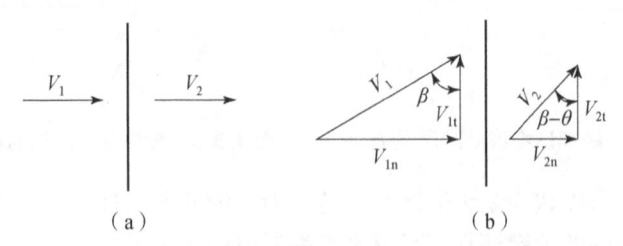

图 3.3.4 斜激波与正激波的关系
（a）正激波；（b）斜激波

由此极易于从正激波的关系式中导出斜激波的关系式，只要把 V_1 和 V_2 分别换成 V_{1n} 和 V_{2n} 即可，而从图 3.3.4（b）中，有

$$V_{1n} = V_1 \sin\beta, \quad V_{2n} = V_2 \sin(\beta-\theta) \tag{3.3.7}$$

或

$$Ma_{1n} = Ma_1 \sin\beta, \quad Ma_{2n} = Ma_2 \sin(\beta-\theta) \tag{3.3.8}$$

斜激波的特点是新引入了两个参数：一个是激波角 β，即来流速度与激波面的夹角；另一个是气流偏转角 θ，即图 3.3.4 中 V_1 和 V_2 的夹角。

根据式（3.3.4），从图 3.3.4（b）中可得

$$V_t = V_{1n}\cot\beta = V_{2n}\cot(\beta-\theta)$$

由于

$$V_{1n} > V_{2n}$$

故

$$\beta > \beta - \theta$$

或

$$\theta > 0 \tag{3.3.9}$$

这说明，气流通过斜激波后，会向贴近激波面一边偏转。

（1）Rankine – Hugoniot 关系。

如前述，斜激波可通过参考系转换为正激波，其热力学参数不变。因此斜激波的 Rankine – Hugoniot 关系与正激波的 Rankine – Hugoniot 关系是一样的，即

$$\frac{\rho_2}{\rho_1} = \frac{\dfrac{\gamma+1}{\gamma-1}\cdot\dfrac{p_2}{p_1}+1}{\dfrac{\gamma+1}{\gamma-1}+\dfrac{p_2}{p_1}} \tag{3.3.10a}$$

或

$$\frac{p_2}{p_1} = \frac{\dfrac{\gamma+1}{\gamma-1}\cdot\dfrac{\rho_2}{\rho_1}-1}{\dfrac{\gamma+1}{2}-\dfrac{\rho_2}{2}} \tag{3.3.10b}$$

因此，如果经过斜激波后密度的变化和经过正激波后的变化相同，则其压力的变化也相同。

（2）普朗特关系式。

正激波的普朗特关系式可改写为

$$V_{1n}V_{2n} = c_n^{*2}$$

根据式（3.3.5），可得到

$$\frac{\gamma+1}{\gamma-1}\cdot\frac{c^{*2}}{2} = \frac{V_1^2}{2} + \frac{1}{\gamma-1}c_1^2$$

$$\frac{\gamma+1}{\gamma-1}\cdot\frac{c_n^{*2}}{2} = \frac{V_{1n}^2}{2} + \frac{1}{\gamma-1}c_1^2$$

两式相减得

$$c_n^{*2} = c^{*2} - \frac{\gamma-1}{\gamma+1}V_t^2$$

于是得斜激波的普朗特关系为

$$V_{1n}V_{2n} = c^{*2} - \frac{\gamma-1}{\gamma+1}V_t^2 \tag{3.3.11a}$$

或

$$\lambda_{1n}\lambda_{2n} = 1 - \frac{\gamma-1}{\gamma+1}\left(\frac{V_t}{c^*}\right)^2 \tag{3.3.11b}$$

从式（3.3.11）可见，对于斜激波，因 $\lambda_{1n} > 1$，则 λ_{2n} 必将小于 1，即 $V_{2n} < c^*$。λ_{1n} 和 λ_{2n} 差的大小除了要看 λ_{1n} 比 1 大多少外，还决定于 V_t/c^* 的大小。但必须注意，虽然 $V_{2n} < c^*$，但是 V_2 是可以大于 c_2 的，即在斜激波后的气流可以是超声速的，也可以是亚声速的。

（3）密度比、压力比、温度比、速度比、熵增值与 $Ma_1\sin\beta$ 的关系。

根据正激波理论所得到的结果，将 $Ma_1\sin\beta$ 代换式（3.2.11）、式（3.2.12）、式（3.2.13）、式（3.2.16）中的 Ma_1，则得

$$\frac{\rho_2}{\rho_1} = \frac{\dfrac{\gamma+1}{2}Ma_1^2\sin^2\beta}{1+\dfrac{\gamma-1}{2}Ma_1^2\sin^2\beta} = \frac{(\gamma+1)Ma_1^2\sin^2\beta}{2+(\gamma-1)Ma_1^2\sin^2\beta} \tag{3.3.12}$$

$$\frac{p_2}{p_1} = 1 + \frac{2\gamma}{\gamma+1}(Ma_1^2\sin^2\beta - 1) \tag{3.3.13}$$

$$C_p = \frac{p_2 - p_1}{\frac{1}{2}\rho_1 V_1^2} = \frac{4}{\gamma+1}\left(\sin^2\beta - \frac{1}{Ma_1^2}\right) \tag{3.3.14}$$

$$\frac{T_2}{T_1} = \frac{[2\gamma Ma_1^2\sin^2\beta - (\gamma-1)][(\gamma-1)Ma_1^2\sin^2\beta + 2]}{(\gamma+1)^2 Ma_1^2\sin^2\beta} \tag{3.3.15}$$

$$\frac{S_2 - S_1}{R} = -\ln\frac{p_{02}}{p_{01}}$$

$$= \ln\left\{\left[1 + \frac{2\gamma}{\gamma+1}(Ma_1^2\sin^2\beta - 1)\right]^{\frac{1}{\gamma-1}}\left[\frac{(\gamma+1)Ma_1^2\sin^2\beta}{(\gamma-1)Ma_1^2\sin^2\beta + 2}\right]^{\frac{\gamma}{\gamma-1}}\right\} \tag{3.3.16}$$

此外，还可以求出激波后纵向速度增量 $V_{2x} - V_1$ 和横向速度增量 V_{2y} 与激波前速度 V_1 的比值。如图 3.3.5 所示，设取 x 轴与 V_1 同方向，y 轴则垂直于 V_1，V_{2x} 表示 V_2 在 x 轴上的分量，V_{2y} 表示 V_2 在 y 轴上的分量。因此气流穿过斜激波后的纵向速度增量是 $\Delta V_x = V_{2x} - V_1$，而横向速度增量 $\Delta V_y = V_{2y}$。这两个速度比分别为

$$\frac{\Delta V_x}{V_1} = \frac{V_{2x} - V_1}{V_1} = \left(\frac{\beta_1}{\beta_2} - 1\right)\sin^2\beta = -2\frac{(Ma_1^2\sin^2\beta - 1)}{(\gamma+1)Ma_1^2} \tag{3.3.17}$$

$$\frac{\Delta V_y}{V_1} = \frac{V_{2y}}{V_1} = \frac{2(Ma_1^2\sin^2\beta - 1)}{(\gamma+1)Ma_1^2}\cot\beta \tag{3.3.18}$$

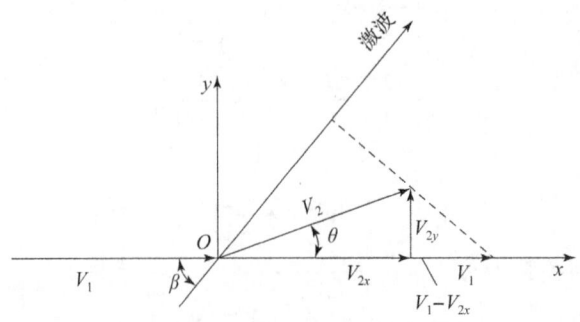

图 3.3.5　激波后的纵向和横向速度增量

激波角 β 通常是未知的，而偏转角 θ 却往往是已知的，很难用于直接计算，因此需要找出 θ 与 β 的关系。

(4) 激波角 β 与偏转角 θ 的关系。

从图 3.3.4（b）中可知

$$\tan\beta = \frac{V_{1n}}{V_{1t}}, \quad \tan(\beta-\theta) = \frac{V_{2n}}{V_{2t}}$$

但 $V_{1t} = V_{2t} = V_t$，又利用式（3.3.1）和式（3.3.12），得

$$\frac{\tan\beta}{\tan(\beta-\theta)} = \frac{V_{1n}}{V_{2n}} = \frac{\rho_2}{\rho_1} = \frac{(\gamma+1)Ma_1^2\sin^2\beta}{2+(\gamma-1)Ma_1^2\sin^2\beta}$$

从三角关系可知

$$\tan(\beta-\theta) = \frac{\tan\beta - \tan\theta}{1+\tan\beta\tan\theta}$$

经过整理后得

$$\tan\theta = 2\cot\beta \frac{Ma_1^2\sin^2\beta - 1}{Ma_1^2(\gamma + \cos 2\beta) + 2} \qquad (3.3.19)$$

从式（3.3.12）~式（3.3.16）可见，在 Ma_1 为定值下，激波角 β 越大，则激波越强。因此有必要说明 β 与 θ 值的变化规律。式（3.3.19）表明，当 $\beta = 90°$ 或 $\beta = \arcsin\frac{1}{Ma_1}$ 时，$\theta = 0$，即在正激波的情况下以及当激波弱化为马赫波时，气流偏转角为零。当 β 从马赫角 μ 变到 $\frac{\pi}{2}$ 时，θ 总是正值，那么在这个范围内，θ 角必有一最大值 θ_{max}。最大值 θ_{max} 和相应 β_m 值可通过对式（3.3.19）微分得出，即

$$\sin^2\beta_m = \frac{1}{\gamma Ma_1^2}\left[\frac{\gamma+1}{4}Ma_1^2 - 1 + \sqrt{(1+\gamma)\left(1 + \frac{\gamma-1}{2}Ma_1^2 + \frac{\gamma+1}{16}Ma_1^4\right)}\right] \qquad (3.3.20)$$

$$\tan\theta_{max} = \frac{2\left[(Ma_1^2-1)\tan^2\beta_m - 1\right]}{\tan\beta_m\left[(\gamma Ma_1^2+2)(1+\tan^2\beta_m) + Ma_1(1-\tan^2\beta_m)\right]} \qquad (3.3.21)$$

式（3.3.19）~式（3.3.21）已被学者制成数值表，供计算用。为了直观起见，式（3.3.19）也可做成图线（见图3.3.6）。

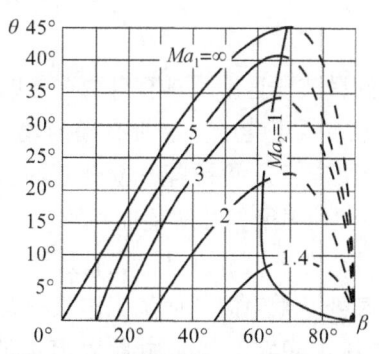

图 3.3.6 斜激波的 θ-β 关系曲线

为什么当 β 从 μ 增到 $\frac{\pi}{2}$ 时，θ 先增加后减小呢？从图 3.3.4（b）可见，θ 值取决于 V_{2n} 和 V_t 的大小，当 V_{2n} 越小而 V_t 越大时，θ 值越大。随着 β 的增大，激波越来越强，V_{2n} 不断减

小，而 $V_t = V_1 \cos \beta$，也随着 β 增大而减小。在前一阶段 V_{2n} 的减小率大于 V_t 的减小率，因而 θ 变大；在后一阶段，V_{2n} 的减小率小于 V_t 的减小率，因而 θ 变小。

当 $\theta > \theta_{max}$ 时，没有斜激波解，而出现脱体激波。

这里顺便介绍一下如何利用式（3.3.19），按给定的 Ma_1 和 θ 值计算 β。为此，先把式（3.3.19）改写为如下方程：

$$\tan^3 \beta + A\tan^2 \beta + B\tan \beta + C = 0 \tag{3.3.22a}$$

式中

$$A = \frac{1 - Ma_1^2}{\tan \theta \left(1 + \frac{\gamma - 1}{\gamma - 1} Ma_1^2\right)}$$

$$B = \frac{1 + \frac{\gamma + 1}{2} Ma_1^2}{1 + \frac{\gamma - 1}{2} Ma_1^2} \tag{3.3.22b}$$

$$C = \frac{1}{\tan \theta \left(1 + \frac{\gamma - 1}{2} Ma_1^2\right)}$$

因为这个方程不能直接求解，所以用逐步试解法在计算机上进行计算，得出各种 Ma_1 和 θ 值下的 β 值。这是一个三次方程，对应于某一 θ 值可得到三个 β 值。其中有一个解将在激波极线中说明，它是无意义的。另外两个解，从图 3.3.6 可以看出，一个是较小的 β 激波后的 $Ma_2 > 1$（或略小于1），称为弱斜激波；另一个是较大的 β，激波后的 $Ma_2 < 1$，称为强斜激波（这个解在图 3.3.6 中用虚线表示）。

在具体问题中究竟发生哪一种情况，是强激波解还是弱激波解，这要由产生激波的具体条件——气流的来流 Ma 和边界条件来决定。在超声速气流中产生激波有下列三种情况。

第一种为气流的偏转角所规定的激波。这类情况出现在物体绕流的外部流动问题中。超声速气流绕楔形物流动（见图3.3.1），来流穿过激波后，气流方向应平行于物面，才能满足物面边界条件，因此这类激波是由来流 Ma_∞ 和气流偏转角 θ 来规定的。但是正如上述，这时求解的激波会出现两个解。经实验观察认定，凡是由气流偏转角 θ 规定的激波强度，只要是附体激波，都取弱激波解。

第二种为压力条件所决定的激波。这涉及具有自由边界的一类问题，如超声速气流从喷管射出时，如果气流的出口压力 p_e 低于背压 p_B，那么超声速气流会产生斜激波以提高压力，这时激波的强度由压比 p_B/p_e 所决定，这就是自由边界上的压力条件。总之，解这类问题，要根据 Ma_1 和压比 p_B/p_e 决定激波的强度，其解是唯一的。

第三种为壅塞所决定的激波。在 3.1 节讲过，在管道流动中可能发生某种壅塞现象。这时会迫使超声速的上游气流在某处发生激波，使气流作某种调整。这种激波的强度既不是由气流方向规定，也不是由环境压力规定，而是由最大流量的极限条件决定，其解也是唯一的。

（5）Ma_2 和 Ma_1 的关系。

以 $Ma_2 \sin(\beta - \theta)$ 和 $Ma_1 \sin \beta$ 分别代换式（3.2.14）中的 Ma_2 和 Ma_1，则得

$$Ma_2^2 \sin^2(\beta-\theta) = \frac{1+\dfrac{\gamma-1}{2}Ma_1^2\sin^2\beta}{\gamma Ma_1^2\sin^2\beta - \dfrac{\gamma-1}{2}}$$

由此得

$$Ma_2^2 = \csc^2(\beta-\theta)\frac{1+\dfrac{\gamma-1}{2}Ma_1^2\sin^2\beta}{\gamma Ma_1^2\sin^2\beta - \dfrac{\gamma-1}{2}}$$

$$= [1+\cot^2(\beta-\theta)]\frac{1+\dfrac{\gamma-1}{2}Ma_1^2\sin^2\beta}{\gamma Ma_1^2\sin^2\beta - \dfrac{\gamma-1}{2}}$$

由

$$\frac{\tan\beta}{\tan(\beta-\theta)} = \frac{(\gamma+1)Ma_1^2\sin^2\beta}{2+(\gamma-1)Ma_1^2\sin^2\beta}$$

得

$$\cot^2(\beta-\theta) = \left[\frac{(\gamma+1)Ma_1^2\sin^2\beta}{2+(\gamma-1)Ma_1^2\sin^2\beta}\cot\beta\right]^2$$

故

$$Ma_2^2 = \left\{1+\left[\frac{(\gamma+1)Ma_1^2\sin\beta\cos\beta}{2+(\gamma-1)Ma_1^2\sin^2\beta}\right]^2\right\}\frac{\left(1+\dfrac{\gamma-1}{2}Ma_1^2\sin^2\beta\right)}{\left(\gamma Ma_1^2\sin^2\beta - \dfrac{\gamma-1}{2}\right)}$$

$$= \frac{Ma_1^2+\dfrac{2}{\gamma-1}}{\dfrac{2\gamma}{\gamma-1}Ma_1^2\sin^2\beta - 1} + \frac{-Ma_1^2\cos^2\beta}{\dfrac{2\gamma}{\gamma-1}Ma_1^2\sin^2\beta - 1} +$$

$$\frac{\left(\dfrac{\gamma+1}{\gamma-1}\right)^2 Ma_1^4\sin^2\beta\cos^2\beta}{\left(\dfrac{2\gamma}{\gamma-1}Ma_1^2\sin^2\beta - 1\right)\left(\dfrac{2}{\gamma-1}+Ma_1^2\sin^2\beta\right)}$$

$$= \frac{Ma_1^2+\dfrac{2}{\gamma-1}}{\dfrac{2\gamma}{\gamma-1}Ma_1^2\sin^2\beta - 1} +$$

$$\frac{\left[1+\dfrac{4\gamma}{(\gamma-1)}\right]^2 Ma_1^4\sin^2\beta\cos^2\beta - \dfrac{2}{\gamma-1}Ma_1^2\cos^2\beta - Ma_1^4\sin^2\beta\cos^2\beta}{\left(\dfrac{2\gamma}{\gamma-1}Ma_1^2\sin^2\beta - 1\right)\left(\dfrac{2}{\gamma-1}+Ma_1^2\sin^2\beta\right)}$$

$$= \frac{Ma_1^2+\dfrac{2}{\gamma-1}}{\dfrac{2\gamma}{\gamma-1}Ma_1^2\sin^2\beta - 1} + \frac{\dfrac{2}{\gamma-1}\left(\dfrac{2\gamma}{\gamma-1}Ma_1^2\sin\beta - 1\right)Ma_1^2\cos^2\beta}{\left(\dfrac{2\gamma}{\gamma-1}Ma_1^2\sin^2\beta - 1\right)\left(\dfrac{2}{\gamma-1}+Ma_1^2\sin^2\beta\right)}$$

$$= \frac{Ma_1^2 + \frac{2}{\gamma - 1}}{\frac{2\gamma}{\gamma - 1}Ma_1^2\sin^2\beta - 1} + \frac{Ma_1^2\cos^2\beta}{\frac{\gamma - 1}{2}Ma_1^2\sin^2\beta + 1}$$

即

$$Ma_2^2 = \frac{Ma_1^2 + \frac{2}{\gamma - 1}}{\frac{2\gamma}{\gamma - 1}Ma_1^2\sin^2\beta - 1} + \frac{Ma_1^2\cos^2\beta}{\frac{\gamma - 1}{2}Ma_1^2\sin^2\beta + 1} \tag{3.3.23}$$

从方程式（3.3.23）可看出，对于一定的 Ma_1，如果 β 增大，Ma_2 就降低；β 小时，$Ma_2 > 1$；β 大过一定值时，$Ma_2 < 1$。现令 β^* 和 θ^* 分别表示 $Ma_2 = 1$ 时的 β 和 θ 值，从图 3.3.6 的曲线可以看出，θ^* 和 θ_{max}，β^* 和 β_{max} 都是很接近的。

3.3.2 激波极线

激波极线是在速度平面上表示 V_1 和 V_2 关系的速端曲线，借助它不仅便于直观地了解斜激波前后的速度的变化关系，而且可以清楚地说明激波的相交与反射等现象。

接下来推导激波极线方程。为此，利用式（3.3.11a）

$$V_{1n}V_{2n} = c^{*2} - \frac{\gamma - 1}{\gamma + 1}V_t^2$$

将速度 V 在 x 轴和 y 轴上的分量分别用 V_x 和 V_y 来表示，x 轴的方向与 V_1 相同。从图 3.3.7（a）中可以找到如下几何关系：

$$V_{1n} = V_1\sin\beta, \quad V_t = V_1\cos\beta$$

$$V_{2n} = V_{1n} - \sqrt{V_{2y}^2 + (V_1 - V_{2x})^2}$$

$$\sin\beta = \frac{V_1 - V_{2x}}{\sqrt{V_{2y}^2 + (V_1 - V_{2x})^2}}, \quad \cos\beta = \frac{V_{2y}}{\sqrt{V_{2y}^2 + (V_1 - V_{2x})^2}}$$

把这些关系式代入普朗特关系，经过整理得激波极线方程：

$$V_{2y}^2 = (V_1 - V_{2x})^2 \frac{V_{2x} - \frac{c^{*2}}{V_1}}{\frac{2}{\gamma + 1}V_1 + \frac{c^{*2}}{V_1} - V_{2x}} \tag{3.3.24a}$$

或

$$\lambda_{2y}^2 = (\lambda_1 - \lambda_{2x})^2 \frac{\lambda_1\lambda_{2x} - 1}{\frac{2}{\gamma + 1}\lambda_1^2 - \lambda_1\lambda_{2x} + 1} \tag{3.3.24b}$$

在给定了 λ_1 后，就可以在速度平面上画出 λ_{2x} 与 λ_{2y} 的曲线，它是次蔓叶线，称为激波极线［见图 3.3.7（b）］。如果给定激波前的来流参数及激波后的偏转角 θ 或激波角 β，就可以从激波极线图上求得激波后的流速 λ_2，从而可以得到激波后的其他参数。用极线图求解斜激波不如查表法精确，但用其说明激波的相交和反射却很方便。

从激波极线图上可以看出，在某一给定的 λ_1 下，对应某一偏转角 θ 共有三个解，即图 3.3.7（b）中的三个交点 1，2，3。点 3 相当于膨胀的情况（因 $V_2 > V_1$），这违反热力学第二定律，因为如果有此解存在，则可以证明熵是减小的。因此点 3 没有实际意义，应该去掉。点 2 相当于弱激波的情况，点 1 相当于强激波的情况。

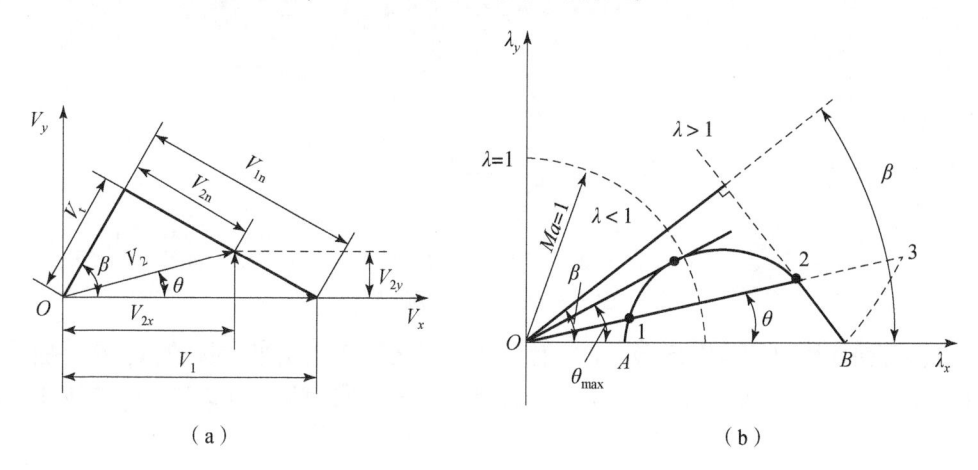

图 3.3.7 激波极线
（a）速度曲线；（b）次蔓叶线

从激波极线图上还可以看出以下性质。

在某一给定的 λ_1 下，有一最大的角 θ_{max}，即与激波极线相切的 λ_2 和水平轴 λ_x 间的夹角。当 $\theta > \theta_{max}$ 一时，没有斜激波解，此时产生脱体激波。换一种说法是，在某一给定的 θ 下，有一最小的 λ_1，小于此数时，没有斜激波解。如果增大来流 λ_1，则 θ_{max} 也增大。当 $\theta = \theta_{max}$ 时，激波后的气流是亚声速的（$\lambda_2 < 1$）。

在图 3.3.7（b）中，在激波极线的 A 点和 B 点，$\theta = 0$，即气流不偏转。在 A 点处，$V_2 = \dfrac{c^{*2}}{V_1}$，即 $V_1 V_2 = c^{*2}$，这对应正激波的情况。在 B 点处，$V_1 = V_{2x}$，这对应马赫波的情况，气流通过马赫波时速度不发生有限量的变化。可以证明，激波极线上 B 点的切线与 λ_x 轴的夹角为 $\dfrac{\pi}{2} - \mu$，其中 μ 是马赫角。

在图 3.3.7（b）上，虚线半圆（$\lambda = 1$）与激波极线的交点表示激波后产生 $Ma_2 = 1$ 的工况，此时气流的偏转角即为 θ^*，从图 3.3.7（b）可见，θ^* 稍小于 θ_{max}。

3.3.3 普朗特－迈耶膨胀波

当超声速二维喷管的外界背压小于出口压力时，超声速气流离开喷管后将继续膨胀。气体离开喷管后截面面积增大，并且在流场中形成气体密度明显降低的三角形区域，这便是普朗特－迈耶膨胀波（简称 P－M 膨胀波），或称稀疏波。这是膨胀波中最简单也是最基本的一种单向波，研究这种特殊问题，有助于了解等熵波的一般性质。

（1）超声速定常气流绕凸角的平面流动的图像。

接下来研究超声速定常气流绕凸角的平面流动。设超声速来流以 Ma_1 平行于壁面 AO 流动（见图 3.3.8）。在 O 点由于壁面突然向外折转，相当于截面面积增大，超声速气流便膨胀加速，气流经过一系列逐渐加速转向的过程，最后气流平行于壁面 OB，较来流偏转了 θ 角，马赫数变为 Ma_2。

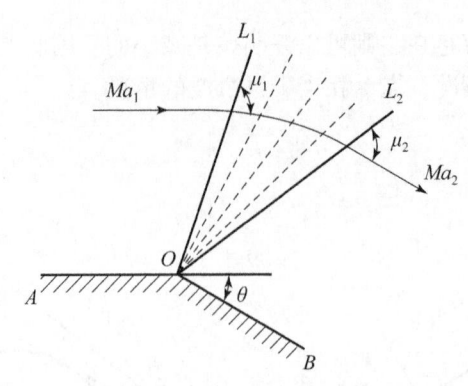

图 3.3.8　P–M 膨胀波

气流的等熵膨胀过程是在扇形 L_1OL_2 范围内完成的，O 点相当于扰动源，OL_1 是对应于来流 Ma_1 的第一道马赫波，OL_2 是对应于 Ma_2 的最后一道马赫波。OL_1 和 OL_2 与流速的马赫角分别是

$$\mu_1 = \arcsin\frac{1}{Ma_1}, \quad \mu_2 = \arcsin\frac{1}{Ma_2}$$

因为 $Ma_2 > Ma_1$，所以 $\mu_2 < \mu_1$，可见 OL_1 在上游，OL_2 在下游，因此是合理的。

由于来流是均匀的，第一道马赫波 OL_1 便是直线，气流经过 OL_1，流速和偏转角均有微小增加，而且沿 OL_1 线的增量是相同的，也就是说，沿 OL_1 线的扰动参数不变。因此自 OL_1 以后直到 OL_2 为止的以 O 为顶点的无数马赫波均为直线，而且沿各马赫波的扰动参数相等。又由于这个流场是等能均熵的，因而是无旋的。

（2）P–M 膨胀波关系式。

接下来导出 P–M 膨胀波流动的速度和气流折转角 $\Delta\theta$ 之间的关系，为此要建立相应的数学模型。根据上述分析，在 P–M 膨胀波流动的扇形膨胀区内，流动参数沿直线马赫波方向不发生变化，这说明 P–M 膨胀波流动与径向尺度无关，只是由气流折转角的变化 $d\theta$，产生马赫波，使波后的各流动参数都有了变化。所以，一个平面流动问题就可简化为求解单个自变量 θ 的自相似解问题来处理。

建立 P–M 膨胀波流动关系式的途径之一是从极坐标形式的理想气体定常等熵流动基本方程出发，利用上述数学模型，求得精确解。

采用几何法来推导马赫波前后的速度关系比较直观和简便。如图 3.3.9 所示，速度大小为 V 的气体质点穿过马赫波后，速度大小变为 $V + dV$，速度的方向顺时针折转了 $d\theta > 0$；但波前和波后的速度在马赫波方向上的投影必须相等，理由是流动参数沿马赫波方向不变化。

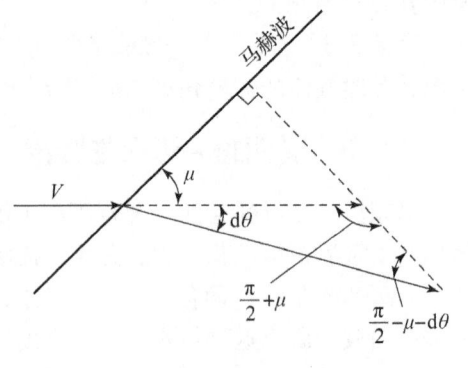

图 3.3.9　马赫波前后的速度关系

利用正弦定理，有

$$\frac{V + dV}{V} = \frac{\sin\left(\frac{\pi}{2} + \mu\right)}{\sin\left(\frac{\pi}{2} - \mu - d\theta\right)} = \frac{\cos\mu}{\cos\mu\cos d\theta - \sin\mu\sin d\theta}$$

因为 dθ 是微量，sin dθ≈dθ，cos dθ≈1，于是

$$1 + \frac{dV}{V} = \frac{\cos\mu}{\cos\mu - d\theta\sin\mu} = \frac{1}{1 - d\theta\tan\mu} \tag{3.3.25}$$

利用级数展开式，当 $x < 1$ 时，有

$$\frac{1}{1-x} = 1 + x + x^2 + x^3 + \cdots$$

于是式（3.3.25）的右边可用级数展开，在略去二次方以上小量后，有

$$d\theta = \frac{1}{\tan\mu} \cdot \frac{dV}{V} \tag{3.3.26}$$

由式（1.4.13）知，$\sin\mu = \frac{1}{Ma}$，因此

$$\tan\mu = \frac{1}{\sqrt{Ma^2 - 1}} \tag{3.3.27}$$

将式（3.3.27）代入式（3.3.26），就得到 P-M 膨胀波流动的微分方程：

$$d\theta = \sqrt{Ma^2 - 1}\frac{dV}{V} \tag{3.3.28}$$

因为 dθ→0，所以式（3.3.28）是精确的等式，而且这个微分方程适用于任何气体，包括非完全气体。

再来导出积分关系式，为此需对式（3.3.28）进行积分。为了使算式具有通用性，假定膨胀过程的起点定在 $\theta = 0°$，$Ma = 1$ 处，因此积分式写为

$$\int_0^\theta d\theta = \int_1^{Ma} \sqrt{Ma^2 - 1}\frac{dV}{V} \tag{3.3.29}$$

对于量热完全气体，在定常绝热条件下，经过积分，得 P-M 膨胀波关系式：

$$\theta = v(Ma) \tag{3.3.30}$$

而

$$v(Ma) = \sqrt{\frac{\gamma+1}{\gamma-1}}\arctan\sqrt{\frac{\gamma-1}{\gamma+1}(Ma^2-1)} - \arctan\sqrt{Ma^2-1} \tag{3.3.31}$$

式（3.3.31）成立的条件：①规定膨胀过程的起点在 $\theta = 0°$，$Ma = 1$ 处，式（3.3.31）中用到了 $v(Ma=1) = 0$；②只适用于量热完全气体。

对于任意两个马赫数 Ma_1 和 Ma_2 的膨胀区间，P-M 膨胀波流动关系式可表示为

$$\Delta\theta = \theta_2 - \theta_1 = v(Ma_2) - v(Ma_1) \tag{3.3.32}$$

若 $\Delta\theta$ 和 Ma_1，T_1，p_1，ρ_1 给定，则利用式（3.3.32）便可确定 Ma_2，再利用等熵流动关系求出 T_2，p_2，ρ_2。

对于完全膨胀过程，即膨胀到真空状态（$p = 0$ Pa，$T = 0$ K），这时 $Ma \to \infty$，气流折转角达到最大值，从式（3.3.31）、式（3.3.32）可求得

$$\Delta\theta_{\max} = \left(\sqrt{\frac{\gamma+1}{\gamma-1}} - 1\right)\frac{\pi}{2}$$

对于空气，$\gamma = 1.4$，$\Delta\theta_{\max} = 130.5°$。

应该指出，这只是想象的极限，实际上在极大 Ma 时，量热完全气体模型已不适用。

3.3.4 激波、膨胀波的反射和相交

在实际问题中，遇到的不仅是一个激波或者是一组简单波，而是更复杂的关于波的相交及反射现象。本节的任务是阐述激波及膨胀波的相交和反射的流动图像，并且说明如何确定各个区域的流动参数的计算方法。

（1）激波在固壁上的反射。

在超声速风洞中，气流遇到模型（如楔形物），产生一道斜激波 AB 与洞壁交于 B 点[见图3.3.10（a）]。气流在激波后偏转了 θ，并与模型表面平行，但与洞壁不平行。于是洞壁对气流的扰动作用好似一个半顶角为 θ 的楔，又在 B 点产生一道使气流偏转 θ 的斜激波 BC。可见，激波在固壁上的反射仍为激波。图3.3.10（b）所示是相应的激波极线图。

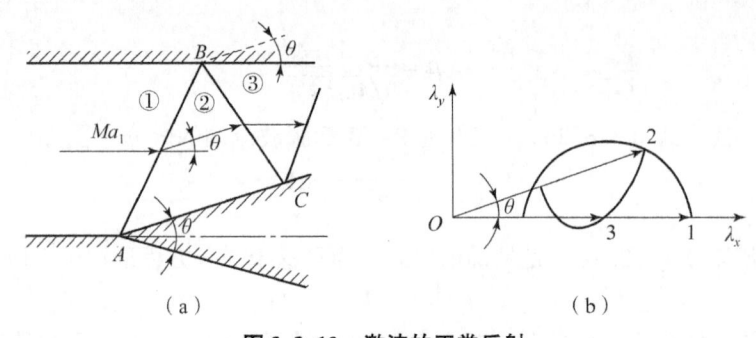

图 3.3.10 激波的正常反射
（a）激波示意图；（b）激波极线图

上面讨论的是激波遇固壁的正常反射。如果图3.3.10（a）中楔的半顶角 θ，大于激波 AB 后的马赫数 Ma_2 所允许的斜激波的 θ_{max} 值，这时反射激波会成为图3.3.11（a）所示的情况，称为马赫反射。从激波极线图[见图3.3.11（b）]中清楚地看到，以 λ_2 作为来流所作的激波极线不再与水平轴相交。马赫反射波在接近上边壁面处，出现一段正激波 BC，为了使 B 点后上下方的流动能够互相匹配，即具有相同的压力和流速方向，故在 B 点处产生反射的斜激波 BD，使区域③的流动情况与区域④相匹配。但由于 B 点上下方气流的熵值增加不一样，故区域③和④内的速度、密度和温度分别是不同的。其匹配的办法是从 B 点向下产生一个滑流面，该面是一个涡面，它两边速度的方向平行而大小不相等。这样的图像已对流动作了简化，实际上，在 B 点附近都是曲线激波，在区域③和④中是非均熵的有旋流动，实际问题很复杂。

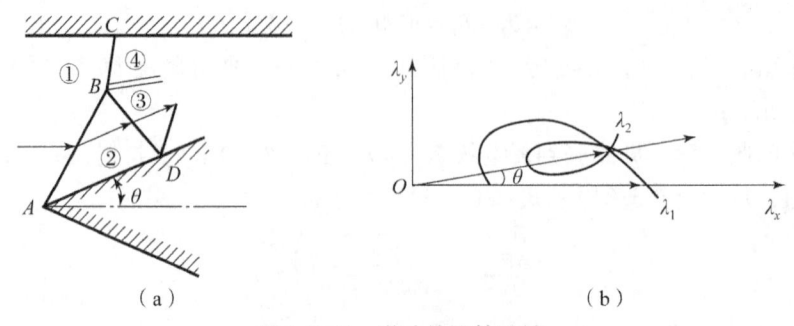

图 3.3.11 激波的马赫反射
（a）激波示意图；（b）激波极线图

(2) 异侧激波的相交。

超声速气流在进气道入口处或喷管出口处 A 点和 B 点发生两道斜激波,交于 M 点(见图 3.3.12)。在 M 点必产生两道反射的激波 MC 和 MD,使 M 点后方上下两区域④和⑤具有相同的压力和相同的速度方向。图 3.3.12(b) 所示的情况表明,由于 $\theta_2 \neq \theta_3$,上下两部分气流各自通过两道不等强度的激波,其熵值变化不一样,故在 M 点产生滑流面 MT。

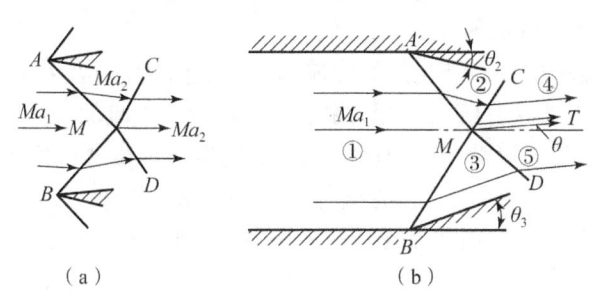

图 3.3.12 异侧激波相交之一
(a) 对称;(b) 非对称

当楔角较大,超出了激波正常反射的条件时,就会出现类似于马赫反射的情况,即由两道斜激波 AM' 和 BM 与一道近似于正激波 MM' 组成 [见图 3.3.13(a)]。在交点 M' 和 M 处产生反射激波 $M'C$ 和 MD,并且产生滑流面 $M'T'$ 及 MT。当楔的角度再增大,最后将出现曲线激波 [见图 3.3.13(b)]。

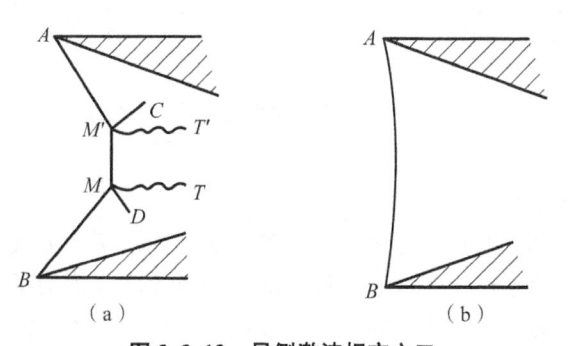

图 3.3.13 异侧激波相交之二
(a) 马赫反射;(b) 曲线激波

(3) 同侧激波的相交。

同侧激波的相交情况如图 3.3.14 所示。在 Ma_1 气流中,由于 θ_1 产生的激波 AC 和在 Ma_2 气流中由于 θ_2 产生的激波 BC 相交于 C 点。C 点是流动上下方的匹配点,因此在该点之后,上下方的流场必须具有相同的压力及速度方向。在 C 点之上,两个同侧激波的相交将合成为一个较大强度的激波,其强度根据 C 点下方的流动情况来决定。在 C 点下方,气流从区域①越过两道强度已知的激波 AC 和 BC 进入区域③,因此区域③中的流动参数可以完全确定。这样就要求 C 点之上的激波具有此强度,使区域⑤的压力和流速方向与区

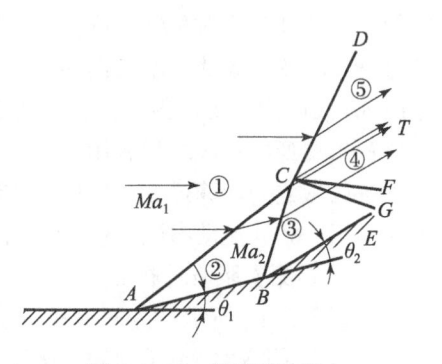

图 3.3.14 同侧激波相交

域③相同。但是在一般情况下，根据 Ma_1 和 $\theta = \theta_1 + \theta_2$ 得出的 p_5 不会正好等于根据 Ma_2（由 Ma_1 和 θ_1 决定）和 θ_2 得出的 p_3，因而在 C 点产生反射的膨胀波（也可能是压缩波，视具体流动情况而定），使区域④在对区域③的参数作某些改变后，能够与区域⑤相匹配。当然在区域④和⑤之间存在滑流面。实际上，反射波一般很弱，在近似计算时可略去不计，通常按区域⑤的气流偏转角 $\theta_5 = \theta_1 + \theta_2$ 来确定激波 CD。

(4) 激波在自由面上的反射。

图 3.3.15（a）表示在 B 点产生的斜激波遇到自由面 AC 时在 C 点的反射情况。气流在区域①中的压力 p_1 等于外界背压 p_B，通过斜激波 BC 后，气流的压力升高到 p_2，$p_2 > p_B$，产生压力不平衡，于是气流在激波与自由面的交点处发生一个绕外钝角的膨胀流动。气流通过 ECF 膨胀区后，压力降低（$p_3 = p_B$），方向与射流的边界 CD 平行，可见射流的截面面积有了扩大。把这种反射情况表示在速度图上，如图 3.3.15（b）所示，图上实曲线是激波极线，虚曲线是外摆线。

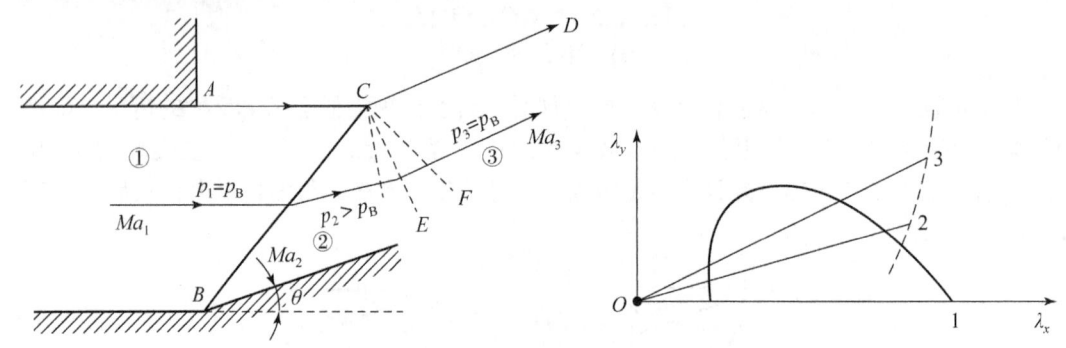

图 3.3.15 激波在自由面上的反射情况
(a) 激波在自由面上的反射；(b) 反射的速度图

(5) 膨胀波在固壁上的反射。

接下来将分别讨论膨胀波和压缩波的反射和相交问题。所谓膨胀波和压缩波均指小的有限强度的等熵波，当气流越过这类波时，波后的压力将下降或增加某个小的有限值。膨胀波实际上是用一条波来代替一个小扇形膨胀区；压缩波是用一条等熵波来代替一条弱激波，因为弱激波的熵增值是气流折角的三次小量，可近似略不计。

膨胀波在固壁上的反射情况如图 3.3.16 所示。气流越过入射膨胀波 AB 后将加速，并折转 θ，这样便与上壁面的方向存在矛盾，因此必须产生反射波 BC，使气流方向折转回来。一般入射角 β 和反射角 β' 并不相等，按照气流折转方向来判断，BC 波是膨胀波。因此得到结论：膨胀波在固壁上反射仍为膨胀波。如果入射波 AB 交于壁面 B 处具有凹角 θ，则气流越出 AB 波后能满足边界条件，因此不产生反射波，如图 3.3.16（b）所示。这个理论在设计拉瓦尔喷管扩张段时很有用。

各区参数的计算过程：按区域①给定的流动参数及折转角 θ，利用 P–M 膨胀波关系式，可算出区域②的流动参数；按区域②的流动参数及折转角 θ，又可以计算出区域③的参数。

(6) 异侧膨胀波的相交。

如图 3.3.17 所示，当两道膨胀波 AC 和 BC 相交后，越过这两道波的气流方向彼此不平行，因此必须产生两道反射波 CD 和 CE，使两股气流彼此匹配。由此可得出结论：异侧膨胀波相交后产生两道新的异侧膨胀波。

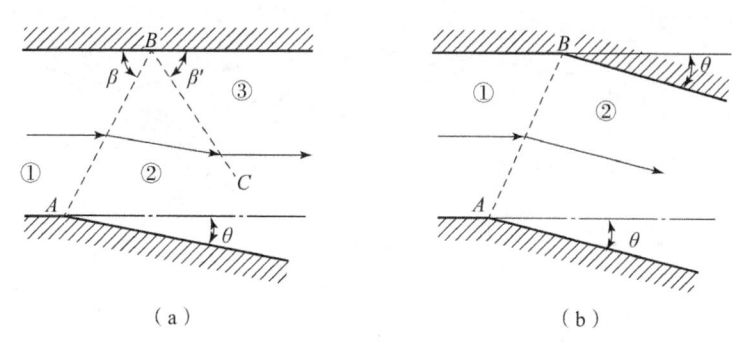

图 3.3.16　膨胀波在固壁上的反射情况

(a) 扩张流动；(b) 等截面流动

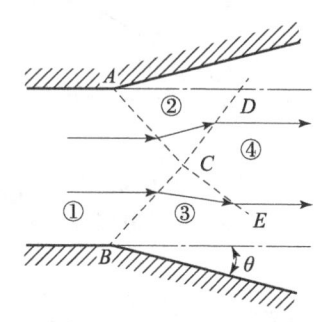

图 3.3.17　异侧膨胀波相交的情况

(7) 膨胀波在自由表面（等压面）上的反射。

膨胀波与自由边界相交的情况如图 3.3.18 所示。在膨胀波前的区域，气流压力 $p_1 = p_B$，经过膨胀波 AO 后气流压力下降为 p_2，$p_2 < p_B$。为满足自由边界上的条件，必须从 O 点发出一道斜激波 OB 使压力回升到 $p_3 = p_B$。斜激波使气流向中心偏转，自由边界也要向气流的中心偏转。

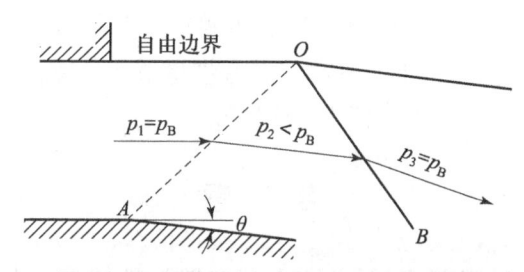

图 3.3.18　膨胀波与自由边界相交的情况

作为研究波的反射与相交的例题，以下讨论平面超声速自由射流。

当喷管出口压力大于外界背压时，在出口处上下侧的 A' 点和 A 点分别产生两组膨胀波组，彼此相交以后，又在自由面上反射为一组与膨胀波组强度变化相同的压缩波组，其理想情况如图 3.3.19（a）所示。由于上下流动对称，在轴线上 a，c，g 等处的流线保持为直线，因此这条轴线可以看作是一个固壁。ad 波可以看作是膨胀波 Aa 在固壁上 a 点的反射波，cf 波可以看作是 Ac 波在固壁上 c 点的反射波等，如图 3.3.19（b）所示。

当超声速喷管的出口压力小于背压 p_B 时，则在出口上下两边产生斜激波，这样将发生激波的相交与自由面上的反射现象（见图 3.3.20）。这种相交与反射现象已分别叙述，读者可以自行解决这类问题。

(a)

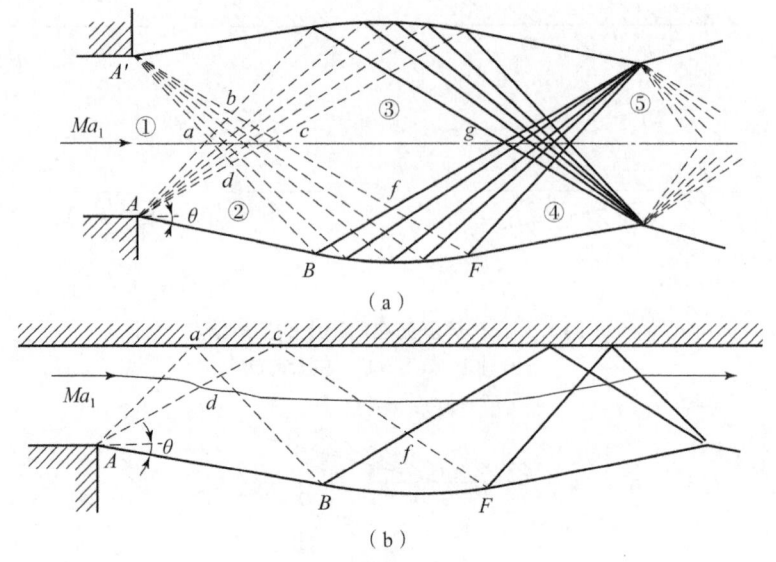

(b)

图 3.3.19 喷管外的波系 $p_1 > p_B$
（a）激波示意图；（b）流线示意图

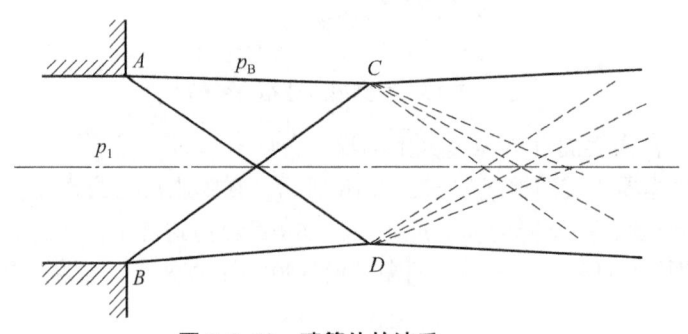

图 3.3.20 喷管外的波系 $p_1 < p_B$

最后，当 p_1 与 p_B 的差值增大时，斜激波的强度将增大，最后甚至产生类似于激波脱体的现象，形成曲线激波。这种情况类似于马赫反射。

习　题

（1）请根据变截面等熵流动求解：如果管道两端截面面积 A_1 和 A_2 已知，流体的初始状态（p_1，ρ_1）和出口压力 p_2 已知，求解出口密度 ρ_2 和出口速度 V_2；如果管道两端的截面面积比已知 $A_2/A_1 = 2$，流体的初始状态（p_1，ρ_1）已知，求解出口压力 p_2 和密度 ρ_2；如果管道两端的截面面积比未知，流体的初始状态（p_1，ρ_1）已知，求解出口压力 p_2、密度 ρ_2 和截面面积比 A_2/A_1。

（2）试分析定常正激波与绝热可压缩流动之间的关系。

（3）正激波前的超声速气流的马赫数为 $Ma_1 = 3.5$，滞止压强和滞止温度分别为 $p_{01} = 5 \times 10^5$ Pa，$T_{01} = 350$ K，试求波后的速度和压强。

（4）斜激波的波面角度与来流速度的关系是怎样的？

（5）试根据激波极线理论编写速度与激波角度的计算程序，并绘制极线图。

第 4 章
高超声速反应流

高超声速流动是指物体的飞行速度远远大于周围介质的声速,而且出现一系列新特征的流动现象。高超声速这一名词是由钱学森在 1946 年提出的。高超声速空气动力学是随着航天工程的进展而发展起来的。人们关注的重点是航天飞行器再入大气层的空气动力学问题,即人们要预测,洲际弹道式导弹的弹头、载人飞船的回地舱、航天飞机的轨道器等航天器从太空的轨道上以极高速度(Ma 可达 30 左右)进入大气层后的气动力和气动热变化的全过程。再入飞行器飞到离地面 90~120 km 的范围,开始进入稀薄空气的低密度区;飞到 90 km 以下,才进入连续介质的大气层。再入物体受到空气的阻滞而急剧减速,其迎风面被高温高压气流所包围,空气的物理、化学特性随之改变,使再入物体的空气动力特性与常温常速情况大不相同。因此,尤其要弄清楚物体表面的热流和温度分布,以便为热防护设计提供依据。这些问题正是高超声速空气动力学要研究的重点问题。

4.1 高超声速流动特征

习惯上把来流马赫数 $Ma_\infty \geqslant 5$ 的流动称为高超声速流动。确切地说,应根据以下的高超声速流动特征来加以衡量。

下面以球钝锥为例来描述高超声速绕流图像(见图 4.1.1)。高超声速来流在钝头体前受到强烈压缩,形成了脱体的头激波。激波和物面之间的流场称为激波层。钝头体顶部附近的激波层有一个亚声速区,来流经过激波进入该区的气流向两侧膨胀,穿过声速线而进入超声速区 [见图 4.1.1 (b)]。对于高超声速来流,物面上的激波层会出现下列部分或全部特征。

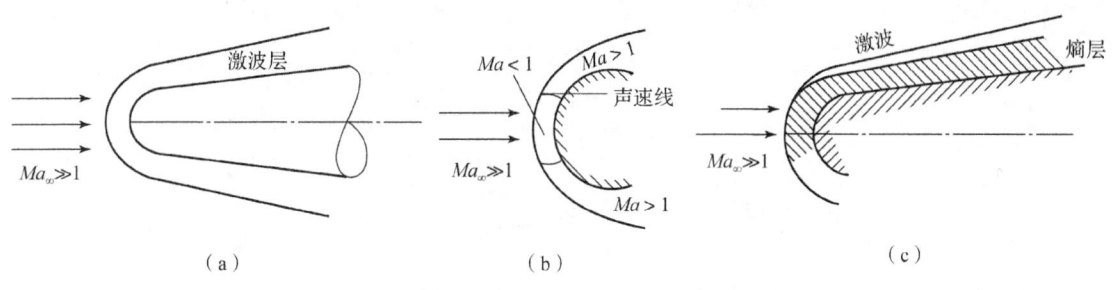

图 4.1.1 球钝锥的高超声速绕流图像
(a) 激波层;(b) 声速线;(c) 熵层

4.1.1 激波层很薄

高超声速气流通过激波,受到强烈压缩,激波后流场的密度陡增,因而激波层很薄,而且,激波形状与物形往往很接近。例如,半锥角为 15°的细长钝锥在比热比 $\gamma=1.4$ 和来流马赫数 $Ma_\infty=10$ 的零攻角绕流下,其后段的激波角趋近于 17.5°。

4.1.2 存在熵层

仍以细长钝锥为例 [见图 4.1.1 (c)],由于激波层很薄,钝头附近的激波是高度弯曲的,使靠近锥面的流线上具有高熵值,而且锥面附近流线之间熵梯度较大。由此在物面附近形成了一层低密度、中等超声速、低能、高熵、大熵梯度的气流,称为熵层。熵层处在激波层的内层,与边界层是两个不同的概念,但两者在激波层内的位置是重叠交叉的,这就增加了流动分析的复杂性。

4.1.3 需要考虑黏性 – 无黏相互作用

当物面的边界层较薄时,边界层计算中用到的其外缘流动参数可直接利用无黏流的物面参数,这样,黏性流计算和无黏流计算是互不耦合的。但是当物面的边界层较厚时,则必须考虑黏性区和无黏区的相互作用,必须做耦合计算,这就是黏性 – 无黏相互作用的含义(简称黏性干扰)。

由平板可压缩层流边界层的结果可知,边界层厚度 δ 与当地雷诺数 Re_x 和来流 Ma_∞ 有如下关系:

$$\delta \propto \frac{Ma_\infty^2}{\sqrt{Re_x}} \tag{4.1.1}$$

由于高超声速飞行($Ma_\infty \gg 1$)通常发生在空气密度小的高空,那里的 Re 不太高,因而从式(4.1.1)可知,高超声速流动的边界层是厚的,必须考虑黏性干扰效应。有时边界层厚度甚至与激波层厚度具有相同量级,要把激波层都当作黏性流动区域来处理。图 4.1.2 所示为半锥角为 10°的尖锥表面压力受黏性干扰影响的实验结果(Anderson J,1984),其中的虚线表示按无黏流计算的压力,实线表示实测出的压力,两者之差即表示黏性干扰影响,这显然是不容忽略的。

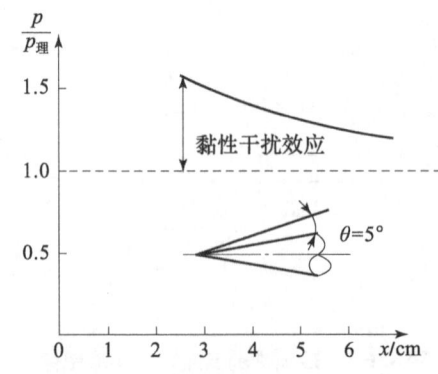

图 4.1.2 黏性干扰效应在尖锥上诱导的压力,$Ma_\infty=11$,$Re=0.56 \times 10^5$

再从物理上来阐明黏性干扰的由来。对于尖锥的超声速绕流，因边界层较薄，其激波层近似于锥形流［见图4.1.3（a）］。但是尖锥的高超声速绕流却不一样，锥面上的边界层较厚，这时的等效物形发生显著的畸变，使激波形状和边界层外缘的流动参数都发生变化，反过来又引起边界层厚度的变化，这就是边界层的黏性流与其外边的无黏流彼此间存在相互作用的机理。图4.1.3（b）所示是尖锥的激波层存在黏性干扰的图像。

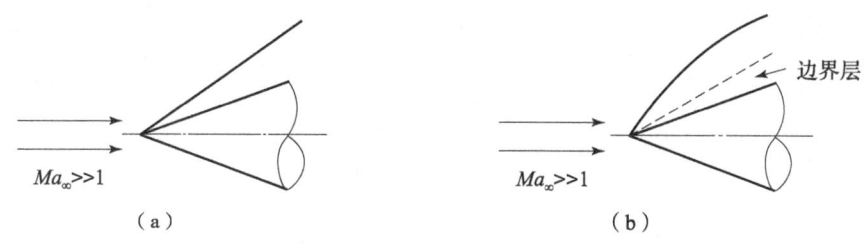

图4.1.3　尖锥的黏性干扰图像
（a）没有黏性干扰；（b）有黏性干扰

4.1.4　高温激波层内有真实气体效应

高超声速气流首先在穿越激波时受到强烈压缩而引起急剧升温，其次在边界层内受黏性阻滞而耗散为热量，因此高超声速流动的激波层通常具有高温的特点，尤其在钝体头部附近的激波层比后部区域温度更高。气体在高温下的物理、化学性质要发生一系列变化，如分子振动能的激发、分子的离解和复合、气体不同组分间的化学反应及分子和原子的电离等，统称真实气体效应，又称非完全气体效应。如果飞行器表面覆盖一层防热的烧蚀材料，则烧蚀产物还要发生多种碳氢化学反应。因而整个激波层充满高温的有化学反应的气流。真实气体效应会使飞行器表面的压力分布发生变化，引起飞行器空气动力特性的变化。例如，美国航天飞机的机身襟翼为配平大攻角飞行而偏转的角度，实际飞行中的偏角与地面预测值相比，增大了1倍，原因在于真实气体效应。此外，真实气体效应对飞行器的气动加热影响更大（包括对流传热和辐射传热），因而热防护是航天器设计中的一个关键问题。

以下举例说明气动加热问题的严重性。某再入飞行器在60 km高空飞行，$Ma_\infty=14$，如按$\gamma=1.4$计算，正激波后的气流温度$T_2=9\,880$ K。但在考虑了真实气体效应后，按平衡流算出温度为$T_2'=4\,750$ K；阿波罗回地舱在59 km高空的$Ma_\infty\approx36$，如按$\gamma=1.4$计算，正激波后的$T_2=65\,248$ K，而实际上按平衡流计算出的$T_2'=11\,000$ K，这仍然是非常高的温度。前一例中高温气流向物面传热的方式基本上是对流传热，而在后一例中约有30%的热量出自热辐射。

综上所述，高超声速流动区别于超声速流动的基本特征为薄激波层，钝头细长体物面附近存在熵层，黏性干扰效应，高温气流的真实气体效应。

4.2　高温气体性质

空气在高温下发生物理、化学变化，使它的状态方程偏离量热完全气体。图4.2.1所示为空气在不同温度区内的物理、化学变化。

Ⓐ区：在600 K以下，空气的主要成分N_2，O_2分子的运动只有平移和转动。从统计热

力学知，这时单位质量空气的内能 u 为

$$u = \frac{3}{2}RT + RT \tag{4.2.1}$$

式中，R 是空气的气体常数；T 是温度。

式（4.2.1）右边两项分别为分子平移和转动的能量。由此得定容比热和定压比热分别为

$$c_V = \frac{5}{2}R \tag{4.2.2}$$

和

$$c_p = c_V + R = \frac{7}{2}R \tag{4.2.3}$$

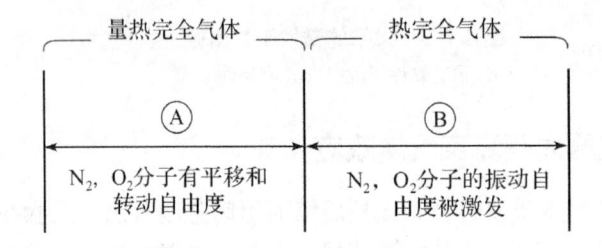

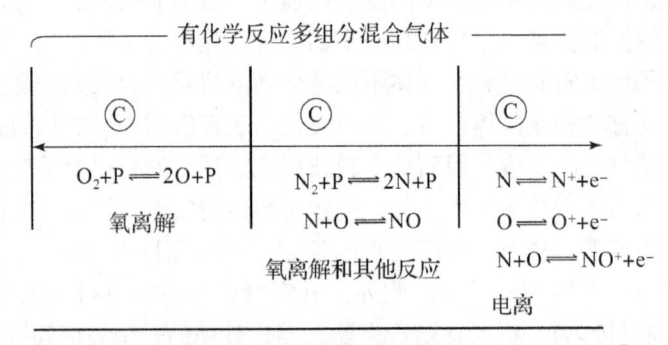

图 4.2.1 空气在不同温度区内的物理、化学变化（在 1.01×10^5 Pa 下）

可见 c_p 和 c_V 都是常数，因而比热比 γ 也是常数，即

$$\gamma = c_p/c_V = 7/5 \tag{4.2.4}$$

故在Ⓐ区内，量热完全气体是适用的。

Ⓑ区：当 $600 \text{ K} \leq T \leq 2\,500 \text{ K}$ 时，N_2 分子和 O_2 分子的振动自由度被激发，这时比内能写为

$$u = \frac{3}{2}RT + RT + \frac{RT_{ve}}{e^{T_{ve}/T} - 1} \tag{4.2.5a}$$

式中，T_{ve} 为振动特征温度

$$T_{ve} = h\nu/k_B \tag{4.2.5b}$$

式中，k_B 是玻尔兹曼常数；h 是普朗克常数；ν 是分子振动的基频。

式（4.2.5a）中等式右边的三项分别为分子平移、转动和振动的能量。于是

$$c_v = \frac{3}{2}R + R + R\left(\frac{T_{ve}}{T}\right)^2 \frac{e^{T_{ve}/T}}{(e^{T_{ve}/T} - 1)^2} \tag{4.2.6}$$

由此知
$$c_V = c_V(T), \quad c_p = c_p(T) \tag{4.2.7}$$
即空气的比热为温度 T 的函数。故在Ⓑ区内，热完全气体是适用的。图4.2.2所示定性地表示空气在尚未产生化学反应情况下比热随温度的变化关系。

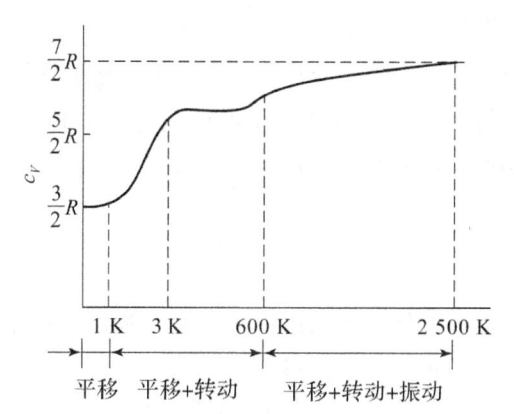

图 4.2.2 空气的比热随温度变化的概况

Ⓒ区：当 2 500 K < T < 9 000 K 时，O_2 分子和 N_2 分子先后产生离解，即
$$O_2 + M \rightleftharpoons 2O + M \tag{4.2.8}$$
$$N_2 + M \rightleftharpoons 2N + M \tag{4.2.9}$$
式中，M 为任何粒子。另外，还要发生化学反应，如
$$O_2 + N \rightleftharpoons NO + O \tag{4.2.10}$$
$$N_2 + O \rightleftharpoons NO + N \tag{4.2.11}$$
$$N_2 + O_2 \rightleftharpoons 2NO \tag{4.2.12}$$
温度继续升高，当 T > 9 000 K 时，还会发生电离
$$N \rightleftharpoons N^+ + e^- \tag{4.2.13}$$
$$O \rightleftharpoons O^+ + e^- \tag{4.2.14}$$
$$NO \rightleftharpoons NO^+ + e^- \tag{4.2.15}$$

总之，在Ⓒ区内，空气是一种多组元成分的有化学反应的混合气体。其中每一个组元都可看成热完全气体。至于各个组元在混合气体中所含分量的大小，不仅取决于该系统的压力 p 和温度 T，还和各个化学反应的速率有关。

接下来引入非平衡系统的概念。对于有化学反应的混合气体，当系统的环境有急剧变化时（如流体微团穿越强激波），每个组元振动能的激发和调整，几个组元间进行的化学反应，都要依靠分子间的很多次碰撞才能完成。例如，O_2 分子的振动自由度约需经历2万次碰撞方能激发，而 O_2 分子的离解需和其他粒子碰撞约20万次才能达到平衡态。这种从系统环境的变化到系统达到平衡态的过程，称为非平衡系统的分子弛豫过程；所需的时间称为弛豫时间。由于分子的平移和转动能量的调整只要通过分子的几次到几十次碰撞就可以达到平衡，因此只需要考虑分子振动和化学反应所引起的非平衡过程。从非平衡态到平衡态所需的分子碰撞次数取决于分子的类型及其在碰撞时的相对动能（随温度而增大）；而非平衡的弛豫时间又和分子碰撞的频率 Z 直接相关。分子运动论给出，$Z \propto p/\sqrt{T}$，这表示，低频碰撞出现在低压和高温的环境。举个例子，当再入飞行器在高空（即低压）而又遇到剧变的高温环境时，非平衡效应就值得重视。

下面叙述两种具有代表性的非平衡速率过程，即振动弛豫过程和化学反应速率过程。

4.2.1 振动弛豫过程

设气体的分子由双原子组成，做简谐振动，是一个谐振子系统。令 $u_v^*(T)$ 表示温度为 T 时气体分子振动能的平衡值，u_v 表示气体分子振动能的当时值，则 $u_v^*(T) - u_v$ 表示振动能在分子弛豫过程中的偏差值。振动速率方程可表示为

$$\frac{\mathrm{d}u_v}{\mathrm{d}t} = \frac{u_v^*(T) - u_v}{\tau} \tag{4.2.16}$$

式中，τ 表示振动弛豫时间。

该方程表示，振动能向平衡值趋近的速率是和振动能的偏差值线性相关的。其中 $u_v^*(T)$ 的表达式见式（4.2.5a）右边的第三项，即

$$u_v^*(T) = \frac{RT_{ve}}{\mathrm{e}^{T_{ve}/T} - 1} \tag{4.2.17}$$

设有单位质量的气体在温度 T 时的振动能已达到平衡值 $u_v^*(T)$。如用激光辐射的办法把这部分气体的振动能激励到初始值 u_{v0}，这时产生的振动弛豫过程便由振动速率方程来描述，如图 4.2.3 所示。$t=0$ 时，因 $u_{v0} > u_v^*$，所以在 $t>0$ 的过程中，气体把振动能多余的偏差值，通过分子间的碰撞，转换给平移和转动自由度，最后趋近于振动能的平衡值，这一过程在图 4.2.3 中用实线表示。图中的虚线则表示 u_v^* 的变化过程。事实上，振动能 u_v 的减少，导致平移动能的增加，作为平移动能度量的温度也就上升，所以 $u_v^*(T)$ 也有所增大。

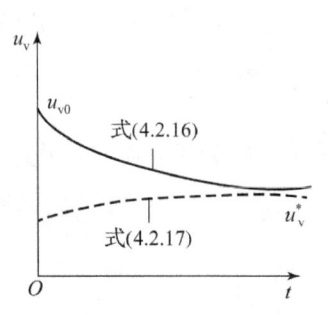

图 4.2.3 振动弛豫过程

式（4.2.16）中的弛豫时间 τ，一般说来是压力 p 和温度 T 的函数，可以通过实验测出，并且可拟合成

$$\ln \tau = (K_2/T)^{1/3} - \ln p + C \tag{4.2.18}$$

式中，对不同气体系数 K_2 和 C 已列成表格，可在一些文献（如参考文献 [1]）中找到。

4.2.2 化学反应速率过程

以 O_2 分子的离解复合反应为例，说明化学反应速率过程。这个反应式为

$$O_2 + M \underset{k_b}{\overset{k_f}{\rightleftharpoons}} 2O + M \tag{4.2.19}$$

该式表示，O_2 分子与任何的粒子 M 发生碰撞，产生离解，——表示正向反应，k_f 表示正向反应速率常数；与此同时，两个 O 原子通过与第三个粒子 M 的碰撞，可以复合成为 O_2，——表示逆向反应，k_b 表示逆向反应速率常数。在某一温度下，通过粒子间的不断碰撞，正向反应和逆向反应总会达到平衡，也就是说，O_2 分子和 O 原子在混合气体中的浓度彼此保持相应的比例。但当温度突变时，原来的化学平衡被打破了，需要通过分子和原子间的多次碰撞，才能达到新的化学平衡。由此可知，化学反应的正向速率和逆向速率都是有限值。

现在建立包含 O_2 分子和 O 原子的化学反应混合气体中 O 原子的反应速率的方程。用 [O_2] 和 [O] 表示 O_2 分子和 O 原子的摩尔密度。摩尔密度是指单位体积的混合气体内某一组元的摩尔数。根据化学动力学可知，化学反应速率与化学反应物的浓度成正比。式 (4.2.19) 中 O 原子的生成率如下：

正向反应
$$\left(\frac{d[O]}{dt}\right)_f = 2k_f[O_2][M] \tag{4.2.20}$$

逆向反应
$$\left(\frac{d[O]}{dt}\right)_b = 2k_b[O]^2[M] \tag{4.2.21}$$

总的速率
$$\frac{d[O]}{dt} = 2k_f[O_2][M] - 2k_b[O]^2[M] \tag{4.2.22}$$

一旦达到化学平衡后，则 $\frac{d[O]}{dt}=0$，由式 (4.2.22) 得

$$k_b = \frac{k_f[O_2]^*}{[O]^{*2}} \tag{4.2.23}$$

或写成

$$k_b = \frac{k_f}{K_c(T)} \tag{4.2.24}$$

式中，[ ]* 表示化学平衡时的值；$K_c(T)$ 表示浓度平衡常数，即

$$K_c(T) = \frac{[O]^{*2}}{[O_2]^*} \tag{4.2.25}$$

它与基于分压的平衡常数 $K_p(T)$ 存在以下关系：

$$K_p(T) = \frac{1}{R_0 T} K_c T \tag{4.2.26}$$

式中，R_0 表示普适气体常数。

请注意，式 (4.2.24) 只表示 K_c，k_f，k_b 之间存在的关系，与该化学体系是否处在平衡状态无关，因而可把式 (4.2.24) 代入式 (4.2.22)，得出 O 原子的化学反应速率方程

$$\frac{d[O]}{dt} = 2k_f[M]\left\{[O_2] - \frac{1}{K_c(T)}[O]^2\right\} \tag{4.2.27}$$

可以把式 (4.2.19) 这一特例推广到有 n 个组元的化学反应体系，即

$$\sum_{i=1}^{n} a_i X_i \underset{k_b}{\overset{k_f}{\rightleftharpoons}} \sum_{i=1}^{n} b_i X_i \tag{4.2.28}$$

其中任一组元 X_i 的生成率为

正向反应
$$\left(\frac{d[X_i]}{dt}\right)_f = (b_i - a_i)k_f \prod_i [X_i]^{a_i} \tag{4.2.29}$$

逆向反应
$$\left(\frac{d[X_i]}{dt}\right)_b = -(b_i - a_i)k_b \prod_i [X_i]^{b_i} \tag{4.2.30}$$

故化学反应速率方程为

$$\frac{d[X_i]}{dt} = (b_i - a_i)\left\{k_f \prod_i [X_i]^{a_i} - k_b \prod_i [X_i]^{b_i}\right\} \tag{4.2.31}$$

这个方程也就是质量作用定律的一般形式。

反应速率常数k_f根据化学动力学的理论方法计算难以算出可靠的结果。现在一般用实验方法测出k_f，但是存在测得结果不够准的问题。k_b可根据式（4.2.24）通过k_f和$K_c(T)$换算得出，而浓度平衡常数$K_c(T)$是用统计热力学方法加以确定的。

必须指出，式（4.2.22）、式（4.2.27）、式（4.2.31）这些化学反应速率方程仅适用于基元反应。所谓基元反应，是指单步完成的反应。对于需要多步进行的总包反应，需分解为若干基元反应来处理。

4.3 非平衡流动

4.3.1 非平衡流动、平衡流动、冻结流动

（1）非平衡流动。

凡流体在运动中，因发生分子振动和化学反应而引起的特征弛豫时间，如与流体流动的特征时间在量级上相当，这类流动称为非平衡流动。

接下来概述非平衡流动的基本方程组。设有一无黏绝热非平衡流动，待求的量有p，ρ，T，V，h，u_{vi}和c_i。其中u_{vi}表示组元i的振动能，$c_i = \dfrac{\rho_i}{\rho}$表示$i$组元的质量比数。这些量由下列控制方程求解：

总的连续性方程
$$\frac{\partial \rho}{\partial t} + \nabla \cdot (\rho V) = 0 \tag{4.3.1}$$

动量方程
$$\frac{\mathrm{d} V}{\mathrm{d} t} = -\frac{1}{\rho} \nabla p \tag{4.3.2}$$

能量方程
$$\frac{\mathrm{d} h}{\mathrm{d} t} = \frac{1}{\rho} \cdot \frac{\mathrm{d} p}{\mathrm{d} t} \tag{4.3.3}$$

焓的表达式
$$h = \sum_i c_i h_i \tag{4.3.4}$$

$$h_i = \frac{7}{2} R_i T + u_{vi} + \Delta h_i^0 \tag{4.3.5}$$

式中，Δh_i^0称为化学焓，包含反应热。

气体状态方程
$$p = \rho R T$$
$$R = R_0 / M \tag{4.3.6}$$

式中，M表示混合气体的相对分子质量；R_0表示普适气体常数。

组元成分关系
$$\frac{1}{M} = \sum_i \frac{c_i}{M_i} \tag{4.3.7}$$

i组元的连续性方程
$$\frac{\partial \rho_i}{\partial t} + \nabla \cdot (\rho V) = \dot{\omega}_i \tag{4.3.8}$$

式中，$\dot{\omega}$表示由化学反应引起的ρ_i的当地变化率。

式（4.3.8）还可改写成以下形式：
$$\rho_i = c_i \rho$$

可导出

$$\frac{dc_i}{dt} = \frac{\dot{\omega}_i}{\rho} \tag{4.3.9}$$

式中，$\dot{\omega}$ 与摩尔密度的变化率 $d[X_i]/dt$ 的关系为

$$\dot{\omega}_i = M_i \frac{d[X_i]}{dt} \tag{4.3.10}$$

振动速率方程

$$\frac{du_{vi}}{dt} = \frac{u_{vi}^* - u_{vi}}{\tau_i} \tag{4.3.11}$$

化学反应速率方程

$$\frac{d[X_i]}{dt} = (b_i - a_i)\left\{ k_f \prod_i [X_i]^{a_i} - k_b \prod_i [X_i]^{b_i} \right\} \tag{4.3.12}$$

由上可知，即使是无黏绝热流动，求解非平衡流动问题仍然是一个很繁杂的过程，计算量很大。另外，非平衡流动还有两个特点值得注意：①由于化学反应速率方程和振动速率方程都是微分形式，研究非平衡流动只能求解微分形式的基本方程组；②非平衡的分子弛豫过程是一个有限速率过程，而任何有限速率过程都是不可逆过程。因此，即使是绝热的无黏非平衡连续流动，也是不等熵流动。

（2）平衡流动。

为了简化问题，研究非平衡过程的两种极限情况，其中一种是平衡流动。

如果气体在流动中，其化学反应速率和振动速率都趋于无限大，即化学反应和振动弛豫过程被认为是在瞬间完成的，或者说，混合气体中各个组元的振动能和摩尔密度都是随着运动气体微团在流场中当时当地的压力 p 和温度 T 的改变，即刻作出调整，达到它们的平衡值，这样的流动称为平衡流动。

对于多组元的高温平衡空气，利用统计热力学的方法可以算出它的热力学函数。美国国家标准局的希尔孙莱思等（Hilsenrath, et al., 1959, 1963）和苏联的普列伏基捷列夫（Предводителье, 1959）基于不同的空气模型都算出了比较宽的温度和压力范围的热力学函数，制成了图表，供广泛使用。

由于平衡流动是一种可逆过程，故无黏气体的绝热连续平衡流动是等熵的。

另外，在平衡流动中，不需要用到非平衡气体的速率方程，因而积分形式的基本方程组也可以使用。

（3）冻结流动。

如果气体在运动中，它的化学反应速率和振动速率都趋于零，或者说，如果混合气体的各组元的浓度和振动能的变化极其迟缓，可以认为它们不随环境的温度 T 和压力 p 的变化而变化，这类流动称为冻结流动。对于这样的流动，在后继的流动过程中，它的化学组分和热力学特性仍是初始状态。因而作为冻结流动介质的多组元混合气体实际上属于量热完全气体。

4.3.2 正激波后的非平衡流动

设有一强激波，气流通过波阵面时出现高温，足以引起气体的振动能激发和产生化学反应。接下来定性地阐述在激波波阵面后发生的非平衡流动现象（见图4.3.1）。波阵面是指压力、密度、温度等物理量出现极大梯度的窄区。由于其厚度只有几个分子自由程的距离，

高温气流在穿越波阵面时，分子间的碰撞只有几次，因而还来不及作出任何物理、化学变化。可以认为，气流在穿过激波波阵面时具有冻结流动的性质，可按量热完全气体的正激波关系式进行计算。图 4.3.1 中，T_1，ρ_1，$C_{(O)1}$ 表示激波前的温度、密度和离解出 O 原子的质量比，T_f，ρ_f，$C_{(O)f}$ 表示激波波阵面后缘冻结流的对应值。在给定来流 Ma_1 的情况下，T_f/T_1 和 ρ_f/ρ_1 由正激波关系式确定；而当激波前气流温度为常温时，$C_{(O)1} = C_{(O)f} = 0$。

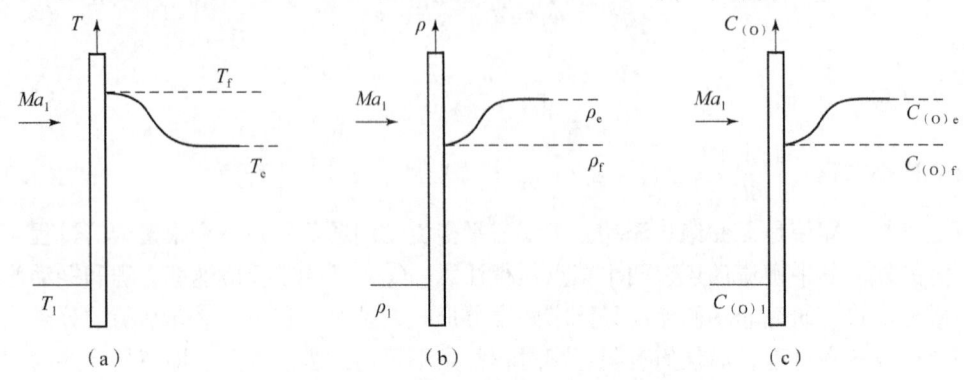

图 4.3.1　正激波后的非平衡流动示意图
(a) 温度；(b) 密度；(c) O 原子质量比

然后，气流在波阵面后的一段距离内经历非平衡的分子弛豫过程，最终达到平衡流动。图 4.3.1 所示为从波阵面后缘的冻结流参数 T_f，ρ_f，$C_{(O)f}$ 逐渐变化到平衡流参数 T_e，ρ_e，$C_{(O)e}$ 的过程。非平衡流动所要解决的问题正是这些参数与流动距离间的变化关系。

第 3 章讲的正激波流动计算是直接从来流参数算出平衡流动的激波后参数，略去了非平衡流动过程，即把激波波阵面连同非平衡流动的距离在内，统统看作激波区，如此建立激波区前后的参数间关系。

本书中没有讲述激波后非平衡流动的具体计算方法。但其计算的基本途径是从非平衡流的基本方程组出发，结合激波后一维定常流的条件，把方程组简化，再进一步导出便于进行数值计算的常微分方程组，最后进行数值求解。假如正激波前空气的来流马赫数 $Ma_1 = 12.28$，压力 $p_1 = 133.322\,4\text{ Pa}$，温度 $T_1 = 300\text{ K}$，图 4.3.2 所示为正激波后非平衡流中空气各组元的浓度分布，图 4.3.3 展示了空气的温度和密度分布。

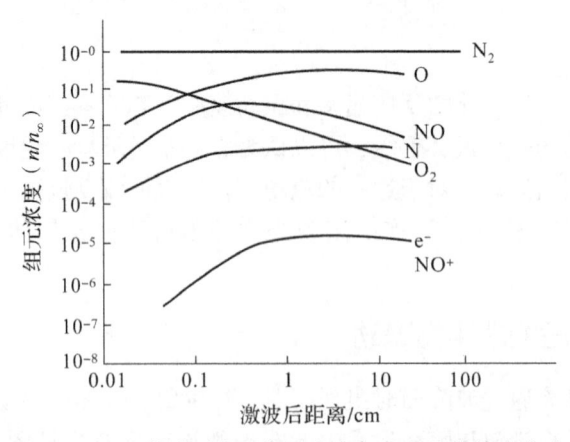

图 4.3.2　正激波后非平衡流中空气各组元的浓度分布

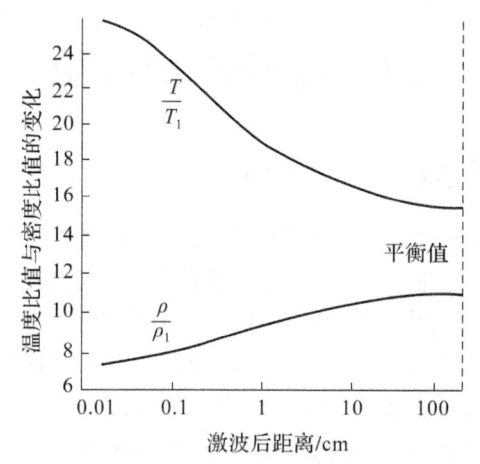

图 4.3.3 正激波后非平衡流中空气的温度和密度分布

注：$Ma_1 = 12.28$，$p_1 = 133.3224$ Pa，$T_1 = 300$ K。

从图 4.3.2 可见，在本例中 O_2 发生显著离解，而 N_2 只稍有离解。O 和 N 原子的浓度从激波波阵面上的冻结值（实际上为零）单调上升到它们的平衡值，经历的非平衡距离约有 20 cm，值得注意的是 NO 的浓度分布，先从冻结值上升，达到高峰，又降到平衡值，也就是说，它的非平衡值可以在冻结值和平衡值的数值范围之外。此外，又从图 4.3.3 中看到了正激波后的温度和密度变化情况，非平衡流动距离大约也是 20 cm。由于激波后空气的离解是一个有限速率的吸热反应过程，这就使温度从冻结值开始不断大幅度下降，而密度从冻结值开始不断增加，两者都在约 20 cm 处趋近各自的平衡值。

4.3.3 绕凸角的超声速非平衡流动

如图 4.3.4 所示，高温超声速均匀来流受到凸角的扰动后，第一条扰动波相当于冻结流中的马赫线，是一条直线，这是由于气流受到初次扰动，开始出现非平衡，还来不及调整它的物理化学性质。但是在第一条扰动波之后的流动参数，不再像 P-M 膨胀波的扇形区内那样只依赖于当地的流动偏角 θ，而是从一条流线到另一条流线都不相同。在靠近拐角点的扇形里区，气体流过扇形区的时间小于非平衡的弛豫时间，因而在这个里区内的流动特征接近于冻结流动的性质，特别是邻近拐角点的流动趋于 P-M 膨胀波的冻结流动，非平衡的分子弛豫过程都是在拐角后面沿着壁面的一段距离内完成的。对于远离拐角点的扇形外区，气体流过扇形区的时间大于非平衡的弛豫时间，因而在这个外区内的流动特征接近于平衡流动的性质，特别在无穷远处，满足平衡流动的 P-M 膨胀关系。在里外两区之间，便是复杂的非平衡膨胀流动，在不同的流线上，气流状况各异。由此可见，绕凸角的非平衡流动不再是一种与径向位置无关、仅与流动偏角 θ 有关的自相似运动，而是属于一般的平面流动，有两组扰动波彼此相交，其中从拐角点发出的一组扰动波，除第一条马赫线是直线以外，其余的都是曲线。此外，在膨胀扇形区后面的气流已不再是均匀的气流。

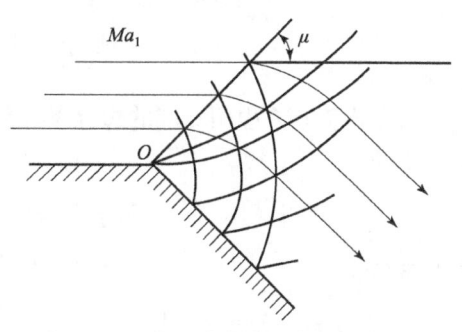

图 4.3.4 绕凸角的超声速非平衡流动

4.4 高超中的相似准则

4.4.1 小扰动理论的高超声速相似律

高超声速相似律首先是由钱学森（1946）对二维流动和轴对称无旋绕流动情况导出的；继而海斯（Hayes，1947）把它推广到有旋流动和三维流动；后来范戴克（Van Dyke，1954）等人奠定了小扰动理论的基础。高超声速小扰动理论的发展主要是为了解决尖头细长体的高超声速绕流问题，它与超声速小扰动理论的区别在于它不能线化。实际上，在高超声速流动中，扰动速度相对于来流速度而言，固然可以作为小量处理，但扰动速度与来流声速相比，并非小量，而且 $\Delta p/p_\infty$，$\Delta \rho/\rho_\infty$ 和 $\Delta T/T_\infty$ 也都是有限量。这就使基于小扰动理论的高超声速相似律不同于线化超声速流动的相似律。

下面以平面小扰动流动为例，导出高超声速相似律。

1. 基本方程和边界条件

取风轴坐标系，令 x 轴方向与来流速度 V_∞ 的方向一致，令 y 轴在流动平面内与 x 轴正交。设 v_x 和 v_y 分别表示扰动速度沿 x 轴和 y 轴方向的分量。

为了把基本方程和边界条件都量纲一化，采用以下量的 l 的变量：

$$\bar{x} = x/l, \quad \bar{y} = y/l, \quad \bar{v}_x = v_x/V_\infty, \quad \bar{v}_y = v_y/V_\infty$$
$$\bar{p} = p/\rho_\infty V_\infty^2, \quad \bar{\rho} = \rho/\rho_\infty, \quad \bar{c} = c/V_\infty \tag{4.4.1}$$

式中，l 是参考长度。于是无黏气体平面定常小扰动流动的基本方程组为

连续性方程

$$\frac{\partial}{\partial \bar{x}}[\bar{\rho}(1+\bar{v}_x)] + \frac{\partial}{\partial \bar{y}}(\bar{\rho}\bar{v}_y) = 0 \tag{4.4.2}$$

动量方程

$$(1+\bar{v}_x)\frac{\partial \bar{v}_x}{\partial \bar{x}} + \bar{v}_y\frac{\partial \bar{v}_x}{\partial \bar{y}} + \frac{1}{\bar{\rho}}\cdot\frac{\partial \bar{p}}{\partial \bar{x}} = 0 \tag{4.4.3a}$$

$$(1+\bar{v}_x)\frac{\partial \bar{v}_y}{\partial \bar{x}} + \bar{v}_y\frac{\partial \bar{v}_y}{\partial \bar{y}} + \frac{1}{\bar{\rho}}\cdot\frac{\partial \bar{p}}{\partial \bar{y}} = 0 \tag{4.4.3b}$$

量热完全气体沿流线等熵的条件为

$$(1+\bar{v}_x)\frac{\partial}{\partial \bar{x}}\left(\frac{\bar{p}}{\bar{\rho}^\gamma}\right) + \bar{v}_y\frac{\partial}{\partial \bar{y}}\left(\frac{\bar{p}}{\bar{\rho}^\gamma}\right) = 0 \tag{4.4.4}$$

与上述基本方程相对应的边界条件包括来流条件、激波条件和物面条件，可表示为

来流条件

$$\bar{v}_x = \bar{v}_y = 0, \quad \bar{p} = \frac{1}{\gamma Ma_\infty^2} \to 0, \quad \bar{\rho} = 1 \tag{4.4.5}$$

激波条件

$$\bar{p}_2 = \frac{p_2}{\rho_\infty V_\infty^2} = \frac{1}{\gamma Ma_\infty^2}\left(\frac{p_2}{p_\infty}\right) = \frac{2}{\gamma+1}\sin^2\beta\left[1-\left(\frac{\gamma-1}{2\gamma}\right)\frac{1}{Ma_\infty^2\sin^2\beta}\right] \to \frac{2}{\gamma+1}\sin^2\beta \tag{4.4.6}$$

$$\bar{\rho}_2 = \frac{(\gamma+1)Ma_\infty^2 \sin^2\beta}{(\gamma-1)Ma_\infty^2 \sin^2\beta + 2} \to \frac{(\gamma+1)}{(\gamma-1)} \tag{4.4.7}$$

$$\bar{v}_{2x} = -\frac{2\sin^2\beta}{\gamma+1}\left(1 - \frac{1}{Ma_\infty^2 \sin^2\beta}\right) \to -\frac{2\sin^2\beta}{\gamma+1} \tag{4.4.8}$$

$$\bar{v}_{2y} = -\frac{2(Ma_\infty^2 \sin^2\beta - 1)\cot\beta}{(\gamma+1)Ma_\infty^2} \to \frac{\sin 2\beta}{\gamma+1} \tag{4.4.9}$$

物面条件

$$(1+\bar{v}_x)\frac{\partial \bar{F}}{\partial \bar{x}} + \bar{v}_y \frac{\partial \bar{F}}{\partial \bar{y}} = 0 \tag{4.4.10}$$

此外，$\bar{F}(\bar{x},\bar{y},\alpha)=0$ 是物面方程，其中 α 是攻角。在风轴坐标系中，α 是决定物面形状的一个参数。

2. 简化的小扰动方程和边界条件

接下来根据高超声速小扰动流动的各个变量的量级分析来简化式 (4.4.2) ~ 式 (4.4.4)。

设 $\tau = d/l$，此处 d 表示细长体厚度，l 表示长度。因而 τ 表示尖头细长体的平均斜率，是一个小量，$\tau \ll 1$。把 τ 作为量级分析的基本参量。在小扰动情况下，必有

$$\theta \sim O(\tau), \quad \alpha \sim O(\tau) \tag{4.4.11}$$

式中，θ 表示物面与来流方向之间的倾角；α 表示攻角。

根据高超声速小扰动情况下斜激波后各个物理量的量级分析，可知

$$\left.\begin{aligned} \frac{p}{\rho_\infty V_\infty^2} &\approx \frac{\Delta p}{\rho_\infty V_\infty^2} \sim O(\tau^2) \\ \frac{\rho}{\rho_\infty} &\approx \frac{\Delta \rho}{\rho_\infty} \sim O(1) \\ \frac{v_x}{V_\infty} &\sim O(\tau^2) \\ \frac{v_y}{V_\infty} &\sim O(\tau) \end{aligned}\right\} \tag{4.4.12}$$

为此重新定义无量纲的变量，使每一个量都是 $O(1)$ 的，即

$$\left.\begin{aligned} \tilde{x} &= \bar{x}, \quad \tilde{y} = \bar{y}/\tau, \quad \tilde{v}_x = \bar{v}_x/\tau^2, \quad \tilde{v}_y = \bar{v}_y/\tau \\ \tilde{p} &= \bar{p}/\tau^2, \quad \tilde{\rho} = \bar{\rho}, \quad \tilde{\alpha} = \alpha/\tau \end{aligned}\right\} \tag{4.4.13}$$

把上述变换代入基本方程和边界条件，保留 τ 的一阶项，略去高阶项，由此导出简化的高超声速小扰动方程为

$$\frac{\partial \tilde{\rho}}{\partial \tilde{x}} + \frac{\partial(\tilde{\rho}\tilde{v}_y)}{\partial \tilde{y}} = 0 \tag{4.4.14}$$

$$\frac{\partial \tilde{v}_x}{\partial \tilde{x}} + \tilde{v}_y \frac{\partial \tilde{v}_x}{\partial \tilde{y}} + \frac{1}{\tilde{\rho}} \cdot \frac{\partial \tilde{p}}{\partial \tilde{x}} = 0 \tag{4.4.15a}$$

$$\frac{\partial \tilde{v}_y}{\partial \tilde{x}} + \tilde{v}_y \frac{\partial \tilde{v}_y}{\partial \tilde{y}} + \frac{1}{\tilde{\rho}} \cdot \frac{\partial \tilde{p}}{\partial \tilde{y}} = 0 \tag{4.4.15b}$$

$$\frac{\partial}{\partial \tilde{x}}\left(\frac{\tilde{p}}{\tilde{\rho}^\gamma}\right) + \tilde{v}_y \frac{\partial}{\partial \tilde{y}}\left(\frac{\tilde{p}}{\tilde{\rho}^\gamma}\right) = 0 \tag{4.4.16}$$

上述方程是非线性的。下面给出相应的边界条件。
来流条件

$$\tilde{v}_x = \tilde{v}_y = 0, \quad \tilde{p} = \frac{1}{\gamma Ma_\infty^2 \tau^2} \to 0, \quad \tilde{\rho} = 1 \tag{4.4.17}$$

激波条件

$$\tilde{p}_2 = \frac{2}{\gamma+1}\left[\left(\frac{\beta}{\tau}\right)^2 - \frac{\gamma-1}{2\gamma Ma_\infty^2 \tau^2}\right] \to \frac{2}{\gamma+1}\left(\frac{\beta}{\tau}\right)^2 \tag{4.4.18}$$

$$\tilde{\rho}_2 = \left(\frac{\gamma+1}{\gamma-1}\right)\left[\frac{\left(\frac{\beta}{\tau}\right)^2}{\left(\frac{\beta}{\tau}\right)^2 + \left(\frac{2}{\gamma-1}\right)\frac{1}{Ma_\infty^2 \tau^2}}\right] \to \frac{\gamma+1}{\gamma-1} \tag{4.4.19}$$

$$\tilde{v}_{2x} = -\frac{2}{\gamma+1}\left[\left(\frac{\beta}{\tau}\right)^2 - \frac{1}{Ma_\infty^2 \tau^2}\right] \to -\frac{2}{\gamma+1}\left(\frac{\beta}{\tau}\right)^2 \tag{4.4.20}$$

$$\tilde{v}_{2y} = \left(\frac{2}{\gamma+1}\right)\left[\left(\frac{\beta}{\tau}\right)^2 - \frac{1}{Ma_\infty^2 \tau^2}\right] \Big/ \left(\frac{\beta}{\tau}\right) \to \frac{2}{\gamma+1}\left(\frac{\beta}{\tau}\right) \tag{4.4.21}$$

式中，激波角 β 是由来流条件和物面条件而定的，不是独立变量。β/τ 可用 $Ma_\infty \tau$ 表示为

$$\frac{\beta}{\tau} \approx \frac{\gamma+1}{4} + \sqrt{\left(\frac{\gamma+1}{4}\right)^2 + \frac{1}{Ma_\infty^2 \tau^2}} \to \frac{\gamma+1}{2} \tag{4.4.22}$$

物面条件

$$\frac{\partial \tilde{F}}{\partial \tilde{x}} + \tilde{v}_y \frac{\partial \tilde{F}}{\partial \tilde{y}} = 0 \tag{4.4.23}$$

式中，$\tilde{F}(\tilde{x}, \tilde{y}, \tilde{\alpha}) = 0$ 表示仿射变换的物面方程。

3. 高超声速相似律

根据简化的高超声速小扰动方程及其边界条件 [式 (4.4.14)~式 (4.4.23)]，可知尖头细长体高超声速绕流的解必有如下形式：

$$\tilde{p} = \tilde{p}(\tilde{x}, \tilde{y}, \tilde{\alpha}, Ma_\infty \tau, \gamma) \tag{4.4.24a}$$

$$\tilde{\rho} = \tilde{\rho}(\tilde{x}, \tilde{y}, \tilde{\alpha}, Ma_\infty \tau, \gamma) \tag{4.4.24b}$$

$$\tilde{v}_x = \tilde{v}_x(\tilde{x}, \tilde{y}, \tilde{\alpha}, Ma_\infty \tau, \gamma) \tag{4.4.24c}$$

$$\tilde{v}_y = \tilde{v}_y(\tilde{x}, \tilde{y}, \tilde{\alpha}, Ma_\infty \tau, \gamma) \tag{4.4.24d}$$

这个结果不难推广到三维流动情况。

由此导出了基于小扰动理论的高超声速相似律：对于一组仿射相似的尖头细长体，如它们在流场中被放置的相对攻角 $\tilde{\alpha}$ 相等，而且介质的 γ 值又相同，则流动相似的条件是保持 $Ma_\infty \tau$ 相等。流动相似是指在流场的对应点上，$\tilde{p}$, $\tilde{\rho}$, $\tilde{v}_x$, $\tilde{v}_y$ 有相同的值，$Ma_\infty \tau$ 称为高超声速相似参数。

对于仿射变换的尖头细长体，利用简化的三维小扰动方程及相应的边界条件，可以解出

该仿射变换物体的表面压力分布 $\tilde{p}(\tilde{x},\tilde{y},\tilde{z},\tilde{\alpha},Ma_\infty\tau,\gamma)$，由此可进一步求出压力系数 $\tilde{C}_p$，阻力系数 $\tilde{C}_D$ 和升力系数 $\tilde{C}_L$。现在需求出未做仿射变换的原物体上对应的压力系数 C_p，阻力系数 C_D 和升力系数 C_L。读者不难自证，它们彼此间有以下关系：

$$C_p = \tau^2 \tilde{C}_p \tag{4.4.25}$$

$$C_D = \tau^\kappa \tilde{C}_D \tag{4.4.26}$$

$$C_L = \tau^{\kappa-1} \tilde{C}_L \tag{4.4.27}$$

其中，$\kappa = 2$ 时，取最大横截面面积为参考面积；$\kappa = 3$ 时，取机翼面积为参考面积。

4.4.2 马赫数无关原理

高超声速流动还有一个重要的性质，即当来流马赫数高过某个范围以后，物体绕流之解就一致趋近于其极限解，与来流马赫数的变化无关。这一原理对于任意物体的高超声速绕流都是成立的，不限于尖头细长体；它既适用于无黏的完全气体，也适用于计入真实气体效应和黏性效应的气体。

奥斯瓦梯许（Oswatitsch，1951）首先提出了这一原理，其后海斯和普洛布斯坦（Hayes 和 Probstein，1959）把它推广到包含真实气体效应和边界层流动的情况。

仅以无黏的完全气体为例来证明这一原理。在 4.4.1 节中已列出了无黏气体定常小扰动流动的基本方程和边界条件。上述基本方程和物面条件都与 Ma_∞ 无关；只有在来流条件中出现 Ma_∞，才在激波条件中出现组合量 $Ma_\infty \sin\beta$。但当 $Ma_\infty \sin\beta \gg 1$ 时，不仅来流中的 $\bar{p} \to 0$，而且激波后的 $\bar{p}_2$，$\bar{\rho}_2$，$\bar{v}_{2x}$，$\bar{v}_{2y}$ 都趋近于各自的极限值，与 Ma_∞ 无关。这样便可从基本方程和边界条件中直接解出 $\bar{p}$，$\bar{\rho}$，$\bar{v}_x$，$\bar{v}_y$ 的极限值，与来流的 Ma 无关。

也可以从简化的小扰动方程和对应的边界条件出发，论证得到同样的结果。不过这个原理并不限于小扰动流动情况。

由此证明了马赫数无关原理：对于任一给定物体的高超声速绕流，当 $Ma_\infty \to \infty$ 时，在确定的有限区域内，流动的解一致趋近于其极限解。

应该指出，马赫数无关原理并非指所有的物理量都有极限解，例如，p/p_∞ 和 T/T_∞ 与 $Ma_\infty^2 \sin^2\beta$ 成正比，不存在极限解。

马赫数无关原理也是一种强形式的相似律。它表明，对于 $Ma_\infty \to \infty$ 的极限状态，不同来流马赫数的绕流的解基本上是相同的。这个结论成立的条件是必须保持来流的 ρ_∞ 和 V_∞ 值不变。关于这一点，通过分析基本方程和边界条件的推证过程得到。

前面已论及，马赫数无关原理适用的范围是 $Ma_\infty \sin\beta \gg 1$，即激波前的法向来流马赫数 $Ma_{\infty n} \gg 1$。对于钝头体绕流，头部附近的脱体激波的 β 较大，因而一般来说，当 $Ma_\infty \geqslant 5$ 时，物面压力系数就趋近其极限值。而对于尖头细长体，如要使物面压力系数趋近于极限值，则来流 Ma_∞ 值要高许多，它与物形密切相关。

根据高超声速相似律和马赫数无关原理的论述，可以把尖头细长体的高超声速绕流的速度范围划分为两个域：其一称为极限高超声速域，对此可应用马赫数无关原理；其二称为高超声速相似律域，对此可应用基于小扰动理论的高超声速相似律。但对于钝头体，高超声速相似律是不存在的，因而这里只区分超声速钝头体流动和高超声速钝头体流动两种情况。前面已提到，当 $Ma_\infty \geqslant 5$ 时，钝头体绕流的物面压力系数一般已趋近于极限值，即属于高超声速钝头体流动情况。

柯克斯等人（Cox, et al. 1965）把高超声速流动的速度范围大致划分如下。

(1) 极限高超声速域：$Ma_\infty \tau > 5$。
(2) 高超声速相似律域：$\tau < 0.2$，$Ma_\infty > 5$。
(3) 高超声速钝头体流动域：$Ma_\infty \tau < 5$，$\tau > 0.2$，$Ma_\infty > 5$。

上述情况（1）和（3）都要用到马赫数无关原理，可见这个原理具有重要的实际意义。事实上，在 Ma_∞ 不高时，就可认为它已趋近于极限流动；而且极限流动的解往往也是有限 Ma_∞ 流动解的一次近似。

4.4.3 稀薄非平衡气体与气动加热相似律

近 20 年来，国内外航空航天领域比较关注近空间高超声速巡航飞行器的研制。与传统的宇宙飞船和航天飞机等大钝头航天器不同，这类飞行器一般采用尖头薄翼气动外形和非烧蚀热防护技术，需要在海拔 20～100 km 的高度进行长时间和远距离的高超声速巡航飞行。在飞行过程中，飞行器将会遇到长时间严峻且复杂的气动热环境，其中涉及高超声稀薄气体流动和高温气体热/化学非平衡流动。因此，稀薄气体效应和非平衡真实气体效应比较显著，经典的连续流动理论和化学平衡假设都已失效，尚无成熟的理论体系可用。稀薄气体效应和非平衡真实气体效应成为建立新型飞行器气动热预测方法遇到的最主要障碍，当两种效应同时起作用时，传统天地换算相似律也将失效，甚至无法进行地面风洞试验和标模检验。针对此问题，中国科学院大学的王智慧等人以尖头体为对象重新进行了一些模型理论分析工作，本节将对建模过程和主要结果进行简要介绍。

从流体物理学的角度分析，稀薄条件下的化学非平衡流动和气动加热问题可以通过宏观流动、分子碰撞和化学反应这三个时间（或空间）特征尺度来进行分析，从而可以分别使用两个独立的无量纲特征参数，即克努森（Knudsen）数 Kn 和达姆科勒（Damköhler）数 Da，来表征稀薄气体效应和化学非平衡效应的强弱。对于 $Kn \ll O(l)$ 的连续流动和 $Kn \gg O(l)$ 的自由分子流动，以及 $Da \ll O(l)$ 的冻结流动和 $Da \gg O(l)$ 的平衡流动情况，已有现成的理论方法可供使用。而对于 $Kn = O(l)$ 和 $Da = O(l)$ 的稀薄过渡非平衡流动情况，多种物理因素相互耦合，因此相应的数学描述和求解也变得非常复杂，建立严格的解析理论变得极其困难。以典型的高超声速钝体前缘驻点线非平衡流动和驻点气动加热问题为例，当流动渐渐变得稀薄时，将出现一系列与高雷诺数钝体绕流不同的流动和传热特征。首先，前缘头激波和驻点边界层相对增厚，二者之间的无黏流动区域变小，甚至消失，需要考虑激波 – 边界层黏性干扰效应；其次，气流到达边界层外缘时，流动状态通常是非平衡的，而不是经典理论中默认的平衡状态。边界层内的流动处于非平衡或冻结状态，当气流到达固壁时，仍有一部分原子没有结合成分子，因此需要考虑非平衡边界层的传热问题。如果壁面具有催化性质，还需要考虑催化壁与近壁稀薄非平衡流场的相互作用，此时边界层的热传导和组分扩散引起的催化加热不能够解耦。另外，由于加工精度和微小的烧蚀导致的微米级缝隙、褶皱等表面粗糙度，也会导致近壁区出现稀薄气体效应，其对气动加热的预测影响正逐渐引起人们的关注。以上所述的各种因素都超出了经典气动加热预测理论的适用范围，必须从更广义的流动和传热模型出发,分析各因素的产生机制和影响程度,才有可能修正和完善稀薄非平衡流动及气动加热的预测理论。

高超声速飞行器的体前缘和翼前缘可以近似为轴对称的球锥体和二维柱楔体模型。边界层外的流动是离解非平衡的,而边界层内部则是复合非平衡或者冻结状态的流动。为了准确预测驻点边界层的传热情况,除了考虑边界层内部非平衡流动外,还需要深入分析边界层外的非平衡流动过程。

首先,对于驻点边界层外的离解非平衡流动判断问题,可以通过在驻点线上推导出弓形强激波后的非平衡流动与相应正激波后非平衡流动之间的解析映射关系来解决。可以将激波至边界层外缘的真实流线长度映射为正激波后相应尺度,该尺度与正激波后流动非平衡特征尺度的比值,可以定义为驻点边界层外离解非平衡流动的判断指标 Da_d。这个指标的形式为

$$Da_d \approx 2\,800 \left(\frac{0.14}{W_f} + \frac{0.06}{W_r^{\frac{1}{2}}} \right) \ln\left(\frac{0.68}{W_r^{\frac{1}{2}}} + 2.3 W_r^{\frac{1}{2}} + 0.29 \right) \times \left(\frac{\rho_\infty}{\rho_{d\infty}} \right)^{\frac{1}{2}} \tilde{u}^{\frac{1}{4}} \exp\left(-\frac{5}{\tilde{u}^{\frac{3}{5}}} \right) \quad (4.4.28)$$

式中,$\rho_{d\infty}$ 为氮气的特征自由来流密度;$\tilde{u}$ 为无量纲来流动能;W_r 为稀薄流动判据。

与之前广泛应用的定性判据不同,Da_d 是一个具有定量物理意义的流动特征参数。它不仅可以指示流动是否不平衡,还可以准确表示流动的不平衡程度,因此可以直接使用它来预测流动的不平衡离子化程度。对于基于正激波的不平衡流动,边界层外缘离子化程度可以表示为

$$\frac{\alpha_\delta}{\alpha_e} \approx \frac{Da_d^{0.8}}{Da_d^{0.8} + 1/19} \quad (4.4.29)$$

该式给出了离解度和非平衡判据之间的简洁归一化关系,据此,对于各种来流和前缘尺寸的流动情况,可以划分为以下三个流动领域。

(1) 平衡流动领域:$Da_d > 1.0$,相应 $\alpha_\delta/\alpha_e > 0.95$。
(2) 非平衡流动领域:$6.4 \times 10^{-4} < Da_d < 1.0$,相应 $0.05 < \alpha_\delta/\alpha_e < 0.95$。
(3) 冻结流动领域:$Da_d < 6.4 \times 10^{-4}$,相应 $\alpha_\delta/\alpha_e < 0.05$。

其次,对于驻点边界层内的非平衡流动,已有文献表明传热主要取决于边界层外缘的流动条件,而复合反应释放热量的位置并不敏感。不论对于平衡边界层情况,还是冻结边界层催化壁情况,由复合反应引起的传热增量与边界层传热机制解耦,都可以在形式上转化为对边界层外缘非平衡流动状态的修正。由于严格求解不可能实现,可以先求控制边界层内非平衡流动的关键特征参数,再以其为基础来描述边界层的传热特征。冷壁驻点边界层内部的流动主要受复合反应和扩散效应控制,根据二者时间尺度的差异,可以对边界层内部定义一个复合非平衡流动特征参数,即

$$Da_r \approx 7.7 \times 10^4 \frac{\alpha_\delta}{W_f \tilde{u}} \cdot \frac{\rho_\infty}{\rho_{d\infty}} \quad (4.4.30)$$

据此可以给出复合反应所引起离解度变化的近似值,即

$$\varphi \approx 1 - \frac{\alpha_{rec}}{\alpha_\delta} = \frac{1}{1 + Da_r} \quad (4.4.31)$$

如果将边界层内复合反应的影响等效转化为对边界层外离解度的削减修正,便可将非平衡边界层传热问题视为一个冻结边界层问题。

上述引入的两个非平衡流动判据Da_d和Da_r具有不同的物理意义。Da_d衡量了驻点边界层外流动的离解非平衡程度,要求流动是分子二体碰撞占优,三体碰撞可忽略;Da_r衡量了驻点边界层内部流动的复合非平衡程度,只有当分子三体碰撞不可忽略时才起作用。另外,这两个判据显然与稀薄流动判据W_r不同,尽管W_r在Da_d和Da_r表达式中处于关键地位,从微观上解释是因为化学反应速率不仅与分子碰撞频率相关,而且会受分子属性和分子碰撞能量的影响。因而,边界层外气体离解非平衡效应与边界层内复合非平衡效应之间,以及稀薄气体效应与非平衡真实气体效应之间是有联系而同时又有区别的,不能混为一谈。

图4.4.1所示为基于Da_d和Da_r对流动领域进行划分的结果,能够清楚得到二者的区别与联系。其中上下两条实线分别表示$\alpha_\delta/\alpha_e = 0.95$和$\alpha_\delta/\alpha_e = 0.05$的两种极限情况,而上下两条虚线分别表示$\alpha_{rec}/\alpha_\delta = 0.95$和$\alpha_{rec}/\alpha_\delta = 0.05$两种极限情况。两组曲线之间的非平衡区域并不完全重合。当流动逐渐变得稀薄时,驻点边界层内部的流动总是先于外部流动趋向于冻结。然而,在平衡极限情况下存在两种情况:对于低密度和大尺寸前缘情况(典型大钝头航天器再入问题),边界层内部的流动会先偏离平衡极限;对于相对高密度和小尺寸前缘情况(典型近空间尖前缘飞行器问题),边界层外部的流动可能会先偏离平衡。

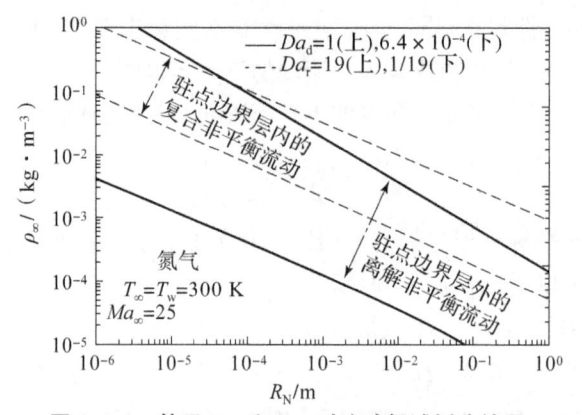

图 4.4.1 基于Da_d和Da_r对流动领域划分结果

新的气动加热相似律要求4个参数相似,即T_∞/θ_d,$\rho_\infty/\rho_{d\infty}$,$\tilde{u}$,$W_r$相似,而在讨论具体流动时$W_r$可替换为$Da_d$或$Da_r$。一般来说,自由来流温度的变化不大,影响有限,上述的无量纲相似参数具有以下优势:首先,它们明确表示了稀薄气体效应和非平衡真实气体效应的区别和联系;其次,无量纲形式表明不同种类分子气体流动之间存在相似律;最后,它们具有确定的物理意义。例如,无量纲来流动能$\tilde{u}$指明了一个典型气体分子所能被激发的极限情形,无量纲密度$\rho_\infty/\rho_{d\infty}$与每次分子碰撞时能量交换效率相关,而稀薄流动判据$W_r$衡量了相对分子碰撞率,即流体中大量分子碰撞引起能量传递和转换的效率,Da_d或Da_r是两个具有实际物理意义的非平衡流动判据。因而,$\tilde{u}$和$\rho_\infty/\rho_{d\infty}$决定了气体分子离解-复合反应的平衡极限,对于固定的$\tilde{u}$和$\rho_\infty/\rho_{d\infty}$,$W_r$决定了气体流动实际的非平衡状态及相应的传热特征。根据相似律要求,在涉及稀薄非平衡气动加热问题的实验和数值模拟中,传统的天地换算准则失效,必须采用全尺寸模型,并且完全复现真实来流条件,这对实验和计算技术提出了非常严峻的挑战。当然,反过来讲,这也说明了模型理论分析途径的重要性和必要性。

习　题

（1）高温真实空气热力学性质与量热完全气体有何不同？

（2）什么是高超声速相似律？什么是高超声速相似参数？

（3）根据马赫数无关原理，假设斜激波气流的偏转角与激波角相等，试推导激波前后的密度比，并计算物面上的压力系数。

（4）试分析平衡流动、非平衡流动、冻结流动三者的异同。

（5）查阅资料，简述飞行器在高超声速飞行中由于非平衡效应所引起的流动变化。

（6）查阅资料，简述无量纲来流动能 $\tilde{u}$ 与稀薄流动判据 W_r 的定义与物理含义。

参 考 文 献

[1] ANDERSON J. A survey of modern research in hypersonic aerodynamics [C]. 17th Fluid Dynamics, Plasma Dynamics, and Lasers Conference, 1984.

[2] VINCENTI W G, KRUGER C H. Introduction to physical gas dynamics john wiley & Sons, 1965.

[3] 王智慧, 鲍麟, 童秉纲. 尖化前缘的稀薄气体化学非平衡流动和气动加热相似律研究[J]. 气体物理, 2016, 1(1): 5-12.

[4] WANG Z H, BAO L, TONG B G. Theoretical modeling of the chemical non-equilibrium flow behind a normal shock wave [J]. AIAA Journal, 2012, 50(2): 494-499.

第 5 章
燃烧化学动力学与火焰

学习化学流体力学的一个重点是理解其内在的化学过程。化学反应速率控制着燃烧速率，决定了污染物的形成与消亡。此外，着火与熄火、燃烧装置的稳定与性能等也与化学过程密切相关。化学动力学的核心是研究化学反应机理及其反应速率，必须从反应物到生成物的详细化学途径出发，模拟反应系统。本章将介绍化学动力学的基础知识及典型化学反应的机理。然后将化学动力学与第1章热力学的基本概念联系起来，分析燃烧的火焰传播与稳定特性。

5.1 基元反应与复杂反应

认识化学反应的历程，就必须引入基元反应的概念。基元反应又称简单反应、基元步骤，即最简单的化学反应步骤，是反应微粒一步能完成的反应，化学动力学上将其称为反应机理或反应历程。一个复杂反应要经过若干个基元反应，基元反应是复杂反应的基础，是真实经历的反应步骤，通常分为单分子反应、双分子反应和三分子反应。

例如，纯氧和氢燃烧形成水的反应中包含了如下几个在反应机理中最为重要的基元反应：

$$H_2 + O_2 \longrightarrow HO_2 + H \qquad ①$$
$$H + O_2 \longrightarrow OH + O \qquad ②$$
$$OH + H_2 \longrightarrow H_2O + H \qquad ③$$
$$H + O_2 + M \longrightarrow HO_2 + M \qquad ④$$

在这一氢燃烧的部分反应机理中，从反应①看到，当氧分子与氢分子碰撞并反应时，不是形成水，而是形成了一个中间产物过氧羟基 HO_2 和另一个自由基氢原子 H。基团或自由基是指具有反应性的分子或原子，拥有不成对的电子。H_2 和 O_2 反应形成 HO_2 只有一个键断裂和一个键形成。还可以想到另一种可能性，H_2 和 O_2 反应会形成两个 OH，但这是不太可能的，因为这要断裂两个键并形成两个键。从反应①产生氢原子，然后与氧反应形成两个新的基团：OH 和 O（反应②）。反应③中，OH 和 H_2 反应形成水。对于 H 和 O 燃烧的完全描述，需要考虑 20 个以上的基元反应。而为了描述一个总体反应所需要的一组基元反应称为反应机理。反应机理可能只包括几个步骤（基元反应），也可以包括多达几百个基元反应。可以看出，总体反应并不代表反应实际经历的步骤，只代表参加到反应中反应物与生成物之间的定量关系，在表达化学反应机理上是一种"黑箱"的处理方法。

5.2 化学反应速率

单位时间内反应的最初物质浓度或最终物质浓度的变化称为化学反应速率。化学反应速率可以用单位时间内各种浓度（分子浓度、摩尔浓度、质量浓度或相对浓度）的变化来表示。不同浓度表示法其数值是不同的，但它们之间有一定的关系，这一关系取决于各种浓度的因次。反应速率可以按照参加反应任一物质的反应速率来表示，虽然得出的各反应速率值不同，但反应速率之间存在单值关系，此关系可以由化学反应式进行计算，例如：

$$a\mathrm{A} + b\mathrm{B} + \cdots \longrightarrow d\mathrm{D} + e\mathrm{E} + \cdots$$

如果以 [A] 来表示反应物 A 的浓度，则按反应物 A 计算的反应速率为

$$\Delta v(\mathrm{A}) = -\frac{\Delta[\mathrm{A}]}{\Delta t} \tag{5.2.1}$$

而按生成物 D 计算，反应速率为

$$\Delta v(\mathrm{D}) = \frac{\Delta[\mathrm{D}]}{\Delta t} \tag{5.2.2}$$

分析上述反应方程式可知，在单位时间内消耗 a 个分子的反应物 A，同一时间内必生成 d 个分子的生成物 D，因此，按照不同物质计算的反应速率间关系为

$$\Delta v(\mathrm{A}) = -\frac{\Delta[\mathrm{A}]}{\Delta t} = \frac{a}{d} \cdot \frac{\Delta[\mathrm{D}]}{\Delta t} \tag{5.2.3}$$

因此，常常要指出是按哪种物质计算的反应速率。反应速率虽然数值不同，但表示同一速度。

5.2.1 碰撞理论

在气体中，化学反应是原子和分子间发生碰撞的结果。尽管基元反应包含了单分子反应、双分子反应和三分子反应，但燃烧过程所涉及的大多数基元反应是双分子反应，即两个分子碰撞并形成另外两个不同的分子。对任一双分子反应，可以表达为

$$\mathrm{A} + \mathrm{B} \longrightarrow \mathrm{C} + \mathrm{D}$$

双分子反应进行的速率直接正比于两种反应物的浓度（kmol/m³），即

$$\frac{\mathrm{d}[\mathrm{A}]}{\mathrm{d}t} = -k_{\mathrm{bimolec}}[\mathrm{A}][\mathrm{B}] \tag{5.2.4}$$

所有的双分子基元反应都是二阶反应，即每一反应物是一阶的。反应速率常数 k_{bimolec} 仍是温度的函数，与总包反应速率常数不同的是这个常数有其理论基础。k_{bimolec} 的 SI 单位是 m³/(kmol·s)。但许多化学和燃烧的相关文献仍在使用 CGS 单位。

采用分子碰撞理论可以对式（5.2.4）有深入的理解，并可以解释双分子反应速率常数和温度的关联性。当然，用于双分子的碰撞理论还存在很多缺点，然而由于历史的原因，这一理论仍十分重要，而且它提供了一种可图释双分子反应的方法。在讨论分子碰撞速率过程中壁面碰撞频率、平均分子速度和平均自由程的概念非常重要。

从一个简单的情况出发来确定一对分子的碰撞频率。考虑一个以恒定速度 v 运动，直径为 σ 的分子与相应的静止分子碰撞。如果碰撞之间所走过的路程，即分子平均自由程是大的，那么在时间间隔 Δt 内这一分子扫过了一个数值为 $v\pi\sigma^2\Delta t$ 的圆柱形体积。在这个范围内，可能发生碰撞。如果静止的分子是随机分布的，其数量密度为 n/V，运动中的分子在单位时间内的碰撞数可以表达为

$$Z \equiv \text{单位时间内的碰撞数} = (n/V)v\pi\sigma^2 \tag{5.2.5}$$

实际上，气体中所有的分子都在运动。如果假设所有分子的速度符合麦克斯韦分布，对

于同一特性的分子碰撞频率可以给出

$$Z_c = \sqrt{2}(n/V)\pi\sigma^2\bar{v} \tag{5.2.6}$$

式中，$\bar{v}$ 是平均速度，其值是温度的函数。

式 (5.2.6) 仅适用于性质相同的分子。把这一分析推广到两种不同分子间的碰撞过程。这两种分子的硬球直径分别为 σ_A 和 σ_B，碰撞所扫过的直径为 $\sigma_A + \sigma_B = 2\sigma_{AB}$。因此式 (5.2.6) 变为

$$Z_c = \sqrt{2}(n_B/V)\pi\sigma_{AB}^2\bar{v}_A \tag{5.2.7}$$

式 (5.2.7) 表示单个 A 分子与所有 B 分子的碰撞频率。而需要的则是所有的 A 分子和 B 分子的碰撞频率，即单位时间单位体积内的总碰撞数。因此，可以用单个 A 分子碰撞频率与单位体积内 A 分子数的乘积得到。采用合适的平均分子速度，有

$$Z_{AB}/V = \frac{A 分子和 B 分子的总碰撞数}{单位体积 \times 单位时间} = (n_A/V)(n_B/V)\pi\sigma_{AB}^2(\bar{v}_A^2 + \bar{v}_B^2)^{1/2} \tag{5.2.8}$$

以温度来表示有

$$Z_{AB}/V = (n_A/V)(n_B/V)\pi\sigma_{AB}^2\left(\frac{8k_BT}{\pi\mu}\right)^{1/2} \tag{5.2.9}$$

式中，k_B 为玻尔兹曼常数，$k_B = 1.381 \times 10^{-23}$ J/K；μ 为折合质量，$\mu = \dfrac{m_Am_B}{m_A + m_B}$，其中 m_A 和 m_B 是分子 A 和分子 B 的质量，kg；T 为热力学温度，K。

碰撞发生反应的概率可以认为是两个因素的结果：一个是能量因子 $\exp(-E_A/R_uT)$，表示能量高于反应所需极值条件下发生碰撞的比例份额，这个极值 E_A 称为活化能；另一个因素是几何因素，即位阻因子 p（又称空间因子），它计入了分子 A 和分子 B 之间碰撞的几何因素，一般被当作与温度无关的因子，其值通常可在 $10^{-5} \sim 1$ 之间。采用 $n_A/V = [A]N_{AV}$ 和 $n_B/V = [B]N_{AV}$，反应速率常数的表达式为

$$k(T) = pN_{AV}\sigma_{AB}^2\left(\frac{8\pi k_BT}{\mu}\right)^{1/2}\exp(-E_A/R_uT) \tag{5.2.10}$$

但是，碰撞理论并没有给出确定活化能和位阻因子的方法。如果研究问题的温度范围不是很大，双分子反应速率常数可以用经验的阿累尼乌斯（Arrhenius）形式来表示，即

$$k(T) = A\exp(-E_A/R_uT) \tag{5.2.11}$$

式中，A 是一个与 $T^{1/2}$ 有关的常数，称为指前因子。

尽管用阿累尼乌斯形式来整理实验数据做表的方法很常见，但现在一般将与温度无关的、在指数因子前的项组合，用三组数函数表示为

$$k(T) = AT^b\exp(-E_A/R_uT) \tag{5.2.12}$$

式中，A，b 和 E_A 是三个经验参数。

【例 5.1】 求下列反应的碰撞理论位阻因子：

$$H_2 + O_2 \longrightarrow HO_2 + H$$

已知，温度为 2 000 K，硬球直径为 $\sigma_{O_2} = 3.050$ Å，$\sigma_{H_2} = 2.827$ Å，实验得到的反应参数为

$$A = 1.5 \times 10^7 \text{ cm}^3/(\text{mol} \cdot \text{s})$$
$$b = 2.0$$

解 令式 (5.2.10) 等于式 (5.2.12) 得到

$$k(T) = pN_{AV}\sigma_{AB}^2\left(\frac{8\pi k_B T}{\mu}\right)^{1/2}\exp(-E_A/R_u T) = AT^b\exp(-E_A/R_u T)$$

其中，设两种表示方法的活化能 E_A 相等，求解位阻因子只需要直接解上式，但要注意单位的统一，解得

$$p = \frac{AT^b}{N_{AV}\left(\frac{8\pi k_B T}{\mu}\right)^{1/2}\sigma_{AB}^2}$$

上述公式中的参数为

$A = 1.5 \times 10^7\ \text{cm}^3/(\text{mol} \cdot \text{s})$

$T = 2\,000\ \text{K}$

$b = 2.0$

$\sigma_{AB} = (\sigma_O + \sigma_{H_2})/2 = (3.050 + 2.827)/2\ \text{Å} = 2.939\ \text{Å} = 2.939 \times 10^{-8}\ \text{cm}$

$m_O = \dfrac{16}{6.022 \times 10^{23} \times 1}\text{g} = 2.66 \times 10^{-23}\ \text{g}$

$m_{H_2} = \dfrac{2.008}{6.022 \times 10^{23}}\ \text{g} = 0.333 \times 10^{-23}\ \text{g}$

$\mu = \dfrac{m_O m_{H_2}}{m_O + m_{H_2}} = \dfrac{2.66 \times 0.333}{2.66 + 0.333} \times 10^{-23}\ \text{g} = 2.96 \times 10^{-24}\ \text{g}$

$k_B = 1.381 \times 10^{-23}\ \text{J/K} = 1.381 \times 10^{-16}\ \text{g} \cdot \text{cm}^2/(\text{s}^2 \cdot \text{K})$

因此

$$p = \frac{1.5 \times 10^7 \times 2\,000^{2.0}}{6.022 \times 10^{23} \times \left(\dfrac{8\pi \times 1.381 \times 10^{-16} \times 2\,000}{2.96 \times 10^{-24}}\right)^{1/2} \times (2.939 \times 10^{-8})^2} = 0.075$$

单位检验

$$p = \frac{\text{cm}^3}{\text{mol} \cdot \text{s}} \cdot \frac{1}{\dfrac{1}{\text{mol}}\left(\dfrac{\text{g} \cdot \text{cm}^2}{\text{s}^2 \cdot \text{K}} \cdot \dfrac{\text{K}}{\text{g}}\right)^{\frac{1}{2}}\text{cm}^2} = 1$$

$p = 0.075$（无量纲）

最终求得的 p 值等于 0.075，其值很小说明了简化理论的不足。计算用的是 CGS 单位，且计算组分质量时用到的阿伏伽德罗常数也是用单位 g 来表示的。同时，$k(T)$ 中的单位都来自指前因子 A，所以因子 T^b 为无量纲数。

5.2.2 反应级数

质量作用定律指出，基元反应的反应速率与各反应物浓度幂的乘积成正比，其中各反应物浓度幂的指数为基元反应方程式中该反应物化学计量数的绝对值，即

$$\text{RR} = k\prod_{i=1}^{N}[\text{A}_i]^{v_i} \tag{5.2.13}$$

式中，比例常数 k 是单位质量的反应速率系数，称为反应速率常数，它在名义上与各反应物浓度无关，在大多情况下，只与温度有关。因为 RR 的单位是已指定的，所以 k 的单位随着反应物变化的数量而不同。

反应级数 n 定义为

$$n = \sum_{i=1}^{N} v_i \tag{5.2.14}$$

反应级数表示的是在一定温度下，反应速率与压力的依赖关系。反应级数与反应的分子数有一定关系，后者代表参加反应的实际数目。对于简单反应，其反应级数一般为反应的分子数，它是一个整数，也就是说，单分子反应为一级反应，双分子反应为二级反应，依次类推。例如，一个单反应物的自发解离 $H_2 \longrightarrow 2H$ 就是单分子反应，反应级数 $n=1$；$H+O_2 \longrightarrow OH+O$ 是双分子反应，反应级数 $n=2$。三分子的反应是很少的，因为三个分子碰撞到一起的概率大大减少，三级以上的反应几乎没有。

反应级数与反应分子数看似有些重复，但这两个概念对于基元反应和总反应（复杂反应）是不一样的。基元反应确切指明了化学反应的实际过程，反应分子数的概念用于解释微观反应机理，是引起基元反应所需的最少分子数目，也就是说，在碰撞中涉及的所有组分都会在化学反应式中出现。而且，在基元反应中，逆反应和正反应一样可以进行。仅对基元反应而言，反应级数与反应分子数是同义词。

总反应只代表主要组分（通常包括燃料、氧化剂和最稳定的燃烧产物）间的化学计量关系，而不代表实际的反应过程。总反应常常涉及的化学计量数是分数，只出现分子组分（无活性中间体和原子），系数不是实际的反应物数目，逆反应也不可进行。丙烷燃烧反应的化学式就是具有这一特性的例子，它显然也是总反应式：

$$C_3H_8 + 5(O_2 + 3.76N_2) \longrightarrow 3CO_2 + 4H_2O + 5(3.76)N_2$$

质量作用定律和反应分子数的概念均不适用于总反应。总反应的浓度与反应速率关系式由实验或经验确定，只需简单地对多次反应测试出浓度（在温度一定时）拟合，即可得出反应速率关系式，其形式类似于质量作用定律。虽然假定总反应的反应速率正比于浓度 $[A_i]$ 的幂次乘积，但每个浓度的指数是可调的，它们常常是分数甚至是负数，与化学计量数无任何关系，因为反应并不是按照反应式进行。这虽然有些模棱两可，但总反应的表观反应级数定义为由实验或者经验数据得出的指数之和。由于依赖于实验，这些指数和表观反应级数只适用于条件相同的情况。

不论对简单反应还是复杂反应，知道反应级数就可以定量计算反应速率，对某些复杂反应，其反应速率不具有上述形式，反应级数的概念则不能应用。

5.3 多步反应机理

5.3.1 多步反应的反应速率常数

5.1 节引入了从反应物到生成物的一系列基元反应的概念，称为反应机理。在知道了如何表达基元反应的速率后，就可以用数学方法来表达参与一系列基元反应的某个组分生成或消耗的净速率。例如，H_2-O_2 反应机理，即以反应①到反应④不完全表示的机理，包括正反应和逆反应，以符号 $\rightleftharpoons$ 来表示

$$H_2 + O_2 \underset{k_{r1}}{\overset{k_{f1}}{\rightleftharpoons}} HO_2 + H \tag{R.1}$$

$$H + O_2 \underset{k_{r2}}{\overset{k_{f2}}{\rightleftharpoons}} OH + H \tag{R.2}$$

$$OH + H_2 \underset{k_{r3}}{\overset{k_{f3}}{\rightleftharpoons}} H_2O + H \tag{R.3}$$

$$H + O_2 + M \underset{k_{r4}}{\overset{k_{f4}}{\rightleftharpoons}} HO_2 + M \tag{R.4}$$

$$\vdots$$

式中，k_{fi}和k_{ri}是第i个反应中基元正反应和逆反应的速率常数。

因此，对于O_2的净生成率，就可以表达成每一个生成O_2的基元反应速率的和减去每一个消耗O_2的基元反应速率的和，即

$$\frac{d[O_2]}{dt} = k_{r1}[HO_2][H] + k_{r2}[OH][O] + k_{r4}[HO_2][M] + \cdots -$$
$$k_{f1}[H_2][O_2] - k_{f2}[H][O_2] - k_{f4}[H][O_2][M] - \cdots \tag{5.3.1}$$

对参与反应的每一个组分建立类似表达式，就产生了一组一阶常微分方程，这一组方程用来表达化学系统从给定初始条件下反应过程的进展，即

$$\frac{d[A_i](t)}{dt} = f_i([A_1](t), [A_2](t), \cdots, [A_n](t)) \tag{5.3.2a}$$

初始条件为

$$[A_i](0) = [A_i]_0 \tag{5.3.2b}$$

对于任一特定系统，方程式（5.3.2a）与可能需要的质量、动量或能量守恒方程及状态方程一起联立，可用计算机来进行数值积分求解。刚性方程组是指在系统中存在一个或一个以上变化很快的变量，而其他变量变化很慢的方程组。这种时间尺度上的不一致在化学系统中是经常发生的，如与包含稳定组分的化学反应相比，包含自由基的反应是非常快速的。对于化学反应系统已专门开发了一些数值方法可供使用。

由于反应机理可能包括多个基元步骤和多个组分，有必要开发一个同时表示机理［即式（R.1）、式（R.2）…］和单个组分生成速率方程［即式（5.3.1）］的简洁符号表达方法。对于反应机理，表达式可以写成

$$\sum_{i=1}^{N} v_i A_i \underset{k_r}{\overset{k_f}{\rightleftharpoons}} \sum_{i=1}^{N} v'_i A_i \tag{5.3.3}$$

式中，v_i和v'_i是对应于组分i在反应中方程两边反应物和生成物的化学当量系数。

注意区分正逆反应速率常数，它们是不同的，分别为

$$RR_f = \frac{1}{v'_i - v_i} \cdot \frac{d[A_i]}{dt} = k_f \prod_{i=1}^{N} [A_i]^{v_i} \tag{5.3.4}$$

$$RR_r = \frac{1}{v_i - v'_i} \cdot \frac{d[A_i]}{dt} = k_r \prod_{i=1}^{N} [A_i]^{v'_i} \tag{5.3.5}$$

正逆反应速率并不孤立，因为净反应速率等于$RR_f - RR_r$，当反应达到平衡时等于零，因此，这两者与平衡常数的关系

$$\frac{k_f}{k_r} = \frac{\prod_{i=1}^{N} [A_i]^{v'_i}}{\prod_{i=1}^{N} [A_i]^{v_i}} \equiv k_C \tag{5.3.6}$$

式中，k_C 是以浓度表示的平衡常数。而且

$$K_p = k_C (R_u T)^{\Delta n} \tag{5.3.7}$$

式中，K_p 是以压力表示的平衡常数；$\Delta n = \sum_{i=1}^{N}(v_i' - v_i)$。

因为只是温度的函数，所以基元反应速率常数也只依赖于温度。虽然该关系式源于平衡条件，但它一定适用于任何一种组分的浓度。除了认识这一重要特性以外，对于平衡的这一关系式在实用上还需注意：与任何基元反应相关的正反应速率和逆反应速率只需要指定其中之一，就能通过以上关系式得出另一个。因为平衡常数一般比速率常数更精确，故通常用平衡常数来表示反应速率。

例如，对以下反应：

$$H_2 + I_2 \underset{k_r}{\overset{k_f}{\rightleftharpoons}} 2HI$$

$$\frac{d[HI]}{dt} = k_f [H_2][I_2] - k_r [HI]^2$$

在平衡状态时，反应速率（即等式左边）为零，即

$$0 = k_f [H_2^*][I_2^*] - k_r [HI^*]^2$$

这里"*"表示达到平衡状态时的值。整理得

$$\frac{k_f}{k_r} = \frac{[HI^*]^2}{[H_2^*][I_2^*]} = k_C$$

将它代入反应速率表达式，可明显地看出，在任何情况下，只用一个反应速率常数就能描述反应速率，也就是

$$\frac{d[HI]}{dt} = k_f [H_2][I_2] - \frac{k_f}{k_C}[HI]^2$$

【例 5.2】 在确定 N—H—O 系统反应速率常数的实验中，反应 $NO + O \longrightarrow N + O_2$ 的反应速率常数为

$$k_f' = 3.8 \times 10^9 T^{1.0} \exp\left(\frac{-20\ 820}{T}\right) \text{cm}^3/(\text{mol} \cdot \text{s})$$

试确定上述反应的逆反应 $N + O_2 \longrightarrow NO + O$ 在 2 300 K 的反应速率常数 k_b'。

解 正逆反应速率常数通过平衡常数相互关联，即

$$\frac{k_f'(T)}{k_b'(T)} = k_C(T) = K_p(T)$$

由此可见，要求 $k_b'(2\ 300\ \text{K})$，必须知道 $k_f'(2\ 300\ \text{K})$ 和 $K_p(2\ 300\ \text{K})$，由 K_p 和吉布斯自由能的关系可知

$$K_p = \exp\left(\frac{-\Delta G_T^\ominus}{RT}\right)$$

式中 $\Delta G_T^\ominus = \Delta G_{2\ 300\ \text{K}}^\ominus = \bar{g}_{f,N}^\ominus + \bar{g}_{f,O_2}^\ominus - \bar{g}_{f,NO}^\ominus - \bar{g}_{f,O}^\ominus$
$= (326\ 331 + 0 - 61\ 243 - 101\ 627)\ \text{kJ/kmol}$ （热力学性质数据查得）
$= 163\ 461\ \text{kJ/kmol}$

所以 $K_p(2\ 300\ \text{K}) = \exp\left(\frac{-163\ 461}{8.315 \times 2\ 300}\right) = 1.94 \times 10^{-4}$ （无量纲）

2 300 K 正反应速率常数为

$$k_\mathrm{f}' = 3.8 \times 10^9 \times 2\,300 \times \exp\left(\frac{-20\,820}{2\,300}\right) \mathrm{cm^3/(mol \cdot s)} = 1.024 \times 10^9\, \mathrm{cm^3/(mol \cdot s)}$$

所以

$$k_\mathrm{b}'(2\,300\,\mathrm{K}) = \frac{k_\mathrm{f}'}{K_p} = \frac{1.024 \times 10^9}{1.94 \times 10^{-4}}\, \mathrm{cm^3/(mol \cdot s)} = 5.28 \times 10^{12}\, \mathrm{cm^3/(mol \cdot s)}$$

本例中的反应是重要的 Zeldovich 反应机理（或 NO 热反应机理）的一部分：$O + N_2 \rightleftharpoons NO + N$ 和 $N + O_2 \rightleftharpoons NO + O$。在后面的例子中将更加详细地剖析这种反应机理。

5.3.2 准稳态近似方法

在燃烧过程所涉及的许多化学系统中，会形成许多高反应性的中间产物，如自由基。针对这类中间产物或自由基，采用准稳态近似（quasi steady state approximation，QSSA）方法，可以大幅减少对这些系统的分析工作。从物理上讲，这些自由基的浓度在迅速初始增长后，其消耗与形成的速度就会很快趋近，即其生成速率和消耗速率是相等的。这一状况通常发生在中间产物生成反应很慢而其消耗反应很快时，结果就使自由基的浓度比反应物和生成物的浓度小很多。

QSSA 方法仅适用于组分，而不是反应方程中的某一特定反应，因为任何组分的净生成率 $\mathrm{d}[S]/\mathrm{d}t$ 可表示成不同反应的反应速率之和。QSSA 方法要求净积累项的数值比该组分的生成速率和消耗速率小，因此，它只适用于同时存在两个或更多反应及浓度很小的链载体。

氮氧化物形成的 Zeldovich 反应机理是一个很好的例子，在这一机理中，其重要的活性中间产物是 N 原子。

$$O + N_2 \xrightarrow{k_1} NO + N$$

$$N + O_2 \xrightarrow{k_2} NO + O$$

其中，第一个反应较慢，因此反应速率受到了限制；第二个反应是很快的。可以写出 N 原子的净生成率为

$$\frac{\mathrm{d}[N]}{\mathrm{d}t} = k_1[O][N_2] - k_2[N][O_2] \tag{5.3.8}$$

在一个快速的过渡期后，N 原子很快建立起一个很小的浓度，式（5.3.8）等式右边两项相等，也就是说 $\mathrm{d}[N]/\mathrm{d}t$ 趋于零。当 $\mathrm{d}[N]/\mathrm{d}t \to 0$ 时，有可能确定 N 原子的稳定浓度，即

$$0 = k_1[O][N_2] - k_2[N]_\mathrm{ss}[O_2] \tag{5.3.9}$$

或

$$[N]_\mathrm{ss} = \frac{k_1[O][N_2]}{k_2[O_2]} \tag{5.3.10}$$

应用准稳态近似方法只是将一种组分的浓度表示为其他相关变量函数，因此，可以从方程中消去一个反应速率方程。

尽管引入了准稳态近似意味着 $[N]_\mathrm{ss}$ 不随时间变化，但是并不意味着 $[N]_\mathrm{ss}$ 是不变的，因为它涉及其他几种与时间有关的浓度要按式（5.3.10）快速地调整。可以通过对式（5.3.10）进行微分，而不是直接用式（5.3.8）来确定其时间变化率，即

$$\frac{\mathrm{d}[N]_\mathrm{ss}}{\mathrm{d}t} = \frac{\mathrm{d}}{\mathrm{d}t}\left(\frac{k_1[O][N_2]}{k_2[O_2]}\right) \tag{5.3.11}$$

此外，在高温下，NO 的生成反应比其他涉及 O_2 和 O 的反应要慢得多，因此可以假设 O_2 和 O 处于平衡状态，即

$$O_2 \underset{}{\overset{k_p}{\rightleftharpoons}} 2O$$

构造一个总化学反应机理

$$N_2 + O_2 \underset{}{\overset{k_g}{\rightleftharpoons}} 2NO$$

$$\frac{d[NO]}{dt} = k_g [N_2]^m [O_2]^n \tag{5.3.12}$$

可以利用基元反应速率常数确定 k_g，m，n。

由以上基元反应可知

$$\frac{d[NO]}{dt} = k_1 [O][N_2] + k_2 [N][O_2] \tag{5.3.13}$$

将式 (5.3.10) 代入，可以得到

$$\frac{d[NO]}{dt} = k_1 [O][N_2] + k_2 [O_2] \left(\frac{k_1 [O][N_2]}{k_2 [O_2]} \right) = 2k_1 [O][N_2] \tag{5.3.14}$$

下面从 O_2 和 O 之间处于平衡状态的假设来消去 $[O]$

$$k_p = \frac{(p_O/p^\ominus)^2}{(p_{O_2}/p^\ominus)^2} = \frac{p_O^2}{(p^\ominus)^2} \times \frac{p^\ominus}{p_O^2} = \frac{[O]^2 (RT)^2}{[O_2]^2 (RT) p^\ominus} = \frac{[O]^2 RT}{[O_2]^2 p^\ominus} \tag{5.3.15}$$

$$[O] = \left([O_2] \frac{k_p p^\ominus}{RT} \right)^{1/2}$$

因此

$$\frac{d[NO]}{dt} = 2k_1 \left(\frac{k_p p^\ominus}{RT} \right)^{1/2} [N_2][O_2]^{1/2} \tag{5.3.16}$$

$$k_g = 2k_1 \left(\frac{k_p p^\ominus}{RT} \right)^{1/2} \tag{5.3.17}$$

$$m = 1, \quad n = 1/2$$

很多情况下要用到总化学反应机理，但是其详细的动力学机理却是未知的。这个例子表明，总化学反应机理的参数可以从已知化学反应动力学机理推导出来。另外，通过总化学反应机理也可以验证基元反应机理的正确性。本例中的总化学反应机理只适用于 NO 形成的初始速度，这是因为在推导该反应机理时忽略了逆反应，而实际上随着 NO 浓度的增大，逆反应是不可忽略的。

5.3.3 化学反应时间尺度

在分析燃烧过程中，从化学时间尺度的概念可以获得更深入的认识。更确切地说，化学时间尺度与对流或混合时间尺度的量级分析是很重要的。本节将导出用来计算基元反应的化学特征时间尺度表达式。

(1) 单分子反应。

对于单分子反应有

$$A \xrightarrow{k_{app}} 产物 \tag{5.3.18}$$

其相应的反应速率表达式如下：

$$-\frac{d[A]}{dt} = \frac{d[\text{产物}]}{dt} = k_{app}[A] \tag{5.3.19}$$

则常温下 [A] 的时间变化表达式为

$$[A](t) = [A]_0 \exp(-k_{app}t) \tag{5.3.20}$$

式中，$[A]_0$ 是组分[A]的初始浓度。

采用在简单电阻-电容电路中定义特征时间或时间常数的方法，来定义化学时间尺度 τ_{chem}；组分 A 的浓度从其初始值下降到初始值的 1/e 所需的时间，即

$$\frac{[A](\tau_{chem})}{[A]_0} = 1/e \tag{5.3.21}$$

或

$$\tau_{chem} = 1/k_{app} \tag{5.3.22}$$

式 (5.3.22) 表明，计算简单单分子反应的时间尺度，只需要知道表观的反应速率常数 k_{app} 即可。

(2) 双分子反应。

考虑如下一个双分子反应：

$$A + B \longrightarrow C + D$$

其反应速率表达式为

$$\frac{d[A]}{dt} = -k_{bimolec}[A][B] \tag{5.3.23}$$

如果没有其他反应存在，仅发生这一单个反应，组分 A 和 B 组分的浓度可以简单地用化学当量关系相关联。可以看出，每消耗 1 mol 的组分 A，就消耗 1 mol 的组分 B，因此，[A] 的任何变化在 [B] 中都有相应的变化，即

$$x \equiv [A]_0 - [A] = [B]_0 - [B] \tag{5.3.24}$$

组分 B 浓度与组分 A 浓度的关系简单地表示为

$$[B] = [A] + [B]_0 - [A]_0 \tag{5.3.25}$$

将式 (5.3.25) 代入式 (5.3.23) 并进行积分有

$$\frac{[A](t)}{[B](t)} = \frac{[A]_0}{[B]_0} \exp[([A]_0 - [B]_0)k_{bimolec}t] \tag{5.3.26}$$

将式 (5.3.25) 代入式 (5.3.26) 中，并在当 $t = \tau_{chem}$ 时，$[A]/[A]_0 = 1/e$ 定义化学特征时间尺度，有

$$\tau_{chem} = \frac{\ln[e + (1-e)([A]_0/[B]_0)]}{([B]_0 - [A]_0)k_{bimolec}} \tag{5.3.27}$$

式中，$e = 2.718$。

其中一种反应物经常比另一种要大得多，如对于 $[B]_0 \gg [A]_0$ 的情况，式 (5.3.27) 可以简化为

$$\tau_{chem} = \frac{1}{[B]_0 k_{bimolec}} \tag{5.3.28}$$

从式 (5.3.27) 和式 (5.3.28) 可以看出，对于简单双分子反应，其化学特征时间尺度只与初始反应物质浓度和反应速率常数有关。

(3) 三分子反应。

对于如下三分子反应：

$$A + B + M \longrightarrow C + M$$

其处理可以很简单。对于定温简单系统，第三物质浓度 [M] 是一个常数。三分子反应是三阶的，其反应速率可以表示为

$$\frac{d[A]}{dt} = -k_{ter}[A][B][M] \tag{5.3.29}$$

三分子反应速率表达式在数学上与双分子反应速率表达式是一样的。只是式 (5.3.29) 中的 $k_{ter}[M]$ 起到了与双分子反应 $k_{bimolec}$ 一样的作用，因此三分子反应的化学特征时间尺度就可以表达为

$$\tau_{chem} = \frac{\ln[e + (1-e)([A]_0/[B]_0)]}{([B]_0 - [A]_0)k_{ter}[M]} \tag{5.3.30}$$

且当 $[B]_0 \gg [A]_0$ 时，有

$$\tau_{chem} = \frac{1}{[B]_0[M]k_{ter}} \tag{5.3.31}$$

【例 5.3】考虑表 5.3.1 中的燃烧反应。

表 5.3.1 【例 5.3】表 1

	反应	反应速率常数
i	$CH_4 + OH \longrightarrow CH_3 + H_2O$	$k(cm^3/(mol \cdot s)) = 1.00 \times 10^8 T(K)^{1.6} \exp[-1570/T(K)]$
ii	$CO + OH \longrightarrow CO_2 + H$	$k(cm^3/(mol \cdot s)) = 4.76 \times 10^7 T(K)^{1.23} \exp[-35.2/T(K)]$
iii	$CH + N_2 \longrightarrow HCN + N$	$k(cm^3/(mol \cdot s)) = 2.86 \times 10^8 T(K)^{1.1} \exp[-10\,267/T(K)]$
iv	$H + OH + M \longrightarrow H_2O + M$	$k(cm^6/(mol^2 \cdot s)) = 2.20 \times 10^{22} T(K)^{2.0}$

反应 i 是 CH_4 氧化的重要步骤，反应 ii 是 CO 氧化的关键步骤，反应 iii 是快速型 NO 机理的速度控制反应，反应 iv 是一个典型的自由基重组反应（这些反应及其他一些反应的重要作用将在 5.4 节中详细讨论）。

针对表 5.3.2 中两种工况，假设任一反应所需反应物的量是足够的，计算下列情况的化学特征时间尺度。

表 5.3.2 【例 5.3】表 2

工况 1（低温）	工况 2（高温）
$T = 1\,344.3$ K	$T = 2\,199.2$ K
$p = 1$ atm	$p = 1$ atm
$\chi_{CH_4} = 2.012 \times 10^{-4}$	$\chi_{CH_4} = 3.773 \times 10^{-6}$
$\chi_{H_2} = 0.712\,5$	$\chi_{H_2} = 0.707\,7$
$\chi_{CO} = 4.083 \times 10^{-3}$	$\chi_{CO} = 1.106 \times 10^{-2}$
$\chi_{OH} = 1.818 \times 10^{-4}$	$\chi_{OH} = 6.634 \times 10^{-3}$

续表

工况1（低温）	工况2（高温）
$\chi_H = 1.418 \times 10^{-4}$	$\chi_H = 6.634 \times 10^{-4}$
$\chi_{CH} = 2.082 \times 10^{-9}$	$\chi_{CH} = 9.148 \times 10^{-9}$
$\chi_{H_2O} = 0.1864$	$\chi_{H_2O} = 0.1815$

设4个反应之间相互无关联，第三体用于碰撞的浓度为 N_2 和 H_2O 浓度之和。

解 求解每一反应的化学特征时间尺度，对双分子反应 i、反应 ii、反应 iii，利用式（5.3.27）或式（5.3.28）；对三分子反应 iv，利用式（5.3.30）或式（5.3.31）。对于工况1下的反应 i，令 OH 基为组分 A，其摩尔分数只略小于 CH_4。将摩尔分数转换为浓度，有

$$[OH] = \chi_{OH} \frac{p}{R_u T}$$
$$= 1.818 \times 10^{-4} \times \frac{101\ 325}{8\ 315 \times 1\ 344.3}\ kmol/m^3$$
$$= 1.648 \times 10^{-6}\ kmol/m^3 = 1.648 \times 10^{-9}\ mol/cm^3$$

和

$$[CH_4] = \chi_{CH_4} \frac{p}{R_u T}$$
$$= 2.012 \times 10^{-4} \times \frac{101\ 325}{8\ 315 \times 1\ 344.3}\ kmol/m^3$$
$$= 1.824 \times 10^{-6}\ kmol/m^3 = 1.824 \times 10^{-9}\ mol/cm^3$$

计算速率常数，用 CGS 单位，得

$$k_i = \left[1.00 \times 10^8 \times (1\ 344.3)^{1.6} \times \exp\left(\frac{-1\ 507}{1\ 344.3}\right)\right]\ cm^3/(mol \cdot s) = 3.15 \times 10^{12}\ cm^3/(mol \cdot s)$$

由于 $[CH_4]$ 和 $[OH]$ 在同一个量级上，选用式（5.3.27）计算 τ_{chem}，即

$$\tau_{OH} = \frac{\ln[2.718 - 1.718 \times ([OH]/[CH_4])]}{([CH_4] - [OH])k_i}$$
$$= \frac{\ln[2.718 - 1.718 \times (1.648 \times 10^{-9}/(1.824 \times 10^{-9}))]}{(1.824 \times 10^{-9} - 1.648 \times 10^{-9}) \times 3.15 \times 10^{12}}\ s = \frac{0.153\ 4}{554.4}\ s$$
$$= 2.8 \times 10^{-4}\ s = 0.28\ ms$$

在假设任一反应所需反应物的量恰好够用的条件下，反应 i、反应 ii、反应 iii 的化学特征时间尺度解法相似，计算的结果列于表 5.3.3。对于工况1下的三分子反应 iv，有

$$[M] = (\chi_{H_2} + \chi_{H_2O})\frac{p}{R_u T}$$
$$= \left[(0.712\ 5 + 0.186\ 4) \times \frac{101\ 325}{8\ 315 \times 1\ 344.3}\right]\ kmol/m^3$$
$$= 8.148 \times 10^{-3}\ kmol/m^3 = 8.148 \times 10^{-6}\ mol/cm^3$$

由式（5.3.30），得

$$\tau_H = \frac{\ln[2.718 - 1.718 \times ([H]/[OH])]}{([OH] - [H])k_{iv}[M]}$$

计算求得[H]，[OH]和k_{iv}，并代入上式得

$$\tau_H = \frac{\ln[2.718 - 1.718 \times (1.285 \times 10^{-9}/(1.648 \times 10^{-9}))]}{(1.648 \times 10^{-9} - 1.285 \times 10^{-9}) \times (1.217 \times 10^{16}) \times (8.148 \times 10^{-6})} \text{ s}$$
$$= 8.9 \times 10^{-3} \text{ s} = 8.9 \text{ ms}$$

工况 2 的计算与工况 1 相似，现将最终计算结果列于表 5.3.3。

表 5.3.3　【例 5.3】表 3

工况	反应	组分 A	k_i/T	τ_A/ms
1	i	OH	3.15×10^{12}	0.28
1	ii	OH	3.27×10^{11}	0.084
1	iii	CH	3.81×10^{8}	0.41
1	iv	H	1.22×10^{16}	8.9
2	i	CH_4	1.09×10^{13}	0.004 5
2	ii	OH	6.05×10^{11}	0.031
2	iii	CH	1.27×10^{10}	0.020
2	iv	H	4.55×10^{15}	2.3

5.3.4　部分平衡近似

许多燃烧过程同时涉及快速反应和慢速反应，其中快速反应的正反应和逆反应都十分快。这些快速反应通常是链的传播反应或链式分支反应，而相应的慢速反应是三分子的重组反应。将快速反应视作平衡态处理，可以简化化学动力学机理，从而无须写出所涉及自由基的反应速率方程，这种处理方法称为部分平衡近似。现在用下面的假设反应机理来加以说明：

$$A + B_2 \longrightarrow AB + B \qquad (P.1f)$$
$$AB + B \longrightarrow A + B_2 \qquad (P.1r)$$
$$B + A_2 \longrightarrow AB + A \qquad (P.2f)$$
$$AB + A \longrightarrow B + A_2 \qquad (P.2r)$$
$$AB + A_2 \longrightarrow A_2B + A \qquad (P.3f)$$
$$A_2B + A \longrightarrow AB + A_2 \qquad (P.3r)$$
$$A + AB + M \longrightarrow A_2B + M \qquad (P.4f)$$

在这一反应机理中，反应的中间产物是 A、B 和 AB；而稳定组分是 A_2、B_2 和 A_2B。注意到双分子反应按正反应和逆反应成对分组 [如式 (P.1f) 和式 (P.1r)]。假设在三对双分子反应中每个反应的反应速率都比三分子重组反应 [式 (P.4f)] 的反应速率大得多，符合这一规律的双分子反应常称为转换反应，这是因为自由基组分在反应物和生成物之间不断转换。进一步假设在每一对反应中正反应和逆反应的反应速度相等，就有

$$k_{P.1f}[A][B_2] = k_{P.1r}[AB][B] \qquad (5.3.32a)$$
$$k_{P.2f}[B][A_2] = k_{P.2r}[AB][A] \qquad (5.3.32b)$$

$$k_{P.3f}[AB][A_2] = k_{P.3r}[A_2B][A] \quad (5.3.32c)$$

或可以写为

$$\frac{[AB][B]}{[A][B_2]} = K_{P.1} \quad (5.3.33a)$$

$$\frac{[AB][A]}{[B][A_2]} = K_{P.2} \quad (5.3.33b)$$

$$\frac{[A_2B][A]}{[AB][A_2]} = K_{P.3} \quad (5.3.33c)$$

由此可以得到以稳态组分 A_2、B_2 和 A_2B 来表示组分 A、组分 B、组分 AB 的表达式（而不必建立自由基的反应速率方程式），即

$$[A] = K_{P.3}(K_{P.1},K_{P.2}[B_2])^{1/2}\frac{[A_2]^{3/2}}{[A_2B]} \quad (5.3.34a)$$

$$[B] = K_{P.3}K_{P.1}\frac{[A_2][B_2]}{[A_2B]} \quad (5.3.34b)$$

$$[AB] = (K_{P.1},K_{P.2}[A_2][B_2])^{1/2} \quad (5.3.34c)$$

从式（5.3.34）得到了自由基浓度，就可以从反应式（P.4f）计算出生成物的反应速率，即

$$\frac{d[A_2B]}{dt} = k_{P.4f}[A][AB][M] \quad (5.3.35)$$

当然，对式（5.3.35）进行计算和积分，必须已知 [A] 和 [B]，或者从相似的表达式进行积分来求解。

不管是部分平衡近似还是准稳态近似，其最终效果是一样的，即可以用代数方程来确定自由基浓度，而不必求解常微分方程。重要的是必须记住，从物理上讲，这两种近似是完全不同的：部分平衡近似强制一个方程或一组方程处于平衡，而准稳态近似是强制使一个组分或多个组分的净生成率为零。

在燃烧的相关文献中有许多例子是采用部分平衡近似的方法来简化问题。两个特别重要的例子是在火花点火发动机的膨胀冲程中，一氧化碳浓度的计算，以及在湍流射流火焰中氮氧化物排放的计算。在这两个例子中，慢速的重组反应使自由基浓度达到一个很高的值，超过了完全平衡所需要的值。

5.4　典型的氧化反应机理

5.4.1　氢氧燃烧

$H_2 - O_2$ 系统本身就是很重要的，如火箭发动机。同时，这一系统对于碳氢化合物和含湿一氧化碳的氧化是重要的子系统。$H_2 - O_2$ 动力学的详细综述可以参考文献 [8]~[10]，而依据参考文献 [6] 的工作，氢的氧化过程主要如下。

初始激发反应是

$$H_2 + M \longrightarrow H + H + M \text{（温度很高时）} \quad (5.4.1)$$

$$H_2 + O_2 \longrightarrow HO_2 + H \text{（其他温度）} \quad (5.4.2)$$

包含自由基 O、H 和 OH 的链式反应是

$$H + O_2 \longrightarrow O + OH \tag{5.4.3}$$

$$O + H_2 \longrightarrow H + OH \tag{5.4.4}$$

$$H_2 + OH \longrightarrow H_2O + H \tag{5.4.5}$$

$$O + H_2O \longrightarrow OH + OH \tag{5.4.6}$$

包含自由基 O、H 和 OH 链的中断反应是

$$H + H + M \longrightarrow H_2 + M \tag{5.4.7}$$

$$O + O + M \longrightarrow O_2 + M \tag{5.4.8}$$

$$H + O + M \longrightarrow OH + M \tag{5.4.9}$$

$$H + OH + M \longrightarrow H_2O + M \tag{5.4.10}$$

完整地表达这一机理，需要包含过氧羟基 HO_2 和过氧水 H_2O_2 参与的反应，当反应

$$H + O_2 + M \longrightarrow HO_2 + M \tag{5.4.11}$$

变得活跃，则下列反应和式 (5.4.2) 的逆反应开始起作用：

$$HO_2 + H \longrightarrow OH + OH \tag{5.4.12}$$

$$HO_2 + H \longrightarrow H_2O + O \tag{5.4.13}$$

$$HO_2 + O \longrightarrow O_2 + OH \tag{5.4.14}$$

及

$$HO_2 + HO_2 \longrightarrow H_2O_2 + O_2 \tag{5.4.15}$$

$$HO_2 + H_2 \longrightarrow H_2O_2 + H \tag{5.4.16}$$

还包括

$$H_2O_2 + OH \longrightarrow H_2O + HO_2 \tag{5.4.17}$$

$$H_2O_2 + H \longrightarrow H_2O + OH \tag{5.4.18}$$

$$H_2O_2 + H \longrightarrow HO_2 + H_2 \tag{5.4.19}$$

$$H_2O_2 + M \longrightarrow OH + OH + M \tag{5.4.20}$$

根据温度、压力和反应程度变化，上述所有反应的逆反应都可能变得很重要。因此，要模拟 $H_2 - O_2$ 系统，要考虑多达 40 个反应，包括 8 种组分：H_2、O_2、H_2O、OH、O、H、HO_2 和 H_2O_2。

如图 5.4.1 所示，$H_2 - O_2$ 系统所呈现的、有趣的爆炸特性可以用上述机理来解释。图 5.4.1 所示为 H_2 和 O_2 化学当量混合物在温度—压力坐标中爆炸和不爆炸的区域划分。温度与压力的关系在此是指在充满反应物的球形容器的初始状态。取图 5.4.1 中的一条垂直线，如 500 ℃这条线来讨论爆炸行为。从最低的压力（1 mmHg[①]）上升到几个标准大气压的压力，在达到 1.5 mmHg 之前，没有爆炸发生，这是由于激发的步骤 [式 (5.4.2)] 和随后发生的链式反应 [式 (5.4.3)~式 (5.4.6)] 所产生的自由基被容器的壁面反应所消耗而中断。这些壁面反应中断了链，避免了可以引起爆炸的自由基快速累积与增加。这些壁面反应没有以显式的方式包括在反应机理之中，因为严格来讲它们不是气相反应。可以写出一个自由基在壁面上的消耗一阶反应式，即

$$\text{自由基} \xrightarrow{k_{wall}} \text{被吸收产物} \tag{5.4.21}$$

---

① 1 mmHg = 133.32 Pa。

式中，k_{wall} 是扩散（输运）和化学反应两个因素的函数，与壁面的表面特性有关。

气体组分在固体表面的反应称为非均相反应（异相反应），它在固体燃烧和催化反应中是很重要的。

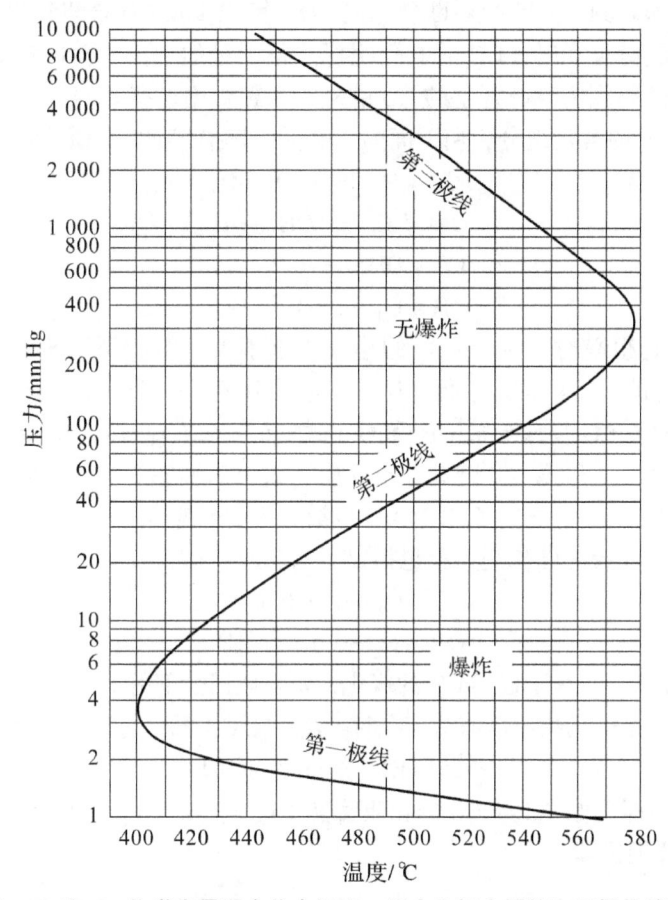

图 5.4.1 H_2 和 O_2 化学当量混合物在温度—压力坐标中爆炸和不爆炸的区域划分

当初始压力高于 1.5 mmHg 时，混合物就发生爆炸。这是气相链式反应超过了自由基壁面消耗速度的直接结果。在介绍一般的链式反应时提到过，压力增加导致自由基浓度呈线性增加，相应的反应速率呈几何增加。

继续沿 500 ℃ 等温线向上走，压力达到 50 mmHg 之前一直处于爆炸区域。在 50 mmHg 这一点上，混合物停止了爆炸的特性。这一现象可以用链式分支反应和低温下显著的链中断反应之间的竞争来解释。这时，因为过氧羟基 HO_2 相对不活跃，所以反应可看成一个链中断反应，因此这一自由基可以扩散到壁面处而被消耗。

在第三极线的 3 000 mmHg 处，再次进入一个爆炸区域。这时，式 (5.4.16) 加入链式分支反应中而引起了 H_2O_2 的链式反应过程。

从上述对 H_2-O_2 系统爆炸极线的讨论，可以清楚地看到如何用系统的详细化学反应机理来解释实验观察到的现象，当化学因素影响很重要时，这一反应机理对于发展燃烧现象的预测模型是很基本的解释。

5.4.2 CO 的氧化

尽管 CO 的氧化本身就很重要，但对碳氢化合物的氧化更具重要性。碳氢化合物的燃烧可以简单地分为两步：第一步是燃料断裂生成 CO；第二步是 CO 最终氧化成为 CO_2。

在没有含氢的组分存在时，CO 的氧化很慢。很少量的 H_2O 或 H_2 对 CO 的氧化反应速率有很大的影响。这是因为含有羟基的 CO 的氧化步骤要比含有 O_2 和 O 的反应快得多。

假设 H_2O 是初始的含氢组分，用下面的 4 步反应来描述 CO 的氧化：

$$CO + O_2 \longrightarrow CO_2 + O \tag{5.4.22}$$

$$O + H_2O \longrightarrow OH + OH \tag{5.4.23}$$

$$CO + OH \longrightarrow CO_2 + H \tag{5.4.24}$$

$$H + O_2 \longrightarrow OH + O \tag{5.4.25}$$

式（5.4.22）是很慢的，对于 CO_2 的形成贡献不大，但起到了激发链式反应的作用。CO 的实际氧化通过式（5.4.24）进行，这一反应同时还是一个链式传递反应，可以产生一个 H。这个 H 进一步与 O_2 反应形成 OH 和 O［式（5.4.25）］。然后这些自由基又回到氧化的步骤［式（5.4.24）］和第一个链式分支反应［式（5.4.23）］。对于整个反应机理来说，反应 $CO + OH \longrightarrow CO_2 + H$［式（5.4.24）］是最关键的反应。

如果 H_2 代替 H_2O 成为催化剂，就包括以下的反应：

$$O + H_2 \longrightarrow OH + H \tag{5.4.26}$$

$$OH + H_2 \longrightarrow H_2O + H \tag{5.4.27}$$

在存在 H_2 的条件下，为了描述 CO 的氧化，就要包括全部的 $H_2 - O_2$ 系统［式（5.4.1）~式（5.4.20）］。Glassman 已指出当 HO_2 存在时，还存在 CO 氧化的另一个途径，即

$$CO + HO_2 \longrightarrow CO_2 + OH \tag{5.4.28}$$

尽管这个反应可能不像 OH 与 CO 的相撞反应［式（5.4.24）］那样重要。参考文献［10］给出了 CO 氧化的详细机理。

5.4.3 烷烃烯烃的氧化

石蜡类，又称链烷烃类物质，是指饱和的、直链的或支链的单键碳氢化合物，其总化学分子式为 C_nH_{2n+2}。本节简单地讨论高链烷烃类（$n>2$）一般的氧化过程。甲烷（和乙烷）的氧化具有独特的特性，将在 5.4.4 节中进行讨论。

与 5.4.1 节和 5.4.2 节的讨论有所不同的是，对于高链烷烃类，不准备探索或列出许多基元反应，而是对氧化反应过程进行一个总的描述，指出其最关键的反应步骤。然后再讨论已获得成功应用的多步总包反应。

链烷烃的氧化可以分为如下三个相应过程，图 5.4.2 所示为在稳定流动的反应器中进行丙烷氧化时，组分的摩尔分数和温度随距喷口距离的变化规律。

（1）燃料分子受到 O 原子和 H 原子的撞击而先分解成烯烃和氢。在有氧的情况下，氢氧化成水。

（2）不饱和的烯烃进一步氧化成 CO 和 H_2。所有的 H_2 应转化为水。

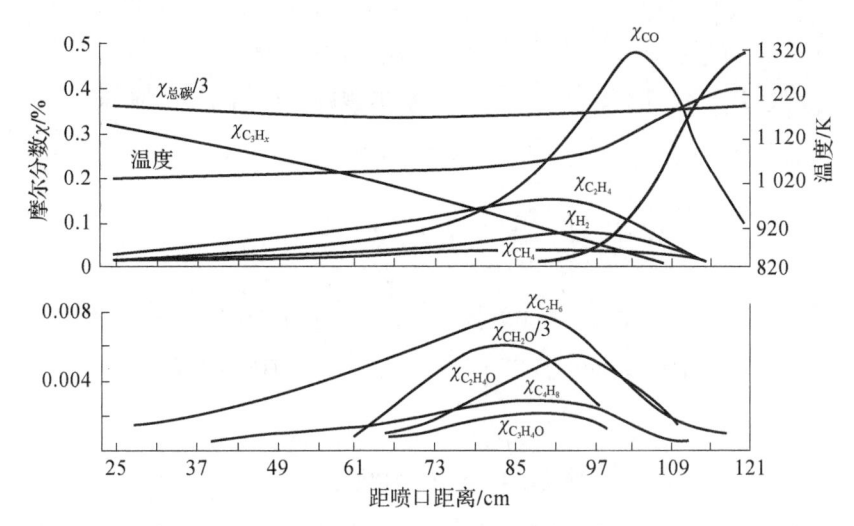

图 5.4.2 在稳定流动的反应器中进行丙烷氧化时，组分的摩尔分数和温度随距喷口距离的变化规律

（3）CO 通过式（5.4.24），$CO + OH \longrightarrow CO_2 + H$ 进一步燃尽。在总的燃烧过程中释出的热量几乎都发生在这一步。

Glassman 将这三步的过程充实为下面所述的第 1～第 8 步。以丙烷（C_3H_8）的氧化为例进行说明。

第 1 步：在初始的燃料分子中的一个 C—C 键断裂。由于 C—C 键较弱，C—C 键比 C—H 键先断裂，例如：

$$C_3H_8 + M \longrightarrow C_2H_5 + CH_3 + M \tag{5.4.29}$$

第 2 步：形成的两个碳氢自由基进一步分解，产生烯烃（有双碳键的碳氢化合物）和 H 原子。从碳氢化合物中分解出 H 原子的过程称为脱氢反应。本例中，这一步生成了乙烯和亚甲基，即

$$C_2H_5 + M \longrightarrow C_2H_4 + H + M \tag{5.4.30a}$$

$$CH_3 + M \longrightarrow CH_2 + H + M \tag{5.4.30b}$$

第 3 步：第 2 步中产生的 H 原子开始产生一批自由基，例如：

$$H + O_2 \longrightarrow O + OH \tag{5.4.31}$$

第 4 步：随着自由基的积累开始了新的燃料分子被撞击过程，例如：

$$C_3H_8 + OH \longrightarrow C_3H_7 + H_2O \tag{5.4.32a}$$

$$C_3H_8 + H \longrightarrow C_3H_7 + H_2 \tag{5.4.32b}$$

$$C_3H_8 + O \longrightarrow C_3H_7 + OH \tag{5.4.32c}$$

第 5 步：与第 2 步一样，碳氢自由基再次通过脱氢反应分解为烯烃和 H 原子，例如：

$$C_3H_7 + M \longrightarrow C_3H_6 + H + M \tag{5.4.33}$$

这一分解应依据 β-剪刀规则进行。这一规则是指断裂 C—C 键或 C—H 键将是离开自由基位置的一个键，即离开不成对电子的一个位置。在自由基位置处的不成对电子加强了相邻的键，引起的结果是从这一位置向外移动了一个位置。对于从第 4 步产生的自由基 C_3H_7 有以下两种可能的途径：

$$C_3H_7 + M \begin{matrix} \nearrow C_3H_6 + H + M \\ \searrow C_2H_4 + CH_3 + M \end{matrix} \quad (5.4.34)$$

对于自由基 C_3H_7，式 (5.4.34) 应用 β – 剪刀规则，如图 5.4.3 所示。

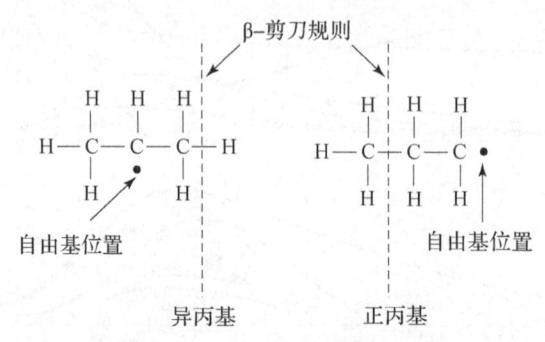

图 5.4.3 β – 剪刀规则的应用

第 6 步：第 2 步和第 5 步所产生烯烃的氧化是 O 原子撞击所激发的，这会产生甲酸基 (HCO) 和甲醛 (H_2CO)，例如：

$$C_3H_6 + O \longrightarrow C_2H_5 + HCO \quad (5.4.35a)$$

$$C_3H_6 + O \longrightarrow C_2H_4 + H_2CO \quad (5.4.35b)$$

第 7a 步：甲基自由基（CH_3）的氧化。

第 7b 步：甲醛（H_2CO）的氧化。

第 7c 步：亚甲基（CH_2）的氧化。

第 7a～第 7c 步的详细过程可以在参考文献 [6] 中找到，这些步骤都会生成 CO。CO 的氧化是最后一步（第 8 步）。

第 8 步：按含湿的 CO 反应机理进行 CO 氧化 [式 (5.4.22)～式 (5.4.28)]。

从上面的过程可以看到，高链烷烃的氧化机理是相当复杂的。这一机理的细节仍是需要研究的课题。

5.4.4 甲烷燃烧

1. 复杂机理

甲烷特有的四面体分子结构和很大的 C—H 键能显示出了独特的燃烧特性，例如，它具有很高的着火温度和很低的火焰速度，在光化学烟雾形成化学中不活跃。

甲烷化学动力学也许是研究最广泛，也是理解最清楚的。考夫曼在其燃烧动力学的综述中指出，在 1970—1982 年间，甲烷燃烧机理从含有 12 个组分的 15 个基元反应发展到含有 25 个组分的 75 个基元反应以及相应的 75 个逆反应。近几年，几个研究小组合作并提出了优化的甲烷动力学机理，称为 GRI Mech 机理，它是在 Frenklach 等提出的优化技术的基础上提出的。GRI Mech 机理可以在网上获得，并且在不断更新中。它的 2.11 版本（1998 年）总共有 49 个组分，277 个基元反应。其中列出的许多反应作为 H 和 CO 氧化反应机理的一部分已介绍过。

为了使这一复杂系统（即 GRI Mech 2.11）的意义表示得更明确，下面针对在全混流反应器中 CH_4 和空气混合物高温和低温燃烧的两种反应途径来进行分析。关于全混流反应器，只要知道这是在均相等温环境中进行的反应就可以了。选择全混流反应器可以避免涉及在火焰中会碰到的组分空间分布问题。

2. 高温反应途径分析

图 5.4.4 所示为在高温（2 200 K）下 CH_4 转化为 CO_2 的主要化学反应途径。其中每个箭头代表了一个基元反应或一组基元反应，箭头的出发点表示的是初始反应物，指向的是初始生成物。附加的反应物组分沿着箭头表示。箭头的宽度直观地表示了某个特定反应途径的相对重要性，其中括号中的值定量地表示了反应物的消耗速率。

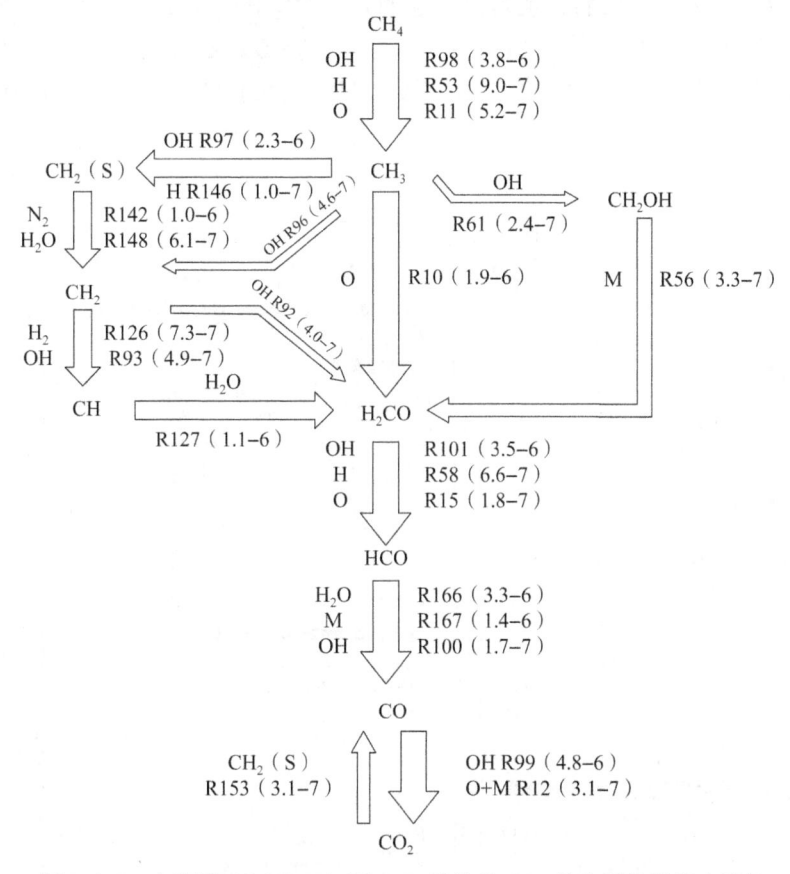

图 5.4.4 在高温（2 200 K）下 CH_4 转化为 CO_2 的主要化学反应途径

注：$T=2\,200$ K，$p=1$ atm，停留时间为 0.1 s，反应速率在括号中表示，如 4.6−7 表示 4.6×10^{-7} mol/(cm³·s)。

图 5.4.4 中显示了一个从 CH_4 氧化成 CO_2 的主要化学反应途径，同时有几个从甲基自由基（CH_3）出发的附加化学反应途径。主要化学反应途径或主线如下：①OH、H 和 O 自由基撞击 CH_4 分子产生 CH_3；②CH_3 与一个 O 原子结合形成甲醛（H_2CO）；③H_2CO 由 OH、H 和 O 自由基撞击形成甲酸基（HCO）；④HCO 进一步通过三个反应转化为 CO；⑤CO 转化成 CO_2，如前述，反应由 OH 激发。分子结构图可以更精确地阐明这一组基元反应，并部分解释 CH_4 的氧化。画出结构图的工作作为一个练习留给读者。

除了从 CH_3 来形成 H_2CO（$CH_3+O\longrightarrow H_2CO+H$）这一直接化学反应途径，$CH_3$ 也可以反应形成两种可能电子结构的亚甲基（CH_2）。单重态的 CH_2 以 $CH_2(S)$ 表示，与表示固体的符号相区别。另外，还有一个附加的化学反应途径，其中 CH_3 首先转变为 CH_2OH，然后再转变

为 H_2CO。再加上一些其他的不重要化学反应途径就构成了整个反应机理。那些反应速率小于 1.0×10^{-7} mol/(cm³·s) 的化学反应途径没有在图 5.4.4 中表示出来。

3. 低温反应途径分析

在低温条件下（如小于 1 500 K），一些高温下不重要的化学反应途径会变得显著，图 5.4.5 所示为在 1 345 K 下的情形，其中黑色箭头表示的是在高温化学反应途径中不存在，而低温下变得重要的化学反应新途径。反应途径中出现了几个有趣的现象：首先，存在强的 CH_3 重新化合成 CH_4 的反应；其次，通过中间产物甲醇（CH_3OH）出现了一个从 CH_3 到 H_2CO 的化学反应新途径；最后，也是更有趣的是，CH_3 化合形成了乙烷（C_2H_6），这是一个比初始反应产物 CH_4 还高的碳氢化合物，C_2H_6 最终通过乙烯（C_2H_4）和乙炔（C_2H_2）转换为 CO 和 CH_2，出现比初始碳氢化合物还高的碳氢化合物是低温氧化过程的一个共同特点。

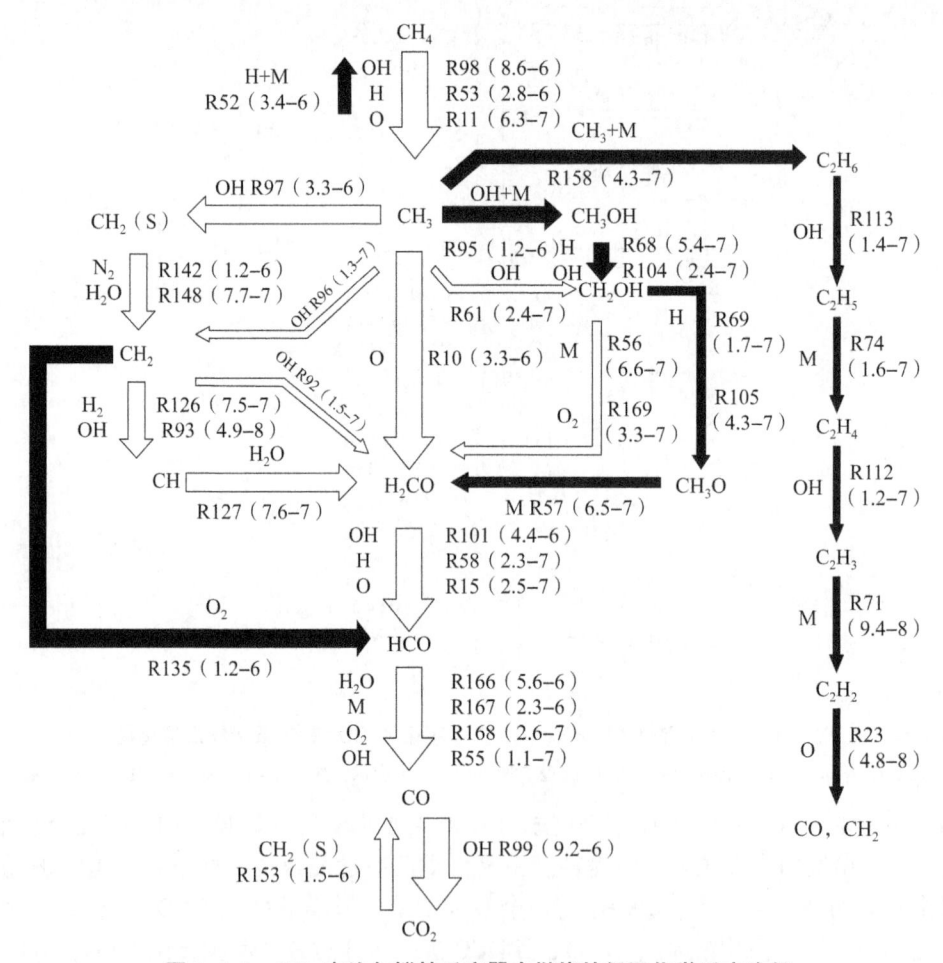

图 5.4.5 CH_4 在均匀搅拌反应器中燃烧的低温化学反应途径

注：$T=1\ 345$ K，$p=1$ atm，停留时间为 0.1 s，反应速率在括号中表示，如 2.6−7 表示 2.6×10^{-7} mol/(cm³·s)。

由于 CH_4 氧化的重要性，研究者已经进行了许多研究来发展其简化反应机理，简化反应机理的文献也可在 GRI Mech 获得。

5.5 火焰传播

5.5.1 层流预混火焰

前面几节介绍了传质和化学动力学的概念，用这些概念可以理解层流预混火焰。本节从反应流的一维守恒方程出发分析层流预混火焰。

层流预混火焰常常和扩散火焰一起出现，应用于许多住宅、商业和工业的设备中，如煤气炉灶、加热炉及本生灯等。层流预混火焰本身很重要，许多湍流火焰理论都基于对下层层流火焰结构的理解。本节首先将定性地描述层流预混火焰的基本特性，然后用一个简化分析方法来确定影响火焰速度和厚度的因素。

首先给火焰下个定义。火焰是一个以亚声速、自维持传播的局部燃烧。在此定义中有几个关键词：第一个关键词是局部，即火焰在任何时候都只占可燃混合物的很小部分，这与在反应系统化学与热力学分析的耦合中研究的假定反应，在整个应容器中处处均匀地发生相反；第二个关键词是亚声速，以声速传播的、不连续的燃烧波称为缓燃波。燃烧波以超声速传播也是可能的，这种超声速的燃烧波称为爆震波。因为缓燃和爆震的基本传播机理不同，所以两者是完全不同的现象。

火焰中的温度分布是它最重要的特征。图 5.5.1 所示为典型火焰剖面的温度分布及其他基本特征。

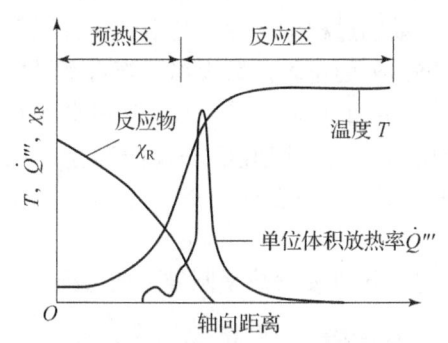

图 5.5.1 典型火焰剖面的温度分布及其他基本特征

要分析图 5.5.1，需要为坐标系确定一个参考系。火焰是可以自由传播的，可燃的气体混合物在管中被点燃后就是如此。将参考坐标系固定在传播的燃烧波上是恰当的选择。随着火焰移动，可以观察到未燃的混合物以一定的速度向其流动，这个速度就是火焰速度 S_L。这相当于在燃烧器上稳定的扁平火焰，这一火焰相对于实验室参考系是静止的。于是，反应物向火焰流动的速度和火焰速度 S_L 相等。上述例子中，假定火焰是一维的，而且未燃气体以垂直于火焰面的方向流向火焰。由于反应产物被加热，产物的密度小于反应物的密度。因此，连续性要求燃烧产物的速度大于未燃气体的速度，即

$$\rho_u S_L A \equiv \rho_u v_u A = \rho_b v_b A \tag{5.5.1}$$

式中，下标 u 和 b 分别表示未燃气体和已燃气体。

对典型的常压烃-氧火焰，燃烧前后气体的密度比大约为 7。因而，气流在火焰前后有明显的加速。

可以把火焰分成预热区和反应区两个区域。在预热区几乎没有热量释放出来，在反应区释放出大量的化学能。在常压下，火焰的厚度很小，只有毫米量级。把反应区进一步划分成一个很窄的快速反应区和一个紧随其后的、较宽的慢速反应区。燃料分子的消耗和许多中间组分的生成发生在快速反应区，这一区域发生的主要反应是双分子反应。在常压下，快速反应区很薄，典型的厚度小于 1 mm。因此，这个区域内的温度梯度和组分的浓度梯度都很大。这些梯度提供了火焰自维持的驱动力，使热量和自由基组分从反应区扩散到预热区。慢速反应区由三自由基的合成反应支配，反应速度比典型的双分子反应要慢得多，CO 最终的燃尽通过反应 $CO + OH \longrightarrow CO_2 + H$ 来完成。在 1 atm 的火焰中，慢速反应区可以延伸到几毫米。本节将对火焰的结构作更加详细的描述来进一步解释这一过程，更多的信息可以在参考文献 [12] 中找到。

烃类火焰的另一个特征是可见的辐射。在空气过量时，快速反应区呈蓝色。蓝色的辐射来源于在高温区域被激活的 CH 自由基。当空气减少到小于化学计量比的时候，快速反应区呈蓝绿色，这是由于被激活的 C_2 辐射。在这两种火焰中，OH 都会发出可见光。另外，反应 $CO + O \longrightarrow CO_2 + h\nu$ 会发出化学荧光，只是程度要弱一些。如果火焰更加缺氧，就会生成碳烟，形成黑体辐射。尽管碳烟辐射强度的最大值处于光谱的红外区（维恩定律），但人眼看到的是从亮黄（近白）到暗橘色的发射光，具体的颜色取决于火焰的温度。参考文献 [13] 和参考文献 [14] 就火焰辐射提供了丰富的信息。

本生灯是层流预混火焰的有趣例子，很多学生会有一种亲切感，而且很容易在教室里演示。本生灯及其火焰如图 5.5.2 所示。试管底部的燃料射流从一个面积可调的入口将一股空气引射入管内，在管内向上流动的过程中，燃料与空气充分混合。典型的本生灯火焰是竞争火焰，里面是富燃料预混火焰，外面包着扩散火焰。当富燃料预混火焰产生的一氧化碳和氢气遇到周围空气时就形成了第二层的扩散火焰。火焰速度分布和管壁热量损失的共同作用决定了火焰形状。因为火焰静止不动，火焰速度和未燃气流速度在火焰面法线方向的分量处处相等，矢量图如图 5.5.2（b）所示。因而有

$$S_L = \nu_a \sin \alpha \tag{5.5.2}$$

式中，S_L 是层流火焰速度。这一原则使火焰呈圆锥形的特征。

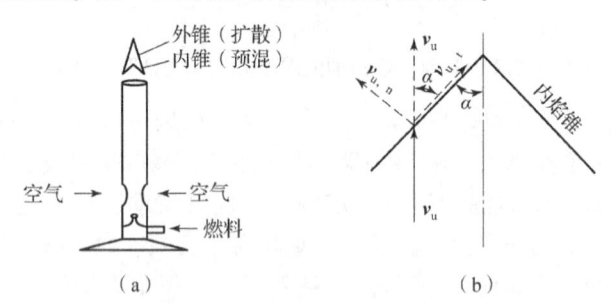

图 5.5.2 本生灯及其火焰

(a) 本生灯示意图；(b) 层流火焰速度等于未燃气体流速在火焰面法线方向分量 $\nu_{u,n}$

实验室的燃烧器类型如图 5.5.3 所示。在绝热平面火焰燃烧器中，燃料和空气的混合物以层流状态流过一束小管，在管出口上方形成稳定的火焰。此时，要产生稳定的平面火焰，条件十分苛刻。若在非绝热的燃烧器中采用一个水冷面，将火焰产生的热量散发出去，就可以降低火焰的速度，产生稳定火焰的条件就可以放宽许多。

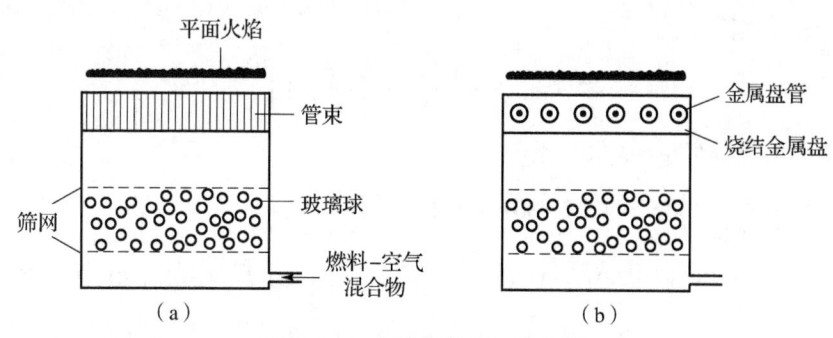

图 5.5.3 实验室的燃烧器类型
(a) 绝热平面火焰燃烧器；(b) 非绝热平面火焰燃烧器

【例 5.4】 如图 5.5.4 所示，一维气流形成一个稳定预混火焰，未燃气体流动的垂直速度 v_u 随水平坐标 x 呈线性变化。试求火焰的形状和从垂直方向火焰局部角度的分布。假设火焰速度与位置无关并等于 0.4 m/s，这可以看成化学当量比下甲烷-空气火焰的名义速度。

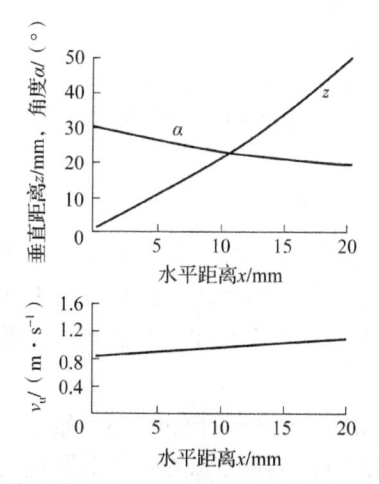

图 5.5.4 【例 5.4】中的流动速度、火焰位置及火焰面切线与垂直方向之间的夹角

解 从图 5.5.5 可以看出火焰面与垂直面形成的火焰局部角度 α 为

$$\alpha = \arcsin(S_L/v_u)$$

从图 5.5.4 有

$$v_u = 800 + \frac{1\,200 - 800}{20}x$$

因此

$$\alpha = \arcsin\left(\frac{400}{800 + 20x}\right)$$

结果如图 5.5.4 所示，α 值从 $x = 0$ 时的 30°到 $x = 20$ mm 时的 19.5°之间变化。

为了计算火焰的位置，先求在 x-z 平面上火焰面的局部斜率，然后将这一表达式对 x 进行积分可得到 $z(x)$。从图 5.5.5，有

$$\frac{dz}{dx} = \tan\beta = \left(\frac{v_u^2(x) - S_L^2}{S_L^2}\right)^{1/2}$$

由于 $v_\mathrm{u} = A + Bx$，则

$$\frac{\mathrm{d}z}{\mathrm{d}x} = \tan\beta = \left[\left(\frac{A}{S_\mathrm{L}} + \frac{Bx}{S_\mathrm{L}}\right)^2 - 1\right]^{1/2}$$

积分并取 $A/S_\mathrm{L} = 2$ 及 $B/S_\mathrm{L} = 0.05$，有

$$z(x) = \int_0^x \left(\frac{\mathrm{d}z}{\mathrm{d}x}\right)\mathrm{d}x = (x^2 + 80x + 1\,200)^{\frac{1}{2}}\left(\frac{x}{40} + 1\right) -$$

$$10\ln\left[(x^2 + 80x + 1\,200)^{\frac{1}{2}} + x + 40\right] - 20\sqrt{3} + 10\ln(20\sqrt{3} + 40)$$

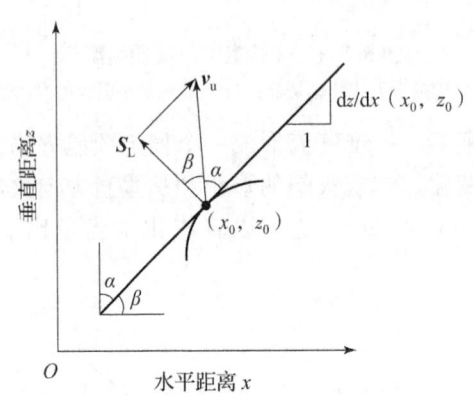

图 5.5.5 【例 5.4】中火焰几何结构的定义

5.5.2 熄火、可燃性、点火

5.5.1 节只讨论了层流预混火焰的稳态传播过程。下面将介绍一些基本的瞬态过程，即熄火和点火。虽然这些过程是瞬时的，但这里只研究其极限性质，也就是说，在什么条件下火焰能熄灭或不能熄灭，在什么条件下火焰能点燃或不能点燃，而忽略熄火和点火过程中非稳态过程的细节。

火焰熄灭的途径很多，如火焰通过狭窄的通道时会熄灭。这一现象是许多目前使用的火焰熄灭装置的基础。早在 1815 年，Davy 发明的安全矿工照明灯就是这一原理第一次的投入使用。熄灭预混火焰的其他方法是增加稀释剂或抑制剂。稀释剂（如水）主要是通过热作用熄火，而抑制剂（如卤素）则可以改变化学动力学特性。把火焰从反应物吹开也是一种有效的熄灭火焰方法，这用微弱的本生灯火焰很容易演示。这一方法的更实际应用是用炸药熄灭油井的火，在这种情况下，火焰可能具有强烈的非预混特性，而不是预混特性。

下面简单讨论三个概念：熄火距离、可燃极限、最小点火能量。在讨论中，假定这三种现象都是受热损失控制的。

(1) 熄火距离。

正如上文提到的那样，当火焰进入一个足够小的通道中时，就会熄灭。如果通道不是太小，火焰就会传播过去。火焰进入一个圆管中熄灭而无法传播的临界直径，称为熄火距离。实验中，对一特定直径的管，在反应物流突然停止的时候，通过观察稳定在管上方的火焰是否回火来确定熄火距离。也可以用高长宽比的矩形扁口来确定熄火距离。此时，熄火距离是指两个长边之间的距离，即开口开度。基于圆管测量的熄火距离值比基于矩形口的测量值大一些（20%~30%）。

(2) 点火准则和熄火准则。

Williams 给出了确定点火和熄火的两个基本准则。第二个准则可用于冷壁熄火问题。

准则 1：仅当足够多的能量加入可燃气体，使和稳定传播的层流火焰一样厚度的气体温度升高到绝热火焰温度，才能点燃。

准则 2：板形区域内化学反应的放热速率必须近似平衡于由热传导从这个区域散热的速率。

下面用这些准则对火焰熄灭作一个简单的分析，即简化的熄火分析。

如图 5.5.6 所示，火焰进入到两平行壁组成的一个狭缝中。利用 Williams 的第二个准则，按照 Friedman 的方法，可以写出反应生成热量与由于壁面导热损失热量相等的能量平衡式，即

$$\dot{Q}'''V = \dot{Q}_{\text{cond}} \tag{5.5.3}$$

式中，单位体积的放热率 $\dot{Q}'''$ 和 $\bar{\dot{Q}}_F'''$ 的关系是

$$\dot{Q}''' = -\bar{\dot{Q}}_F''' \Delta h_c \tag{5.5.4}$$

在继续分析之前，应当注意分析中所取的薄层气体（见图 5.5.6）的厚度为 δ，$\delta = 2\alpha/S_L$ 表示绝热层流火焰厚度。以下分析的目的是求满足式（5.5.3）所表达的熄火准则的距离 d，即熄火距离。

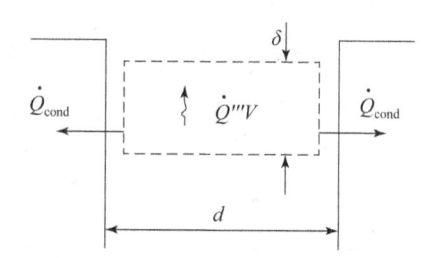

图 5.5.6 两平行壁间火焰的熄灭示意图

根据傅里叶定律，从火焰区域损失到壁面的热量是

$$\dot{Q}_{\text{cond}} = -kA \left.\frac{dT}{dx}\right|_{\text{壁面处气体}} \tag{5.5.5}$$

式中，导热系数 k 和温度梯度都是用壁面处的气体来估算的；面积 A 可表示成 $2\delta L$，其中 L 是狭缝的宽度（垂直于纸面），乘以 2 是因为火焰和两边的壁面接触。然而，得到温度梯度 dT/dx 的近似值要难得多。合理的 dT/dx 最小值是 $(T_b - T_w)/(d/2)$，这是假设中心面的温度 T_b 到壁面温度 T_w 是线性变化的结果。由于 dT/dx 很可能远大于这个数值，所以引入一个任意常数 b，定义为

$$\left|\frac{dT}{dx}\right| \equiv \frac{T_b - T_w}{d/b} \tag{5.5.6}$$

式中，b 通常是一个比 2 大很多的数。

利用式（5.5.4）~式（5.5.6），熄火判别式［式（5.5.3）］变成以下形式

$$(-\bar{\dot{m}}_F''' \Delta h_c)(\delta dL) = k(2\delta L)\frac{T_b - T_w}{d/b} \tag{5.5.7a}$$

或

$$d^2 = \frac{2kb(T_b - T_w)}{-\bar{\dot{m}}_F''' \Delta h_c} \tag{5.5.7b}$$

假设 $T_w = T_u$，利用 $\bar{\dot{m}}_F'''$ 和 S_L 之间的关系式 $S_L = \left[-2a(\nu+1)\dfrac{\bar{\dot{m}}_F'''}{\rho_u}\right]^{1/2}$，再利用关系式 $\Delta h_c = (\nu+1)c_p(T_b - T_u)$，式（5.5.7b）变为

$$d = 2\sqrt{b}a/S_L \tag{5.5.8a}$$

或者，用 δ 表示为

$$d = \sqrt{b}\delta \tag{5.5.8b}$$

式（5.5.8b）表明，熄火距离比火焰厚度 δ 大，这与甲烷的实验结果是一致的。不同燃料的可燃极限、熄火距离和最小点火能量见表 5.5.1。

表 5.5.1 不同燃料的可燃极限、熄火距离和最小点火能量

燃料	可燃极限 Φ_{min} 贫或下限	可燃极限 Φ_{max} 富或上限	化学当量比下质量空-燃比	熄火距离/mm $\Phi=1$	熄火距离/mm 绝对最小值	最小点火能量 $\Phi=1$	最小点火能量 绝对最小值
乙炔（C_2H_2）	0.19	∞	13.3	2.3	—	3	—
一氧化碳（CO）	0.34	6.76	2.46	—	—	—	—
异癸烷（$C_{10}H_{22}$）	0.36	3.92	15.0	2.1	—	—	—
乙烷（C_2H_6）	0.50	2.72	16.0	2.3	1.8	42	24
乙烯（C_2H_4）	0.41	>6.1	14.8	1.3	—	9.6	—
氢（H_2）	0.14	2.54	34.5	0.64	0.61	2.0	1.8
甲烷（CH_4）	0.46	1.64	17.2	2.5	2.0	33	29
甲醇（CH_3OH）	0.48	4.08	6.46	1.8	1.5	21.5	14
异辛烷（C_8H_{18}）	0.51	4.25	15.1	—	—	—	—
丙烷（C_3H_{18}）	0.51	2.83	15.6	2.0	1.8	30.5	26

（3）可燃极限。

实验表明，只有在所谓的可燃上下限之间特定浓度范围内的混合气体中，火焰才能传播。可燃下限是允许稳态火焰传播的、燃料含量最低的混合气体（$\Phi<1$），可燃上限指允许火焰传播的、燃料含量最高的混合气体（$\Phi>1$）。可燃极限通常用混合气体中燃料体积百分数的形式表示，或者用当量百分数即 $\Phi \times 100\%$ 来表示。

表 5.5.1 给出了各种燃料-空气混合物在大气压下的可燃极限，这些数据是用"管内方法"实验获得的。这一方法，通过实验观察在一垂直管内（直径大约 50 mm，长约 1.2 m）底部燃烧的火焰能否传播经过整个管来确定其可燃极限。能维持火焰通过的混合气体就称为可燃的。通过调整混合气体的浓度，可燃极限就可以确定了。

尽管可燃极限可以通过燃料-空气混合气体的物理、化学性质来定义，但实验测得的可燃极限

除了和混合物的性质有关外，还和系统的热量损失有关，因此，可燃极限通常和实验装置相关。

尽管热传导损失的热量很小，但辐射损失引起的热量损失可以解释可燃极限的存在性。图5.5.7所示为火焰在管中传播时沿着管中心线的瞬时温度沿轴向的分布。因为高温的产物气体向低温环境辐射散热，使它们得以冷却。这一冷却作用使火焰区域后面的温度梯度为负值，然后进一步通过热传导失去火焰中的热量。当损失的热量足够多，不再满足Williams准则的时候，火焰传播就终止了。Williams对图5.5.7中的情形作了理论上的分析，对这一问题的讨论超出了本书的范围，在此不再赘述。

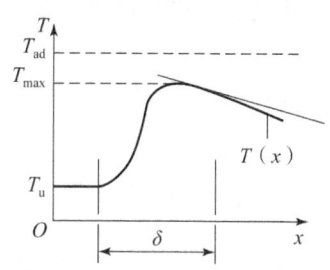

图5.5.7　火焰在管中传播时沿着管中心线的瞬时温度沿轴向的分布

【例5.5】一便携式炉子充满了丙烷气体，将其1.02 lb[①]（0.463 kg）的燃料渗漏到一个12 ft[②] ×14 ft×8 ft（3.66 m×4.27 m×2.44 m）的房间中，房间环境为20 ℃和1 atm。很长一段时间后，燃料与空气充分混合了。请问房间中的混合物是否可燃？

解 从表5.5.1可知，丙烷-空气混合物的可燃极限为$0.51<\Phi<2.83$。因此本例题就转化成计算房间中混合物的当量比。假设是理想气体，可以计算出丙烷的分压为

$$p_F = \frac{m_F(R_u/MW_F)T}{V_{room}} = \frac{0.464 \times (8\,315/44.094) \times (20+273)}{3.66 \times 4.27 \times 2.44}\ \text{Pa} = 672.3\ \text{Pa}$$

丙烷的摩尔分数为

$$\chi_F = \frac{p_F}{p} = \frac{672.3}{101\,325} = 0.006\,64$$

及

$$\chi_{air} = 1 - \chi_F = 0.993\,36$$

房间内混合物的空-燃比为

$$(A/F) = \frac{\chi_{air} MW_{air}}{\chi_F MW_F} = \frac{0.993\,36 \times 28.85}{0.006\,64 \times 44.094} = 97.88$$

根据Φ的定义及从表5.5.1获得的$(A/F)_{stoic}$，有

$$\Phi = \frac{15.6}{97.88} = 0.159$$

由于$\Phi=0.159$远小于可燃极限的下限（$\Phi_{min}=0.51$），因此在房间内的混合物不可能支持火焰的传播，即不可燃。

（4）点火。

本节仅限于讨论用电火花点火，而且特别集中在最小点火能量的概念上。电火花点火可

[①] 1 lb = 0.454 kg。

[②] 1 ft ≈ 0.304 8 m。

能是实际装置中应用最普遍的点火方法,如电火花点火的内燃机和燃气轮机,已广泛应用于各种工业、商业和住宅的燃烧器中。电火花点火安全性高,而且不像引燃点火一样需要预先存在火焰。下面用一个简单分析确定压力和温度对最小点火能量的影响。同时介绍一些实验数据,以便和根据这个简单理论预测的数据作比较。

①简化的点火分析。

将 Williams 的第二个准则用于球形体内的气体,这相当于由电火花引燃的初始火焰传播过程。利用这个准则,可以定义临界半径的概念,即如果实际半径小于临界值,火焰就不会传播。分析的第二步是假设由电火花提供的最小点火能量等于临界体积内的气体从最初状态升至火焰温度所需的热量。

为了确定临界半径 R_crit,令反应释放热量的速率和由导热向冷气体损失热量的速率相等,如图 5.5.8 所示,即

$$\dot{Q}''' V = \dot{Q}_\text{cond} \tag{5.5.9}$$

或

$$-\bar{m}_\text{F}''' \Delta h_\text{c} 4\pi R_\text{crit}^3 / 3 = -k 4\pi R_\text{crit}^2 \left.\frac{\mathrm{d}T}{\mathrm{d}r}\right|_{R_\text{crit}} \tag{5.5.10}$$

式中,已经用式 (5.5.4) 替代了 $\dot{Q}'''$,也利用了傅里叶定律,而球形状的表面积和体积都用临界半径 R_crit 来表示。

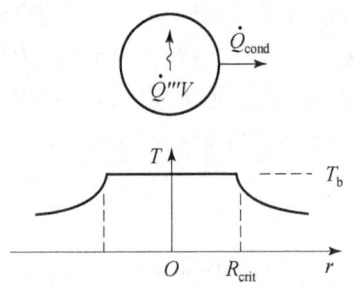

图 5.5.8 电火花点火的临界气体体积

由边界条件 $T(R_\text{crit}) = T_\text{b}$ 和 $T(\infty) = T_\text{u}$ 可确定球形体外 ($R_\text{crit} \leq r \leq \infty$) 的温度分布,也就可以计算在球形体边界的冷气体中的温度梯度 $(\mathrm{d}T/\mathrm{d}r)_\text{crit}$ 了。众所周知,$Nu = 2$ 的结论就是从这一分析中得出的,其中 Nu 是努塞尔(Nusselt)数。由此可得

$$\left.\frac{\mathrm{d}T}{\mathrm{d}r}\right|_{\leq R_\text{crit}} = -\frac{T_\text{b} - T_\text{u}}{R_\text{crit}} \tag{5.5.11}$$

把式 (5.5.11) 代入式 (5.5.10)

$$R_\text{crit}^2 = -\frac{3k(T_\text{b} - T_\text{u})}{-\bar{m}_\text{F}''' \Delta h_\text{c}} \tag{5.5.12}$$

通过关系式 $S_\text{L} = \left[-2a(\nu+1)\dfrac{\bar{m}_\text{F}'''}{\rho_\text{u}}\right]^{1/2}$ 解出 $\bar{m}_\text{F}'''$,并代入到式 (5.5.12) 中,就可建立临界半径和火焰速度 S_L 及火焰厚度 δ 的关系式。利用这个关系式,再加上 $\Delta h_\text{c} = (\nu+1) c_p \cdot (T_\text{b} - T_\text{u})$,有

$$R_\text{crit} = \sqrt{6} \frac{a}{S_\text{L}} \tag{5.5.13a}$$

式中，$a = k/\rho_u c_p$，k 和 c_p 用适当的平均温度来计算。临界半径也可以用 δ 表示，即

$$R_{crit} = (\sqrt{6}/2)\delta \tag{5.5.13b}$$

由于分析中采用了简化近似，因此不应该把常数 $\sqrt{6}/2$ 看作任何情况下都适用的精确数字，而只是表示数量级的大小。因而，从式 (5.5.13b) 可以看到临界半径大约等于层流火焰的厚度，或至多比层流火焰厚度大几倍而已。相反地，用方程 $L_e \equiv \dfrac{a}{D} = \dfrac{k}{\rho c_p D}$ 表示的熄火距离 d，可能比火焰厚度大很多倍。

了解了临界半径，下面将确定最小点火能量 E_{ign}。假设电火花增加的能量把临界体积中的气体加热到已燃气体温度，则很容易把 E_{ign} 表示出来，即

$$E_{ign} = m_{crit} c_p (T_b - T_u) \tag{5.5.14}$$

式中，临界体积的气体质量 $m_{crit} = \rho_b 4\pi R_{crit}^3/3$，或

$$E_{ign} = 61.6 \rho_b c_p (T_b - T_u)(a/S_L)^3 \tag{5.5.15}$$

用理想混合气体的状态方程消去 ρ_b，得到最终结果为

$$E_{ign} = 61.6 p \left(\dfrac{c_p}{R_b}\right)\left(\dfrac{T_b - T_u}{T_b}\right)\left(\dfrac{a}{S_L}\right)^3 \tag{5.5.16}$$

式中，$R_b = R_u/MW_b$。

② 压力和温度的影响。

压力对最小点火能量的直接影响在式 (5.5.16) 中显而易见，间接的影响隐含在热扩散系数 a 和火焰速度 S_L 中。利用 $a \propto T_u \bar{T}^{0.75} p^{-1}$，$S_L \propto \bar{T}^{0.375} T_u T_b^{-n/2} \exp(-E_A/2R_u T_b) p^{(n-2)/2}$，以及式 (5.5.16)，压力对最小点火能量的总影响为

$$E_{ign} \propto p^{-2} \tag{5.5.17}$$

一般来说，升高混合气体的初始温度会降低最小点火能量，温度对电火花点火能量的影响见表 5.5.2。根据本章的简化分析，可以确定初始温度对最小点火能量的影响。

表 5.5.2 温度对电火花点火能量的影响

燃料	初温/K	E_{ign}/mJ
异庚烷	298	14.5
	373	6.7
	444	3.2
辛烷	298	27.0
	373	11.0
	444	4.8
异戊烷	243	45.0
	253	14.5
	298	7.8
	373	4.2
	444	2.3

续表

燃料	初温/K	E_{ign}/mJ
丙烷	233	11.7
	243	9.7
	253	8.4
	298	5.5
	331	4.2
	356	3.6
	373	3.5
	477	1.4

5.5.3 湍流预混火焰

湍流预混火焰在实际应用中具有极其重要的地位，但是湍流预混火焰的理论描述却仍是不确定的或者至少是充满矛盾和争论的。由于还没有公认的、通用的湍流预混火焰理论，而且已有的很多描述又是高度数学化的，因此本节作为入门并不讨论某一理论的具体细节，而是从更现象和经验的角度来讨论一些对精确理解预混燃烧复杂化起重要作用的问题。

（1）湍流火焰速度定义。

在层流火焰中，其传播速度只与混合物的热力学和化学性质有关，而湍流火焰的传播速度不仅与混合物的性质有关，还与气流的流动特性有关。以火焰为参考系，可以定义湍流火焰速度 S_t，即未燃气体沿火焰面法线方向进入火焰区域的速度。由于高温反应区的瞬态位置在不断脉动，在计算中用其平均值表示火焰面位置。想要直接测量接近湍流火焰某个点上的未燃气体流速是非常困难的，因此比较实用的方法是通过测量反应物流速来确定火焰速度。这样，湍流火焰速度就可以表示为

$$S_t = \frac{\dot{m}}{\bar{A} \rho_u} \tag{5.5.18}$$

式中，$\dot{m}$ 是反应物质量流量；ρ_u 是未燃气体密度；$\bar{A}$ 是时间平滑后的火焰面积。

对于其面有一定的厚度且不断弯曲变化的火焰，会使湍流火焰速度的测定显得有点复杂。确定火焰面积存在的争议，增大了湍流火焰速度测量结果的不确定性。

【例 5.6】 如图 5.5.9 所示，空气 – 燃气混合物从边长为 40 mm 的正方形管道中流出，火焰驻定在上下壁面间。火焰在石英玻璃壁面组成的侧面出口处，其上下壁面暴露在实验室中。反应物平均流速为 68 m/s，满曝光照片估计的楔形火焰内角为 13.5°，试计算在此条件下的湍流火焰速度。未燃混合气体的环境为 $T = 293$ K，$p = 1$ atm，MW $= 29$ kg/kmol。

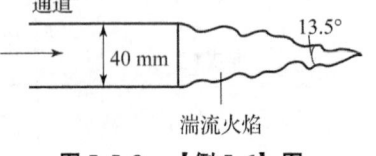

图 5.5.9 【例 5.6】图

解 可以直接用式（5.5.18）来计算湍流火焰速度。

反应物质量流量为

$$\dot{m} = \rho_u A_{duct} \bar{\nu}_{duct} = 1.206 \times 0.04^2 \times 68 \text{ kg/s} = 0.131 \text{ kg/s}$$

其中，未燃气体密度用理想气体方程计算

$$\rho_u = \frac{p}{RT} = \frac{101\ 325}{(8\ 315/29) \times 293} \text{ kg/m}^3 = 1.206 \text{ kg/m}^3$$

将火焰面视为锥形，可以计算表观火焰面积 $\bar{A}$。先计算出火焰的长度 L，有

$$\frac{h/2}{L} = \sin(13.5°/2)$$

或

$$L = \frac{h/2}{\sin 6.75°} = \frac{0.04/2}{\sin 6.75°} \text{ m} = 0.17 \text{ m}$$

则

$$\bar{A} = 2hL = 2 \times 0.04 \times 0.17 \text{ m}^2 = 0.013\ 6 \text{ m}^2$$

则湍流火焰速度为

$$S_t = \frac{\dot{m}}{\bar{A}\rho_u} = \frac{0.131}{0.013\ 6 \times 1.206} \text{ m/s} = 8.0 \text{ m/s}$$

(2) 湍流火焰结构。

图 5.5.10 所示为观察到的一种湍流火焰结构。图 5.5.10 (a) 是用纹影照相法在不同时刻记录下的火焰图像，是用在较大温度梯度处绘出图形获得的卷曲薄反应区加在一起的各瞬时轮廓线。气体混合物在管中从下向上流动进入大气环境中，火焰稳定在管出口上方。瞬时火焰前沿面高度卷曲，这一卷曲现象在火焰顶部达到最大。反应区的位置在空间迅速变化，其时均的视觉效果是呈现出很厚的火焰区域，如图 5.5.10 (b) 所示。这一有明显厚度的反应区称为湍流火焰刷。瞬时的图像说明，实际的反应区像层流预混火焰一样，相对是很薄的。这些反应区有时又称层流火焰片。

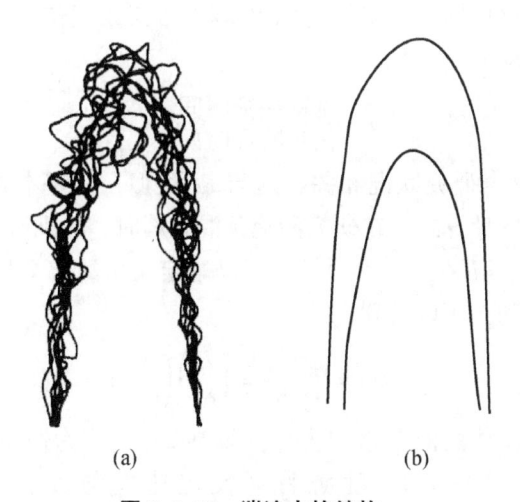

图 5.5.10 湍流火焰结构

(a) 在不同时刻得到的瞬时反应锋面叠合图；(b) 湍流火焰刷

这一类型的湍流火焰称为褶皱层流火焰模式。这是湍流预混火焰的一种极端状态，另一种极端状态称为分布反应模式，在这两种状态中间的状态称为旋涡小火焰模式。

（3）模式判据。

在详细讨论每一个模式之前，先要对区分这三种模式的主要因素有一个基本了解。为此需要引用一些湍流的基本概念，特别是关于在湍流中同时存在不同几何尺度的概念。最小的尺度，即柯尔莫哥洛夫微尺度 k，代表流体中最小的旋涡尺度。这些小旋涡旋转得很快而且有很高的旋涡强度，使流体的动能由于摩擦升温而转化为内能。几何尺度分布的另一个极端称为积分尺度，它代表最大的旋涡尺度。湍流火焰的基本结构由上述两个湍流几何尺度与层流火焰厚度的关系决定。层流火焰厚度表示仅受分子而不受湍流作用下传热传质控制的反应区。更明确地，这三个火焰模式可以定义为

褶皱层流火焰 $\qquad\qquad\qquad \delta_L \leq l_k \qquad\qquad\qquad$ (5.5.19a)

旋涡小火焰模式 $\qquad\qquad\qquad l_0 > \delta_L > l_k \qquad\qquad\qquad$ (5.5.19b)

分布反应模式 $\qquad\qquad\qquad \delta_L \geq l_0 \qquad\qquad\qquad$ (5.5.19c)

式（5.5.19a）和式（5.5.19c）有明确的物理解释。一方面，当层流火焰厚度 δ_L 比湍流最小尺度 l_k 薄得多时 [式（5.5.19a）]，湍流运动只能使很薄的层流火焰区域发生褶皱变形。判断褶皱层流火焰存在的判据式（5.5.19a）有时又称威廉斯 - 克里莫夫（Williams - Klimov）判据。另一方面，如果所有的湍流尺度都小于层流火焰厚度 δ_L，则反应区内的输运现象不仅受分子运动的控制，而且受湍流运动的控制，或者至少要受湍流运动的影响。上述判断分布反应模式区的判据有时又称丹姆克尔（DamKohler）判据。

在讨论火焰结构时，用一些无量纲参数会比较方便。湍流尺度和层流火焰厚度可以转化为 2 个无量纲参数：l_k/δ_L 和 l_0/δ_L。另外，引入湍流雷诺数 Re_{l_0} 和丹姆克尔数 Da。可以使用上述 4 个无量纲参数来描述湍流火焰结构。

（4）丹姆克尔数。

丹姆克尔数 Da 是燃烧中一个很重要的无量纲参数，在许多燃烧问题的描述中都会用到，对于理解湍流预混火焰则尤为重要。Da 的基本含义是流体流动特征时间或混合时间与化学特征时间的比值，即

$$Da = \frac{\text{流动特征时间}}{\text{化学特征时间}} = \frac{\tau_{\text{flow}}}{\tau_{\text{chem}}} \qquad (5.5.20)$$

计算 Da 的具体方法与研究状况相关，这与 Re 类似，其基本含义是惯性力与黏性力之比，具体有其特定定义的计算式。在研究湍流预混火焰时，特别有用的时间尺度是流体中最大旋涡的存在时间（$\tau_{\text{flow}} \equiv l_0/v'_{\text{rms}}$）和根据层流火焰定义出的化学特征时间（$\tau_{\text{chem}} \equiv \delta_L/S_L$）。根据上述定义的特征时间，可以得到

$$Da = \frac{l_0/v'_{\text{rms}}}{\delta_L/S_L} = \left(\frac{l_0}{\delta_L}\right)\left(\frac{S_L}{v'_{\text{rms}}}\right) \qquad (5.5.21)$$

当化学反应速度比流体的混合速度快时，即 $Da \gg 1$，称为快速化学反应模式。相对地，当化学反应比较慢时，$Da \ll 1$。注意特征反应速度与其相应的时间尺度成反比。式（5.5.21）中 Da 的定义还可以表示为几何尺度比 l_0/δ_L 与相对湍流强度 v'_{rms}/S_L 倒数的乘积。这样，如果固定几何尺度比，则 Da 将随相对湍流强度的增加而减小。

5.5.4 非预混火焰

在众多的实际系统中，都是将燃料和氧化剂分别输入燃烧室，形成一种扩散火焰或者非预混火焰，这种火焰与前文研究的预混火焰是不同的。在非预混火焰中，动力学的影响程度比预混火焰要小，而火焰的结构和燃烧速率主要由输运现象决定。与预混火焰相比，非预混火焰没有基本的特性参数，如描述火焰传播过程的火焰速度。只要涉及火焰结构，总的燃料-空气比才有实际意义，因为燃烧出现在一个由输运决定的、宽广的局部燃料-空气当量比范围内。火焰外形（特别是火焰长度）是与总能量释放率有关的、非预混层流火焰的一个重要参数。因为在预混火焰中也存在扩散现象，所以有些学者建议将扩散火焰称为非预混火焰。根据流态不同，扩散火焰分为层流扩散火焰和湍流扩散火焰。层流扩散火焰的一个重要模型输出量是火焰结构，利用它可以确定火焰长度。本节首先要研究层流扩散火焰结构，然后建立描述火焰结构模型，研究一些与扩散火焰稳定性相关的问题，最后介绍湍流扩散火焰的一些基础知识。

(1) 层流扩散火焰结构。

图 5.5.11 所示为受限同心环状氧化剂流稳定在圆柱管上两种不同的层流扩散火焰。其中一种火焰，氧化剂流量超过燃料燃烧所需的化学恰当量（即总氧化剂过量），火焰靠近圆柱管的中心线上，这种火焰称为过通风火焰；另一种火焰，燃料量超过化学计量值（即燃料过量），火焰向外壁蔓延，这种火焰称为欠通风火焰。对于任一种火焰，在"快速化学反应"的极限条件下，化学反应时间 τ_{chem} 远小于流动特征时间，即

$$\tau_{chem} \ll \tau_{transport} = \tau_{diff}$$

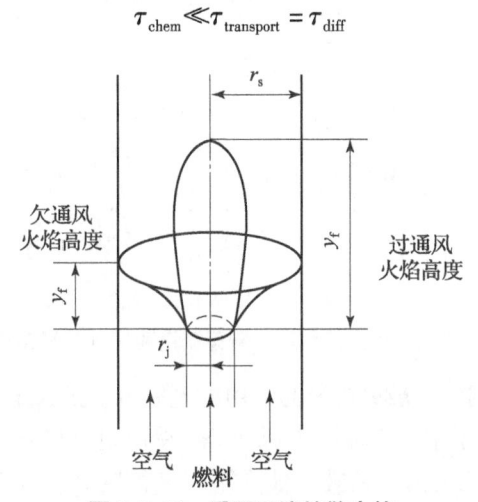

图 5.5.11 受限层流扩散火焰

在这种情况下，火焰结构由反应物和能量的分子扩散决定（扩散过程是最慢的、控制反应速度的过程），火焰可以从分开燃料和氧化剂的表面取一个薄层来模拟（火焰面是反应物的分界面），如图 5.5.12 所示。

在这个简单的结构模型中，火焰面位于空间中这样的位置：在该处燃料和氧化剂的质量扩散流率为化学恰当比，即

$$m_f = m_o \left(\frac{m_f}{m_o} \right)$$

因为 $\tau_{\text{chem}} \ll \tau_{\text{transport}} = \tau_{\text{diff}}$，所以燃料和氧化剂浓度在火焰面上为零。理想层流扩散火焰组分分布如图 5.5.13 所示。

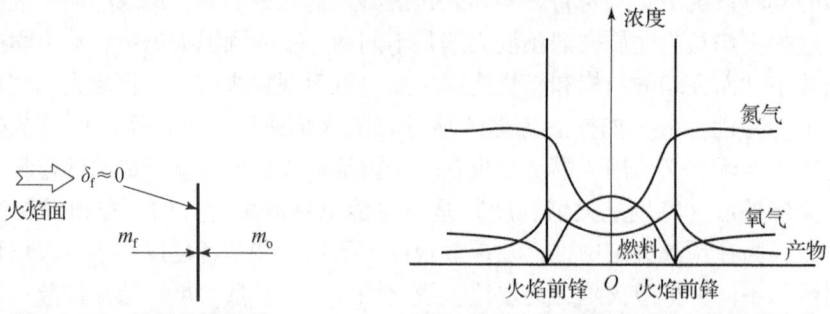

图 5.5.12　扩散火焰模型　　图 5.5.13　理想层流扩散火焰组分分布

(2) 湍流扩散火焰。

图 5.5.14 所示为火焰高度和火焰状态随管口流出速度（管径不变时）的变化。在层流区，火焰面清晰、光滑和稳定，火焰高度几乎同流速（或 Re）成正比。在过渡区，火焰末端出现局部湍流，焰面明显起皱，并随着流出速度的增加，火焰端部的湍流区长度增加，或由层流转变为湍流的转变点逐渐向管口移动，而火焰的总高度明显降低。到达湍流区之后，火焰总高度几乎与流出速度无关，而转变点与管口间的距离则随流速增加略有缩短。这时几乎整个火焰面严重褶皱，火焰亮度明显降低，并出现明显的燃烧噪声。

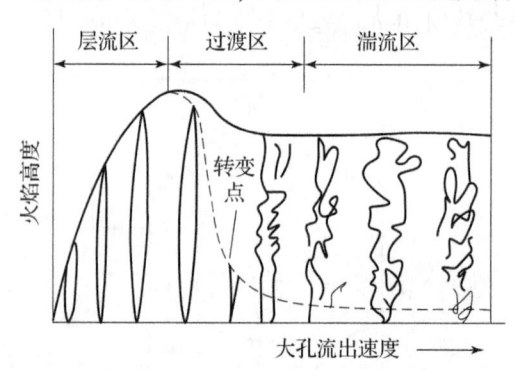

图 5.5.14　火焰高度和火焰状态随管口流出速度（管径不变时）的变化

根据射流形式不同，湍流扩散火焰分为自由射流湍流扩散火焰、同心射流湍流扩散火焰、旋流射流湍流扩散火焰、逆向流射流湍流扩散火焰、受限射流与非受限射流湍流扩散火焰。

湍流扩散火焰的稳定性是指火焰既不被吹跑（又称脱火、吹熄），也不产生回火，而始终"悬挂"在管口的情况。在低的流速下，火焰附着在管口。随着流速增加，火焰从管口升起（lift off），从管口到火焰底部的距离称为火焰升起距离。当管口流出速度超过某一极限值时，火焰会熄灭。扩散燃烧时由于燃料在管内不与空气预先混合，因此不可能产生回火，这是扩散燃烧的最大优点。此外，扩散火焰的温度较低，对有效利用热能是不利的。湍流扩散燃烧是当前工业上广泛采用的燃烧方法之一，并常用一些人工稳焰方法来改善火焰的稳定性。碳氢化合物在高温和缺氧的环境中会分解成低分子化合物，并产生游离的碳粒。如果这些碳粒来不及完全燃烧而被燃烧产物带走，就会造成环境污染，并导致能量损失。扩散燃烧时，火焰的根部及火焰的内侧容易析碳，因此，如何控制碳粒生成及防止冒烟是扩散燃烧中值得注意的问题。实验表明，气态燃料中一氧化碳分子的热稳定性较好，在 2 500 ~ 3 000 ℃ 的高温下也能保持稳定。而各种碳氢化合物的热稳定性较差，它们的分解温度较低，如甲烷为 683 ℃、乙烷为 485 ℃、丙烷为 400 ℃、丁烷为 435 ℃。一般而言，碳氢化合物的分子量越大，热稳定性就越差，而且温度越高，分解反应越强烈，例如，甲烷在 950 ℃ 时只分解 26%，但在 1 150 ℃ 时会分解 90%。

相对于层流扩散火焰，湍流扩散火焰要复杂得多，很难用分析的方法求解，主要靠数值方法求解。下面介绍一些估算火焰长度 L_f 和半径的经验公式。

对于燃料自由射流所产生的垂直火焰取决于以下 4 个因素。

①初始射流动量通量与作用在火焰上的力的比，即火焰弗卢德数（Froude number）Fr_f。

②化学当量比 f_s。

③喷管内流体密度与环境气体密度之比 $\dfrac{\rho_e}{\rho_\infty}$。

④初始射流直径 d_j。

火焰弗卢德数定义如下：

$$Fr_f = \frac{v_e f_s^{3/2}}{\left(\dfrac{\rho_e}{\rho_\infty}\right)^{1/4} \left(\dfrac{\Delta T_f}{T_\infty} g d_j\right)^{1/2}} \tag{5.5.22}$$

式中，ΔT_f 是燃烧特征温度；g 是重力加速度；v_e 是出口流速。

可以将喷管内流体密度与环境气体密度之比 $\dfrac{\rho_e}{\rho_\infty}$ 与初始射流直径 d_j 综合为一个参数，即动量直径

$$d_j^* = d_j \left(\dfrac{\rho_e}{\rho_\infty}\right)^{1/2} \tag{5.5.23}$$

无因次火焰长度的经验公式为

$$L^* = \frac{L_f f_s}{d_j \left(\dfrac{\rho_e}{\rho_\infty}\right)^{1/2}} \tag{5.5.24}$$

或

$$L^* = \frac{L_f f_s}{d_j^*} \tag{5.5.25}$$

在浮力起主要作用区，无因次火焰长度的经验公式为

$$L^* = \frac{13.5 Fr_f^{2/5}}{(1 + 0.07 Fr_f^2)^{1/5}}, Fr_f < 5 \tag{5.5.26}$$

在动量起主要作用区，无因次火焰长度的经验公式为

$$L^* = 23, Fr_f \geqslant 5 \tag{5.5.27}$$

【例 5.7】已知：一丙烷射流火焰的出口直径为 6.17 mm，丙烷的质量流量为 3.66×10^{-3} kg/s，射流出口处的丙烷密度为 1.854 kg/m³，环境压力为 1 atm，温度为 300 K。试估算该射流火焰的长度。

解 用 Delichatsios 关系式来估算该射流火焰的长度，Delichatsios 关系式为

$$L^* = \begin{cases} \dfrac{13.5 Fr_f^{2/5}}{(1+0.07 Fr_f^2)^{1/5}}, & Fr_f < 5 \\ 23, & Fr_f \gg 5 \end{cases}$$

由此可见,要求火焰长度,必须先求出 Fr_f,即

$$Fr_f = \dfrac{v_e f_s^{3/2}}{\left(\dfrac{\rho_e}{\rho_\infty}\right)^{1/4} \left(\dfrac{T_f - T_\infty}{T_\infty} g d_j\right)^{1/2}}$$

由已知可得

$$\rho_\infty = \rho_a = 1.1614 \text{ kg/m}^3$$

$$T_f \cong T_{ad} = 2267 \text{ K}$$

$$f_s = \dfrac{1}{(A/F)_s + 1} = \dfrac{1}{15.57 + 1} = 0.06035$$

$$v_e = \dfrac{q_m}{\rho_e \pi d_j^2/4} = \dfrac{3.66 \times 10^{-3}}{1.854\pi \times 0.00617^2/4} \text{ m/s} = 66.0 \text{ m/s}$$

现在可求出 Fr_f 为

$$Fr_f = \dfrac{66.0 \times 0.06035^{3/2}}{\left(\dfrac{1.854}{1.1614}\right)^{1/4} \times \left[\left(\dfrac{2267-300}{300}\right) \times 9.81 \times 0.00617\right]^{1/2}} = 1.382$$

可见当 $Fr_f < 5$ 时

$$L^* = \dfrac{13.5 \times 1.382^{2/5}}{(1+0.07 \times 1.382^2)^{1/5}} = 15.0$$

这是无量纲火焰长度,需要将它转换成实际火焰长度。无量纲出口直径为

$$d_j^* = d_j \left(\dfrac{\rho_e}{\rho_\infty}\right)^{1/2} = 0.00617 \times \left(\dfrac{1.854}{1.1614}\right)^{1/2} \text{ m} = 0.0078 \text{ m}$$

因此实际火焰长度为

$$L_f = \dfrac{L^* d_j^*}{f_s} = \dfrac{15.0 \times 0.0078}{0.06035} \text{ m} = 1.94 \text{ m}$$

【例 5.8】 假设有一甲烷射流火焰,其释热速率与出口直径和【例 5.7】的丙烷射流火焰一样,出口处甲烷密度为 0.6565 g/m^3,试确定该甲烷射流火焰的长度,并和【例 5.7】中的计算结果进行比较。

解 只要求出了甲烷射流的质量流量,就可以用【例 5.7】的方法来求该甲烷射流火焰长度。根据两射流火焰的释热量相等可得

$$q_{m,CH_4} LHV_{CH_4} = q_{m,C_3H_8} LHV_{C_3H_8} \quad \text{(使用燃料的低热值)}$$

$$q_{m,CH_4} = \dfrac{q_{m,C_3H_8} LHV_{C_3H_8}}{LHV_{CH_4}} = 3.66 \times 10^{-3} \times \dfrac{46357}{50016} \text{ kg/s} = 3.39 \times 10^{-3} \text{ kg/s}$$

仿照【例 5.7】,先求出下列各量:

$$\rho_\infty = 1.1614 \text{ kg/m}^3$$

$$T_f = 2267 \text{ K}$$

$$f_s = 0.0552$$

$$v_e = 172.7 \text{ m/s}$$

由 Delichatsios 关系式可得

$$Fr_f = 4.154$$
$$L^* = 20.36$$
$$d_j^* = 0.0046 \text{ m}$$
$$L_f = 1.71 \text{ m}$$

或者也可写成

$$\frac{L_f}{d_j} = 277$$

两火焰长度比较

$$\frac{L_{f,CH_4}}{L_{f,C_3H_8}} = \frac{1.71}{1.94} = 0.88$$

可见，甲烷射流火焰比丙烷射流火焰短大约 12%。

习　题

（1）如何确定反应速率方程？

（2）试述反应级数和反应分子数的异同。

（3）阿累尼乌斯定律及其适用范围是什么？请查阅文献说明有哪些燃烧反应呈现非阿累尼乌斯行为。

（4）在分析化学反应速率时，常用哪两类动力学近似？各自的适用范围是什么？

（5）现有一个刚性燃烧室，初始条件为 2 000 K，1 atm，含有 1% 的 CO，3% 的 O_2，其余为 N_2。假定仅存在反应 $CO + O_2 \longrightarrow CO_2 + O$，并且 $k_f'(T) = 2.5 \times 10^{12} \times \exp(-47\,800/RT)$，其中 $k_f'(T)$ 的单位为 $cm^3/(mol \cdot s)$，E_{af} 的单位为 cal/mol，试确定 CO 反应了 90% 所用的时间。

（6）纯氧分子间通过下面的双分子模型发生离解反应：

$$O_2 + O_2 \longrightarrow O_2 + O + O$$

数据显示正反应速率常数与温度的依赖关系可通过下式描述：

$$k_f' = 1.85 \times 10^{11} \times T^{0.5} \exp\left(\frac{-95\,600}{RT}\right)$$

在这个表达式中，活化能的单位是 cal/mol，反应速率常数的单位是 $cm^3/(mol \cdot s)$。

①推导在特定的平衡温度和压力下氧分子离解程度 ξ_{O_2} 的表达式，也就是离解的氧分子占其初始值的比例。

②利用推导的关系式，确定在 3 100 K，1 atm 时氧分子的离解程度。

③假定氧分子相互碰撞的硬球直径为 3.5×10^{-10} m，那么氧气分子相互碰撞发生反应的比例是多少？

④以反应程度来表示氧分子的离解速率表达式，并用该表达式计算纯氧分子在达到 3 100 K，1 atm 的状态后 1 ms 时的离解程度。计算过程中可以忽略离解反应的逆过程。

参 考 文 献

[1] 特纳斯. 燃烧学导论:概念与应用[M]. 姚强,李水清,王宇,译. 北京:清华大学出版社,2015.

[2] TURNS S R. Introduction to combustion[M]. New York:McGraw-Hill Companies, 1996.

[3] GLASSMAN I. Combustion[M]. New York:Academic Press, 1977.

[4] KUO K K. Principles of combustion[M]. New York:John Wiley & Sons, 1986.

[5] PENNER S S. Chemistry problems in jet propulsion[M]. Oxford:Pergamon Press, 1957.

[6] GLASSMAN I, YETTER R A, GLUMAC N G. Combustion[M]. 5th ed. New York:Academic Press, 2014.

[7] LEWIS B, VON ELBE G. Combustion, flames and explosions of gases[M]. 3rd ed. New York:Academic Press,1987.

[8] GARDINER JR W C, OLSON D B. Chemical kinetics of high temperature combustion[J]. Annual Review of Physical Chemistry, 1980, 31(1):377-399.

[9] WESTBROOK C K, DRYER F L. Chemical kinetic modeling of hydrocarbon combustion[J]. Progress in Energy and Combustion Science, 1984, 10(1):1-57.

[10] YETTER R A, DRYER F L, RABITZ H. A comprehensive reaction mechanism for carbon monoxide/hydrogen/oxygen kinetics[J]. Combustion Science and Technology, 1991, 79(1-3):97-128.

[11] FRIEDMAN R, BURKE E. Measurement of temperature distribution in a low-pressure Flat Flame[J]. The Journal of Chemical Physics, 1954, 22(5):824-830.

[12] FRISTROM R M. Flame structure and processes[M]. New York:Oxford University Press, 1995.

[13] GORDON A G. The spectroscopy of flames[M]. New York:Halsted Press,1974.

[14] GORDON A G, Wolfhard H G. Flames:Their structure, radiation and temperature[M]. New York:Halsted Press, 1979.

第 6 章
爆轰气体动力学

爆轰是化学流体力学领域中的一个高速流动燃烧模式,早在一百多年前因为煤矿瓦斯爆炸而受到关注。随后,因其在民用、军用领域都具有广泛的应用前景,吸引了全世界众多科学家的探索。特别是近十几年来,随着先进航天飞行器研制的发展,爆轰现象在高效推进技术与超高速风洞试验技术方面得到了广泛的重视。在过去的一百多年里,人们对于爆轰的研究和认识由宏观及唯象认识正逐步深入到内在物理机理,在爆轰物理方面取得了许多重要进展。本章主要从爆轰气体动力学理论、爆轰波结构、爆燃转爆轰、斜爆轰几个研究领域进行介绍,旨在帮助读者理解和掌握爆轰的基础知识,并形成对爆轰物理的清晰基本概念。

6.1 爆轰气体动力学理论

6.1.1 气体爆轰现象

对爆轰现象的研究可追溯到 19 世纪末,距今已经有一百多年的历史了。人们对爆轰现象的认识在不断深入,最早人们从煤矿爆炸中观察到爆轰波,了解到其现象的核心是煤矿火灾中剧烈的爆炸。后来的研究者提出爆轰的 Chapman – Jouguet(CJ) 理论和 Zeldovich – von Neumann – Döring(ZND) 模型,阐明了其现象的核心是强激波诱导燃烧及燃烧支持强激波自持传播。近年来,随着对爆轰波内部结构研究的不断深入,波头附近的复杂激波精细结构、可压缩湍流燃烧及多种流动不稳定性成为爆轰现象的研究前沿。在流体力学领域,低速湍流燃烧和无反应可压缩湍流均得到了较多关注,但是可压缩湍流燃烧的研究关注不多、很不成熟,这也成为爆轰研究的发展障碍,或者说爆轰研究从机理上的进一步深入有赖于可压缩湍流燃烧研究的进展。

爆轰波是一类特殊的波,具有多重属性。首先,爆轰波可以看作一种包含瞬时能量释放的激波。这种观点是建立 CJ 理论的基础,即建立波前波后两个状态的守恒关系,进而获得爆轰波的传播速度。其次,爆轰波可以看作一种爆炸波。爆炸波指的是局部的剧烈能量释放产生了高压区,向周围环境传播形成的波。这种波本质上是激波,但是一般波后存在稀疏波,在传播过程中不断衰减最后发展成声波(见图 6.1.1)。爆轰波也有高压区和前导激波,但是在传播过程中伴随着进一步的能量释放,因此前导激波不衰减,这是其特殊之处。最后,爆轰波可以看作一种燃烧波。在预混气体中点火,会形成自持传播的火焰,通过火焰阵面实现化学能向机械能的转变,包括层流火焰和湍流火焰。火焰阵面就是燃烧波的波面,通常通过热传导和分子扩散点燃相邻的气体,实现波的传播。爆轰波同样通过自持传播的火焰实现化学能向机械能的转变，但是点燃相邻气体及实现波的传播主要靠前导激波，而非热传导和分子扩散。这导致爆轰波传播速度远高于通常的燃烧波，但是高速湍流燃烧波中也存在类似的机制，因此爆轰波是一种特殊的燃烧波。

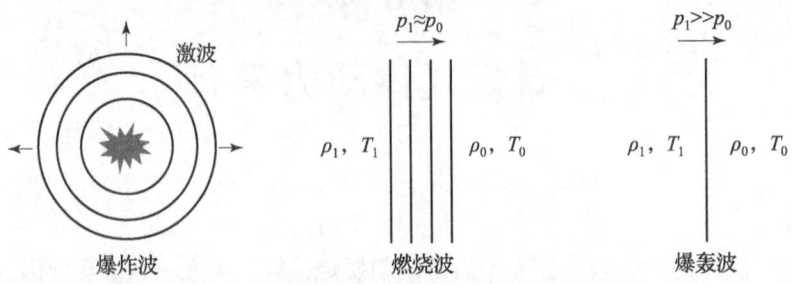

图 6.1.1　爆炸波、燃烧波、爆轰波示意图

爆轰波可以在多种不同的介质中传播，目前学术界和工程界关注比较多的包括在固体炸药或者气体燃料中传播的爆轰波。固体炸药中的爆轰，主要靠炸药分解放热，但是波后压力非常高，会达到吉帕量级。由于炸药化学反应复杂且波后压力过高，目前研究者对于波后的化学反应过程还不清楚，因此反应机理和状态方程成为炸药爆轰的研究前沿。气体燃料爆轰相应的反应机理和状态方程比较清楚，因此对波后压力、温度和波速的预测较为准确，但是涉及流动不稳定性的问题挑战比较大，对于非规则胞格结构、临界起爆能量预测等仍然缺乏深入的本质的理解和可靠的模型。另外就是相对于炸药爆轰在毁伤领域具有明确的应用场景，气相爆轰的研究多围绕在如何抑制其形成展开，目前还缺乏有成效的工程应用。还有一种介于两者之间的多相爆轰，以固体或者液滴为燃料，通过抛撒形成云雾并起爆，是一种用于云爆武器的特殊爆轰研究领域。

本章主要关注气相爆轰。相对于炸药爆轰，气相爆轰由于反应介质密度低，因此波后压力并不高，然而相对于常规的燃烧研究仍然偏高。例如，标准状态下的可燃气体，波后压力通常也高达十几个到二十多个大气压，此外，波后温度通常在 2 000～4 000 K 之间，波速通常在 1 500～2 000 m/s 之间。气相爆轰波的这些特点，给研究带来了极大的困难。最近几十年，以力学为基础的多个工程科学领域，发展了理论、实验和数值三种方法。爆轰波中强激波与剧烈放热的耦合导致了强非线性，导致理论研究困难，如线性稳定性理论可以预测波面失稳初期形态但是无法预测胞格尺度。实验研究的困难更是显而易见，高温导致可用的测量手段有限，而高速对测试仪器提出了更高的要求，目前对爆轰流场的动态捕捉仍然无法实现。近些年，数值模拟的兴起对爆轰研究起到了推动作用。这方面的挑战包括高精度激波捕捉方法、高可信度化学反应模型、跨尺度问题模拟对计算资源的严苛要求等。然而，数值模拟技术进步迅速，研究人员能够获得动态流场进行分析，因此，近年来数值模拟技术在爆轰研究中发挥了越来越重要的作用。利用数值模拟开展流动特性研究，然后设计实验验证关键结论，进而掌握机理、建立模型，是气相爆轰未来的发展方向。

6.1.2　经典爆轰理论

爆轰虽然已经得到了广泛研究，但是相关的现象非常复杂，具有普适性的理论、模型还不多。在爆轰研究领域，目前也只有 CJ 理论和 ZND 模型能够称为公认的经典理论。

爆轰现象发现以后，首先需要回答的问题是为什么爆轰波会以如此高的速度持续传播。

Chapman 发现：使对应于动量守恒的 Rayleigh 线和对应于能量守恒的平衡态 Hugoniot 曲线相切可以得到一个最小速度。此时同时满足动量守恒和能量守恒的解只有一个，他认为这个速度就是爆轰波传播的速度。Jouguet 提出爆轰波持续传播的条件是流动在化学反应达到平衡后相对于激波波面是声速的，从而波后的扰动不能向前赶上爆轰波波面使其熄爆。可以看出，Chapman 的最小速度准则只是一个假设，而 Jouguet 的声速准则有一定的物理意义。研究表明两者本质上是一致的，两种准则都对守恒方程组引入限制条件进行了封闭，从而得到了爆轰波速度的唯一解。利用这个方法计算爆轰波的传播速度与实验（特别是大管径光滑管的实验）符合得很好，在爆轰研究早期是非常成功的理论，称为 CJ 理论（见图 6.1.2）。

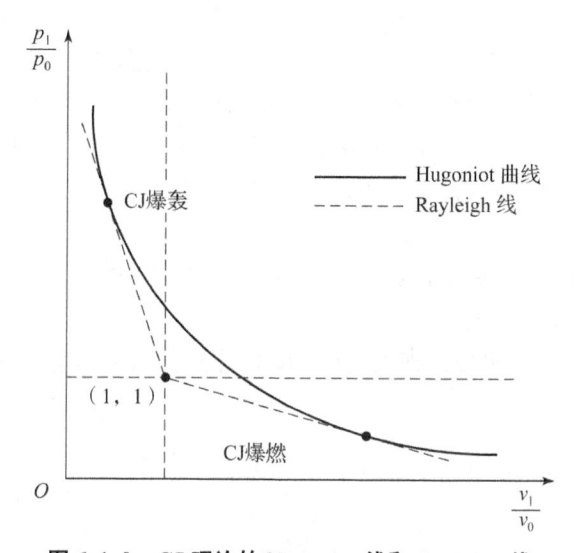

图 6.1.2　CJ 理论的 Hugoniot 线和 Rayleigh 线

对于固定在波面的坐标系，跨过燃烧波的一维定常流动的质量、动量和能量基本守恒方程为

$$\rho_0 u_0 = \rho_1 u_1 \tag{6.1.1}$$

$$p_0 + \rho_0 u_0^2 = p_1 + \rho_1 u_1^2 \tag{6.1.2}$$

$$h_0 + \frac{u_0^2}{2} = h_1 + \frac{u_1^2}{2} \tag{6.1.3}$$

式中，下标 0 和 1 分别代表反应物和燃烧产物的状态。

忽略式（6.1.1）~式（6.1.3）中控制体上下游边界上状态变量的梯度是完全可以的。可以从显焓中分离出生成焓，把式（6.1.3）改写为

$$h_0 + q + \frac{u_0^2}{2} = h_1 + \frac{u_1^2}{2} \tag{6.1.4}$$

式中，q 为反应物与燃烧产物的生成焓的差值。假设 q 是已知的，并且对守恒方程的所有不同解都保持不变。假设 $h = c_p T$，联立理想气体状态方程 $p = \rho RT$ 则量热状态方程的显焓为

$$h = \frac{\gamma}{\gamma - 1} \cdot \frac{p}{\rho} \tag{6.1.5}$$

如果指定了初始状态（如 p_0, ρ_0, h_0），将会有 5 个方程 [式 (6.1.1) ~ 式 (6.1.5)] 和 5 个未知量（p_1, ρ_1, u_1, h_1 和燃烧波传播速度 u_0）。因此需要一个附加方程来封闭方程组。

可以很容易地从式 (6.1.1) 和式 (6.1.2) 中得到沿着初始状态跨过燃烧波进入终态的热力学曲线

$$\frac{p_1 - p_0}{v_0 - v_1} = \rho_0^2 u_0^2 = \rho_1^2 u_1^2 = \dot{m}^2 \tag{6.1.6a}$$

式中，$v = 1/\rho$ 是比容。从式 (6.1.6a) 中可以看出

$$\frac{p_1 - p_0}{v_0 - v_1} = \dot{m}^2 > 0 \tag{6.1.6b}$$

这就要求当 $v_0 > v_1$（或者 $\rho_0 < \rho_1$）时，有 $p_1 > p_0$；当 $v_0 < v_1$（或者 $\rho_0 > \rho_1$）时，$p_1 < p_0$。因此，在 $p-v(p-\rho)$ 图上，方程的解就被分为两个区域，即压缩区（爆轰）和膨胀区（爆燃），如图 6.1.2 所示，两区之外没有实解，两区的分界则是等容过程解和等压过程解，即 $v_1 = v_0$ 线和 $p_1 = p_0$ 线。因此，式 (6.1.6a) 还可以写为

$$p_1 = (p_0 + \dot{m}^2 v_0) - \dot{m}^2 v_1 \tag{6.1.6c}$$

这是在 $p-v$ 平面内的一条斜率为 $-\dot{m}^2$ 的直线，该直线定义了跨过燃烧波前后状态变化的热力学途径，称为 Rayleigh 线。

从能量方程式 (6.1.3) 出发，把式 (6.1.6a) 分别代入能量方程中的速度平方项，可以得到

$$(h_0 + q) + \frac{1}{2}v_0^2\left(\frac{p_1 - p_0}{v_0 - v_1}\right) = h_1 + \frac{1}{2}v_1^2\left(\frac{p_1 - p_0}{v_0 - v_1}\right) \tag{6.1.7a}$$

简化后可得到

$$h_1 - (h_0 + q) = \frac{1}{2}(p_1 - p_0)(v_0 + v_1) \tag{6.1.7b}$$

用关系式 $h = e + pv$ 把焓替换成内能，式 (6.1.7a) 又可以写为

$$e_1 - (e_0 + q) = \frac{1}{2}(p_1 + p_0)(v_0 - v_1) \tag{6.1.7c}$$

如果量热状态方程 $h = (p, v)$ 或者 $e = (p, v)$ 给定，以及上游状态（v_0, p_0）已知，式 (6.1.7b) 和式 (6.1.7c) 可以在 $p-v$ 图上给出下游状态（v_1, p_1）的轨迹，进一步假设为量热完全气体，即上下游气体的比热比分别为常数 γ_0 和 γ_1，则有

$$h_0 = \frac{\gamma_0}{\gamma_0 - 1}p_0 v_0, \quad h_1 = \frac{\gamma_1}{\gamma_1 - 1}p_1 v_1$$

代入式 (6.1.7a) 可以得到

$$y = \frac{p_1}{p_0} = \frac{\dfrac{\gamma_0 + 1}{\gamma_0 - 1} - x + \dfrac{2q}{p_0 v_0}}{\dfrac{\gamma_0 + 1}{\gamma_0 - 1}x - 1} \tag{6.1.7d}$$

式中，$x = \dfrac{v_1}{v_0}$。

式 (6.1.7b) ~ 式 (6.1.7d) 称为 Hugoniot 曲线，代表给定燃烧波上游速度后下游的状态点轨迹。

通常，Hugoniot 曲线和 Rayleigh 线存在两类相交状态，分别为上侧的爆轰分支和下侧的爆燃分支。曲线相切时，这两个解合并成一个解，此时就给出了对应爆轰波分支传播的最小速度和爆燃波分支传播的最大速度。这两个相切得到的解称为 CJ 解。

CJ 理论研究的是达到平衡态的宏观上稳定传播爆轰波，由于没有考虑详细的物理化学非平衡过程，因此在研究爆轰的形成、传播机理方面无能为力。20 世纪 40 年代早期，Zeldovich，von Neumann 和 Döring 分别独立提出了相同的描述爆轰波的结构，后来称为 ZND 模型，如图 6.1.3 所示。这种模型将爆轰波结构处理为一维的前导激波，以及波后的诱导区和化学反应区，认为强激波的压缩诱导了可燃气体高温下的自点火，而化学反应释放的能量使气体膨胀向前推动爆轰波以较高的 Ma 传播，在化学反应区的末端热力学参数达到 CJ 值。与 CJ 理论相比，ZND 模型考虑了爆轰波内部非平衡的物理化学过程，并提供了爆轰波的传播机理即化学反应放热导致的热膨胀效应，因此理论上是一个完整的爆轰波模型，可以对爆轰波的传播过程和动力学参数进行描述。

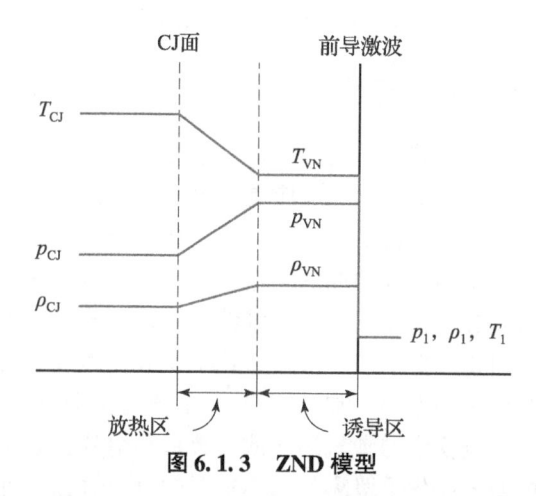

图 6.1.3　ZND 模型

为了建立 ZND 模型下的爆轰波头附近参数变化的直观概念，图 6.1.4 所示为标准状态下，理想化学当量比的氢气-空气混合气体中的 CJ 爆轰波对应的 ZND 结构。可以看到前导激波后存在一个压力和温度的平台区，即化学反应的诱导区，温度约为 1 500 K，压力约为 28 atm。这个区域参数可根据激波的间断关系计算得到，称为爆轰波的 Von Neumann（VN）状态。随后发生放热，压力下降、温度上升，趋向于 CJ 状态，温度接近 3 000 K，压力接近 15 atm。因此，ZND 模型中有波前状态、VN 状态和 CJ 状态三个关键点，比 CJ 理论更加完善。

虽然 CJ 理论和 ZND 模型称为经典理论，但是研究发现利用 ZND 理论得出的定量的爆轰动力学参数（如临界能量、临界半径、速度亏损、爆轰极限等）与实验结果严重偏离。例如，球面爆轰波直接起爆的临界能量，依据 ZND 模型计算得到的结果比实验结果低了 3 个数量级。这说明，ZND 模型虽然是第一个完整的爆轰波理论模型，但还是不完善，原因在于缺乏对爆轰波真实结构的认识。基于目前的认识水平，真实的爆轰波面总是包含弯曲前导激波、横波及与激波耦合程度不一、湍流度相差很大的燃烧带，形成所谓的胞格爆轰波，因此有必要对爆轰波头附近的波系结构、燃烧机制，以及爆轰波起爆和传播进行更进一步的研究。

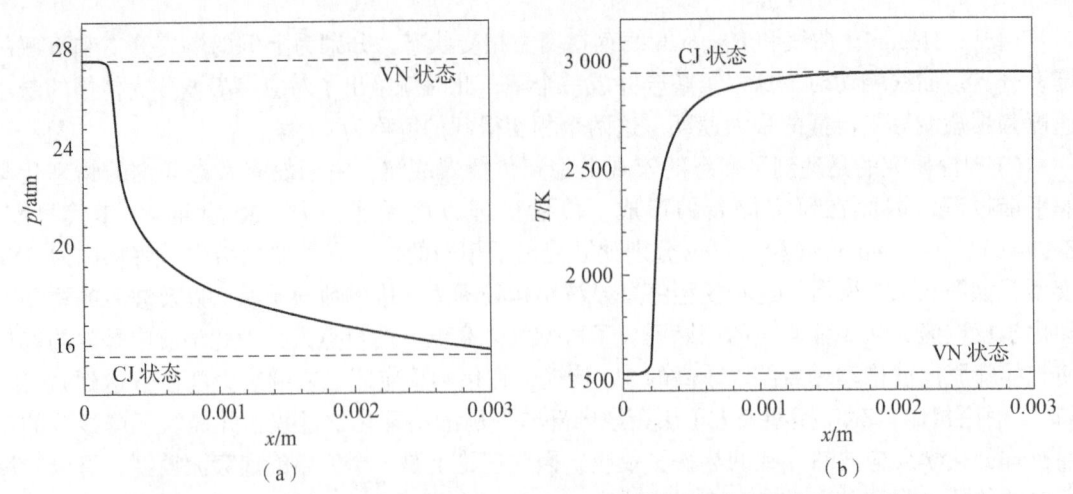

图 6.1.4　1 atm 当量比氢气 – 空气混合气体中的 CJ 爆轰波压力和温度分布
（a）压力变化；（b）温度变化

6.1.3　爆轰波的数学物理模型

爆轰燃烧数值模拟中所采用的化学动力学模型总体上可以分为单步反应、多步反应及基元反应模型。单步、多步反应模型与总包反应是一致的，其特点是采用化学反应进程变量来表征化学反应进行的程度，反应过程不可逆，适合于模型化的研究，探索诸如反应区结构、稳定性、激波和燃烧的耦合作用等基础性的工作；同时可针对某种燃料进行化学反应模型的构建，关注燃料的宏观物理性质，具有计算稳健性好、计算效率高的特点。基元反应模型详细地考虑了多种组分之间的相互作用，涉及可逆化学反应过程，不同类型的燃烧反应涉及的组分和反应方程数目会有很大的差异。常见的氢气/氧气基元反应模型会涉及十多种组分和二十多个反应过程，大分子全反应的碳氢燃料涉及数百种组分和数千个反应过程。爆轰燃烧中多通过各种详细反应模型的简化手段剔除掉不重要的反应过程，可有效地降低化学反应方程的数目，提高基元反应模型的计算效率。基元反应模型是目前公认的能够详细描述某种燃料化学反应过程的机理，通常用于模拟特定燃料在一定温度和压力范围内的燃烧，是化学反应流动里面最基础的反应模型。本节主要介绍单步反应模型、两步反应模型和基元反应模型的控制方程和特征，并给出三者之间的建模关系。

（1）单步反应模型。

单步反应模型的化学反应速率控制方程一般采用 Arrhenius 形式，通过一个化学反应进程变量 λ 来描述化学能释放的过程

$$\frac{\partial(\rho\lambda)}{\partial t}+\frac{\partial(\rho u\lambda)}{\partial x}+\frac{\partial(\rho v\lambda)}{\partial y}=k(1-\lambda)\exp\left(-\frac{E_a}{T}\right) \quad (6.1.8)$$

单步反应模型涉及的主要参数是放热量 Q、比热比 γ、活化能 E_a 和指前因子 k。反应变量 λ 的取值范围为 0→1：$\lambda=0$ 时表示化学反应尚未开始；$\lambda=1$ 时表示化学反应结束。根据总包反应模型中热释放速率的定义，可以获得定比热比单步反应模型中热释放速率的理论公式

$$\sigma=(\gamma-1)\frac{Q}{c^2}\cdot\frac{\mathrm{d}\lambda}{\mathrm{d}t}=\frac{\gamma-1}{\gamma}Q\frac{1-\lambda}{T}k\exp\left(-\frac{E_a}{T}\right) \quad (6.1.9)$$

式中，放热量 Q 和活化能 E_a 是无量纲化后的参数，对应的参考量均是 RT_0；R 为气体常数；

T_0 为自由来流温度。在使用无量纲的单步反应模型时，为方便分析和计算，选定活化能 E_a 后，会调整指前因子 k 来保证半反应区（化学反应进行到一半）长度为无量纲单位 l。

(2) 两步反应模型。

两步化学反应模型采用两个化学反应进程变量来分别模拟燃料的诱导反应和放热反应，诱导反应用来描述燃料分子支链的断裂过程，常常伴随小幅度吸热；放热反应用来描述支链分子再结合形成产物的过程，伴随化学能的释放。化学反应速率的控制模型具有多种选择，因此发展出了多种形式的两步反应模型。Ng 等提出的两步诱导—放热总包反应模型中诱导反应和放热反应速率均采用 Arrhenius 形式

$$\frac{\partial(\rho\xi)}{\partial t}+\frac{\partial(\rho u\xi)}{\partial x}+\frac{\partial(\rho v\xi)}{\partial y}=H(1-\xi)\rho k_\mathrm{I}\exp\left[E_\mathrm{I}\left(\frac{1}{T_\mathrm{S}}-\frac{1}{T}\right)\right] \quad (6.1.10)$$

$$\frac{\partial(\rho\eta)}{\partial t}+\frac{\partial(\rho u\eta)}{\partial x}+\frac{\partial(\rho v\eta)}{\partial y}=[1-H(1-\xi)](1-\eta)\rho k_\mathrm{R}\exp\left(-\frac{E_\mathrm{R}}{T}\right) \quad (6.1.11)$$

式中，ξ 和 η 分别是诱导反应进程变量和放热反应进程变量，两者的取值范围分别为 1→0 和 0→1；$H(1-\xi)$ 是阶跃函数，用于控制诱导反应和放热反应的开启

$$H(1-\xi)=\begin{cases}1, & 0<\xi\leqslant 1.0\\ 0, & \xi\leqslant 0.0\end{cases} \quad (6.1.12)$$

式中，E_I 和 k_I 是诱导反应的活化能和指前因子；E_R 和 k_R 是放热反应的活化能和指前因子，u 和 v 分别是 x 方向和 y 方向的速度。活化能 E_I 和 E_R 采用波前状态参数 RT_0 进行无量纲化，R 是气体常数。T_S 是一维 ZND 爆轰中前导激波后的温度，u_VN 表示一维 ZND 爆轰中前导激波后的速度（以激波面为参考系），令 $k_\mathrm{I}=-u_\mathrm{VN}$，可保证一维 ZND 爆轰波中诱导区长度为单位 l。两步反应模型中参考特征长度可定义为一维 ZND 爆轰波中诱导区长度 l_ref，参考特征时间可定义为 $t_\mathrm{ref}=l_\mathrm{ref}/c_0$，其中 $c_0^2=RT_0$。除此之外，两步反应模型中包含的化学反应参数还有放热量 Q 和比热比 γ，放热量 Q 一般采用 RT_0 进行无量纲化。根据总包反应模型中热释放速率的定义，可以获得定比热比两步反应模型中放热区的热释放速率理论公式

$$\sigma=\frac{\gamma-1}{\gamma}Q\frac{1-\eta}{T}k_\mathrm{R}\exp\left(-\frac{E_\mathrm{R}}{T}\right) \quad (6.1.13)$$

(3) 基元反应模型。

基元反应模型是燃烧中最基础的化学反应模型，基于基本组分之间的可逆化学反应过程，建立了一整套机理来描述分子支链断裂、重组结合、非平衡的过程，涉及较多的组分和化学反应过程。对于具有 ns 个组分和 nq 个化学反应过程的基元反应，第 $k(k=1, 2, \cdots, \mathrm{nq})$ 个化学反应过程可以表示为

$$\sum_{i=1}^{\mathrm{ns}}v'_{i,k}\mathrm{C}_i \underset{K_{\mathrm{f},k}}{\overset{K_{\mathrm{b},k}}{\rightleftharpoons}} \sum_{i=1}^{\mathrm{ns}}v''_{i,k}\mathrm{C}_i \quad (6.1.14)$$

式中，C_i 表示第 i 组分的名称，其单位体积质量生成率可表示为

$$\dot{\omega}_i=M_i\sum_{k=1}^{\mathrm{nq}}(v''_{i,k}-v'_{i,k})\left[\sum_{i=1}^{\mathrm{ns}}(\alpha_{i,k}[\mathrm{C}_i])\right]\left[K_{\mathrm{f},k}\prod_{i=1}^{\mathrm{ns}}[\mathrm{C}_i]^{v'_{i,k}}-K_{\mathrm{b},k}\prod_{i=1}^{\mathrm{ns}}[\mathrm{C}_i]^{v''_{i,k}}\right]$$

$$(6.1.15)$$

式中，M_i 是组分 i 的摩尔质量；$v'_{i,k}$ 和 $v''_{i,k}$ 分别是组分 i 在反应方程式中前后的化学计量系数；$K_{\mathrm{f},k}$ 和 $K_{\mathrm{b},k}$ 分别是正向和逆向反应速率常数；$\alpha_{i,k}$ 为组分 i 的第三体效应系数；$[\mathrm{C}_i]$ 为组分 i 的

摩尔浓度。质量生成率方程中只有反应速率常数（$K_{f,k}$ 和 $K_{b,k}$）待确定，且两者存在如下关系

$$K_{c,k} = \frac{K_{f,k}}{K_{b,k}} \tag{6.1.16}$$

平衡常数 $K_{c,k}$ 可定义为

$$K_{c,k} = K_{p,k} \left(\frac{p_{atm}}{RT}\right)^{\sum_{i=1}^{ns}(v''_{i,k} - v'_{i,k})} \tag{6.1.17}$$

式中，压力平衡常数 $K_{p,k}$ 可由 Gibbs 自由焓和熵来计算

$$K_{p,k} = \exp\left\{-\sum_{i=1}^{ns}\left[(v''_{i,k} - v'_{i,k})\left(\frac{h_i}{R_i T} - \frac{S_i}{R_i}\right)\right]\right\} \tag{6.1.18}$$

化学反应速率 $K_{f,k}$ 可表示用 Arrhenius 形式来表示

$$K_{f,k} = A_k T^{n_k} \exp\left(-\frac{E_{a,k}}{RT}\right) \tag{6.1.19}$$

式中，A_k，n_k，$E_{a,k}$ 和 R 分别表示第 k 个正向化学反应的指前因子、温度指数、活化能和气体常数。

6.1.4 起爆与传播机理

一般火焰的传播速度是很低的，爆轰波能够以很高的速度传播，主要原因是放热区之前有个很强的激波。按照这个激波的形成方式，爆轰波的起爆可以分为两种：爆燃转爆轰和直接起爆。爆燃转爆轰（deflagration to detonation transition，DDT）就是由低速爆燃波在一定条件下转变为爆轰波，核心是强激波的形成过程。直接起爆通过瞬间的能量释放形成强激波，进而发展成为爆轰波，大部分情况下初始强激波比 CJ 爆轰波的前导激波更强，是一个激波的衰减过程。在这两种过程中，前者需要的起爆能量较小，受到湍流、激波相互作用、剪切层失稳和燃烧等诸多不稳定性因素的影响，后者需要较强的点火源，整个过程受到起爆能量的影响很大，波动力学过程相对简单。对于实际的燃料-空气混合气体，能够实现直接起爆的点火能量（又称临界起爆能量）通常是比较高的，因此大部分起爆过程是通过爆燃转爆轰来实现的。

早期的研究认为，爆燃转爆轰是一个爆燃波连续加速到爆轰波的发展过程。由于对高速爆燃波的研究存在很大的困难，特别是实验测量方面，因此研究者希望研究低速爆燃波是如何加速的，并利用这些结果获得爆燃转爆轰的关键参数。这方面的研究产生了大量的成果，加深了研究者对于低速爆燃波的认识，并提出了 DDT 的转变长度（run-up length）等参数。但是大量的研究表明，爆燃波的加速过程受流场的初始条件和边界条件影响很大，不同的条件下研究结果的可重复性很差。其中的原因直到 Urtiew 和 Oppenheim 的实验研究之后才被广泛认识和接受，那就是爆燃转爆轰实质上包含了两个阶段，即爆燃波的逐渐、连续加速过程和爆轰波的突然形成过程。后来的学者对这两个阶段分别进行了大量的研究，揭示了加速过程的各种影响因素，发现在突然形成过程中会出现热点，通过热点实现局部耦合并进一步发展为较大的爆轰波面。然而，随着研究的进一步深入，热点现象在直接起爆中也被观察到。在可燃气体中起爆球面爆轰波的实验结果（见图 6.1.5），可以观察到热点起爆现象。通过电火花或者激光点火，能够在点火源附近形成强激波，强激波在可燃气体中的传播存在三种情况。当起爆能量较高时，实现了爆轰波直接起爆，激波和燃烧带始终耦合在一起，又称超临界直接起爆。当起爆能量较低时，激波和燃烧带分别独立传播，又称亚临界直接起爆，这

本质上是一种失败的起爆。而在合适的起爆能量下，初始阶段激波和燃烧带分别独立传播，随后在某些离散的点实现耦合，进而在整个波面上发展为爆轰波，称为临界直接起爆。这些起爆点与爆燃转爆轰中的热点形成条件和发展过程基本一致，说明临界起爆与爆燃转爆轰经历了相似的物理—化学过程，反而是超临界直接起爆（即点火能量远大于临界起爆能量）时形成机理有所不同。

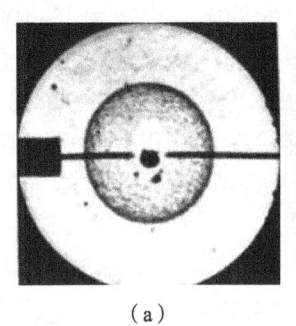

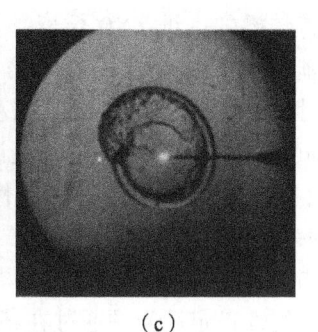

图 6.1.5　球面爆轰波的直接起爆
(a) 超临界；(b) 亚临界；(c) 直接起爆

由于临界起爆的重要性，对其能量进行深入的量化研究成为必要。实验观察到在临界直接起爆的情况下，前导强激波通常要衰减到 CJ 爆轰波以下，在传播马赫数接近 CJ 爆轰波马赫数的 1/2 时重新变强，形成过驱动爆轰波进而衰减为 CJ 爆轰波。这种以 CJ 爆轰波马赫数 1/2 速度传播的准定常爆轰波的发展取决于两个因素：一个因素是波面曲率的扩展使前导激波不断衰减，另一因素是化学反应放热使其得到增强。鉴于两个因素的互相竞争在适当的起爆能量条件下达到平衡，Lee 提出采用 CJ 爆轰波马赫数和爆轰胞格尺度建立起爆能量的计算方法，得到球面爆轰波的临界起爆能量为

$$E_c = 14.5\pi\gamma p_0 Ma_{CJ}^2 \lambda^3 \tag{6.1.20}$$

式中，γ 是混合气体的绝热指数；p_0 是混合气体的初始压力；Ma_{CJ} 是混合气体中的 CJ 爆轰波马赫数；λ 是胞格尺度。

这个理论建立了以 CJ 爆轰波速度和胞格尺度为基础的临界起爆能量计算方法，得到的结果和实验结果符合较好（见图 6.1.6）。

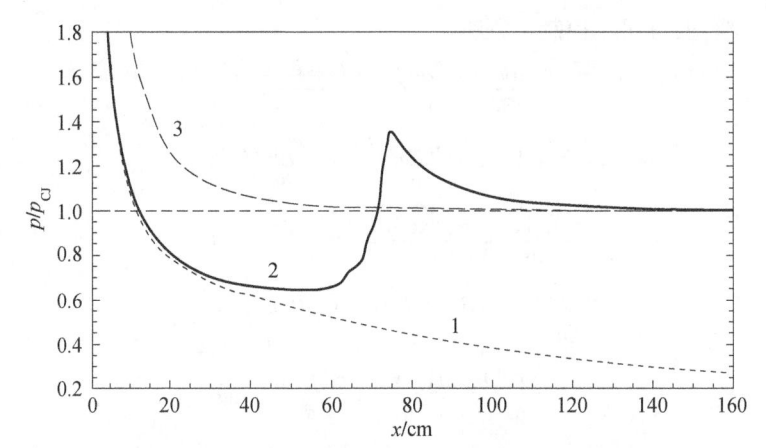

图 6.1.6　数值模拟得到直接起爆过程中前导激波压力随传播位置的变化
1—亚临界；2—临界；3—超临界

6.2 爆轰波结构

6.2.1 不稳定爆轰波分析

自持传播的一维 ZND 爆轰是不稳定的,如果忽略活化能的影响求解稳态一维守恒方程,总能获得 ZND 爆轰的层流结构解。采用稳态一维守恒方程,忽略了任何描述爆轰波不稳定性的非定常多维解。研究稳态解稳定性的经典方法是在解中施加小扰动,然后观察扰动振幅是否增大。小扰动假设使加入扰动的方程能够线性化并积分,从而确定不稳定模态。另一种方法是通过非线性、带化学反应的非定常 Euler 方程入手,给定初始条件进行求解。

在描述实际的爆轰不稳定结构时,可以通过线性稳定性分析获得稳定极限对相关参数的依赖性。线性稳定性问题通过在稳态 ZND 解中施加三维非定常扰动,来观察扰动随时间增长或者衰减的过程。过去,许多爆轰的线性稳定性分析针对的是单步不可逆 Arrhenius 模型。这个问题中主要涉及 5 个分叉参数:爆轰过驱度 f、活化能 E_a、放热量 Q、比热比 γ 和反应级数。任何一个量的变化都会影响平面 ZND 爆轰的不稳定性和稳定性之间的范围。这些变化可以通过基本的 ZND 分布的变化来认识,因为这 5 个参数的变化都体现在 ZND 分布中,并且可以与 ZND 分布曲线中的热量释放速率的变化相关联,即热量释放越快,越趋向于不稳定。尽管这些变化趋势中会有些例外,但增加过驱度,减少活化能,减少热释放或者增加反应级数基本上都趋向于使爆轰稳定。需要指出的是,线性稳定性的分析只适用于扰动的初始增长,而不能描述远离稳定性边界时的结果,也不能描述爆轰最终的非线性不稳定结构。一般而言,扰动量的准确线性化方程是非常复杂的,需要进行数值积分。因此,想从物理上了解稳定性机理是相当困难的。进一步来讲,线性稳定性分析没有揭示形成不稳定性的气体动力学机理。

随着数值方法和计算机技术的进步,可以以高精度和足够的时空分辨率来对非线性带反应 Euler 方程进行积分,从而分析爆轰反应区的精细结构。因此,相对于稳定性分析而言,直接数值模拟能更好地开展稳定性现象分析,并能够保留完整的非线性特征。考虑二维条件下单步化学反应模型,Euler 控制方程组为

$$\frac{\partial \rho}{\partial t} + \frac{\partial (\rho u)}{\partial x} + \frac{\partial (\rho v)}{\partial y} = 0 \tag{6.2.1}$$

$$\frac{\partial (\rho u)}{\partial t} + \frac{\partial (p + \rho u^2)}{\partial x} + \frac{\partial (\rho uv)}{\partial y} = 0 \tag{6.2.2}$$

$$\frac{\partial (\rho v)}{\partial t} + \frac{\partial (\rho uv)}{\partial x} + \frac{\partial (p + \rho v^2)}{\partial y} = 0 \tag{6.2.3}$$

$$\frac{\partial (\rho e)}{\partial t} + \frac{\partial (\rho ue + pu)}{\partial x} + \frac{\partial (\rho ve + pv)}{\partial y} = 0 \tag{6.2.4}$$

$$\frac{\partial (\rho \lambda)}{\partial t} + \frac{\partial (u\lambda)}{\partial x} + \frac{\partial (pv\lambda)}{\partial y} = \dot{\omega} \tag{6.2.5}$$

$$\dot{\omega} = -k\rho\lambda \exp\left(-\frac{E_a}{RT}\right) \tag{6.2.6}$$

式中，

$$e = \frac{p}{(\gamma-1)\rho} + \frac{u^2+v^2}{2} + \lambda Q, \quad p = \frac{\rho RT}{M}$$

这些方程中，ρ，p，u，T，e 分别表示密度、压力、速度、温度和比内能。λ 是反应进度变量，随着反应物（$\lambda=1$）逐渐变成燃烧产物（$\lambda=0$），$0 \leq \lambda \leq 1$。计算中，采用了完全气体和比热比 γ 为常量这两个假设，且反应过程遵循简单的单步 Arrhenius 反应定律式 (6.2.6)。如果要考虑更真实的反应模型，则需要将 λ 替换为合适的速率方程。

6.2.2 爆轰波面结构与胞格

ZND 结构的不完善在于爆轰波结构的静态模型忽略了流动不稳定性的影响。借助烟迹技术及光学观测手段，研究发现爆轰波头存在着复杂的多波结构，即前导激波并不是一个平面，进而其后方也不是 ZND 模型给出的一维的诱导区和反应区。综合利用多种实验手段，发现垂直于爆轰波的运动方向存在横向运动的激波，实际波面上存在由前导激波和横向激波构成的蜂窝状结构。这种结构对于爆轰波的传播是非常必要的，研究结果发现，如果没有横波的往复运动和湍流混合导致的化学反应放热率增加，爆轰波后反应的放热通常难以支持其自持传播。

爆轰波面附近的结构本身变化很大，对于复杂的烃和氧气的混合物，爆轰波的横波是非常复杂的，可以看作很多频率的横波的叠加，因此对其表征和分析难度很大，这也是爆轰基础研究的一个重要方向。幸运的是，对于较为简单的混合物，如掺混了氩气的低压氢气-氧气混合气体，爆轰波的横波只有一种频率。这种规则爆轰波的传播在烟迹片上可以形成鱼鳞状的结构，可以通过图 6.2.1 简单地表示出来。以点 A 到点 D 为一个周期，在周期的前半段胞格内的爆轰波速度大于相同时刻相邻胞格内的波面速度，作为马赫干以较大的 Ma 向前传播，三波点轨迹为 AC 和 AB，同时波后化学反应区紧贴波面。在周期的后半段胞格内的爆轰波马赫数较小，而且由于在 B 点和 C 点发生了横波的碰撞，因此原来的马赫干和入射波角色互换。由于入射波马赫数较小，因此波面与化学反应面发生了解耦，最终两道相对运动的横波在 D 点碰撞生成新的马赫干，完成一个周期的运动。这种结构是通过大量的烟迹实验结果总结出来的，很好地解释了爆轰波传播的宏观波动力学过程。胞格结构说明，虽然爆轰波宏观上是以稳定的速度传播的，实际上波面的运动速度是随着其在传播过程中不同位置和角色的变化而周期性变化的。研究还发现胞格内的波面速度与 CJ 爆轰波速度的比值随传播位置的变化而发生的改变，可以看到宏观的 CJ 爆轰波速度其实是一个总体的平均效果，无量纲的波面传播速度可以在 0.7~1.7 之间周期性波动，其对 CJ 爆轰波速度的偏离程度随着放热反应活化能的增加而增大。

随着光学测量技术的发展，对爆轰波头附近的流场进行直接测量成为可能，如图 6.2.2 所示。相对于之前的烟迹测量技术，采用平面激光诱导荧光（planer laser induced fluorescence，PLIF）测量可以直接获得燃烧中间粒子的密度分布，从而获得燃烧面的信息。燃烧面的位置与同时刻的激波面位置结合起来，可以获得完整的瞬态流场波头信息。可以看到前导激波后的流场出现了楔形的火焰面，并可以通过发光强度显示出反应的剧烈程度。如前述，前导激波面可以分为较强的马赫干部分和较弱的入射激波部分，PLIF 结果显示马赫干部分后的气体立即发生了释热，而入射激波部分后的气体存在一个较长的诱导区，其反应受到入射激波和横向运动激波压缩的双重影响。这种技术为获得流场中激波与燃烧的耦合情况，特别是局部的耦合情况提供了直接的证据和支持，相对于之前的测量手段有本质的进步。然而，受限于多种技术因素，目前对高速流场进行动态测量还难以实现，这也是未来的发展方向。

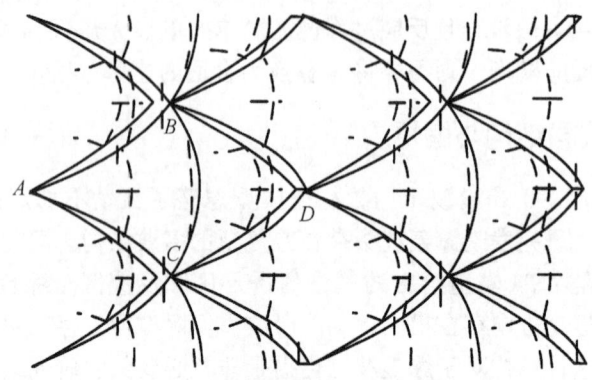

图 6.2.1 爆轰波面及其形成的胞格示意图

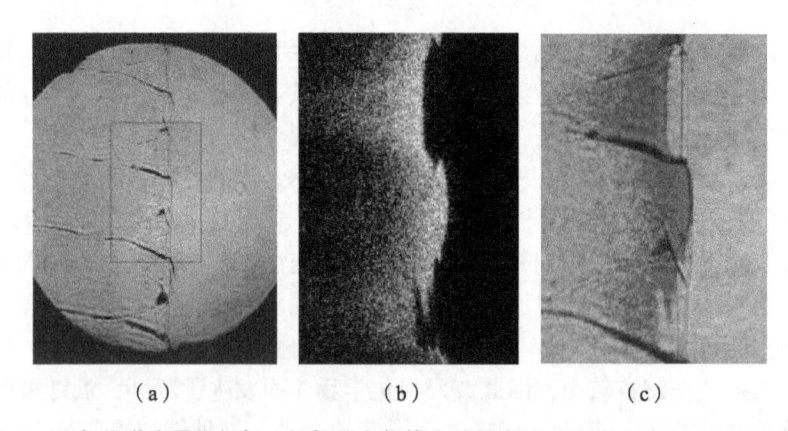

（a）　　　　　　　　（b）　　　　　　　　（c）

图 6.2.2 理想化学当量比氢气-氧气混合气体中的爆轰波（压力 20 kPa，80%Ar 稀释）
（a）纹影；（b）PLIF；（c）纹影和 PLIF 叠加

气相爆轰波的胞格是波头运动在烟迹片上留下的二维结构，由于大部分胞格的长宽比是接近的，可以用一个参数来进行表征，即胞格宽度。实质上对于某种气体，其胞格宽度往往不是唯一的。不稳定的爆轰波可能形成多个大小不一的胞格，为了对其进行量化，通常取平均宽度。胞格宽度受很多因素的影响，最主要的就是燃料种类，其他的还包括当量比、氧化剂种类、压力、温度等。图 6.2.3 所示为标准状态下以空气为氧化剂的混合气体胞格宽度。可以看到对于某种燃料，其胞格宽度主要受当量比的影响，一般在理想化学当量比状态达到其最小值，量比减小导致胞格宽度急剧增大，而当量比增加导致胞格宽度缓慢增大。在常见的燃料中，氢气是胞格宽度较小的，只有乙炔比氢气的胞格宽度小，而在小分子碳氢燃料中甲烷的胞格宽度是最大的。根据 CJ 爆轰波 ZND 结构诱导区长度（即 Δ）拟合出了一个胞格尺度，线性拟合可以较好地预测胞格宽度，但是不同的气体比例数值可能有差别。

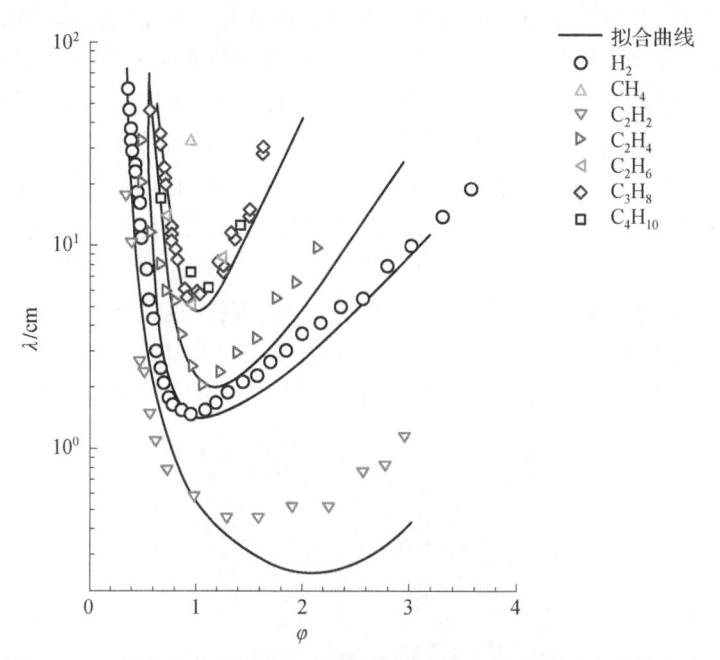

图 6.2.3　标准状态下以空气为氧化剂的混合气体当量比和胞格宽度

由于胞格宽度的数据容易测量，研究者建立了完善的数据库，并作为爆轰波的基础动力学参数，这很大程度上影响了后续的爆轰研究。爆轰波的动力学参数有很多，Lee 在综述论文中提出了 4 个关键的动力学参数，分别是胞格尺度（detonation cell size）、临界直接起爆能量（critical energy for direct initiation）、临界管道直径（critical tube diameter）和爆轰极限（detonation limit）。其中占据核心地位的是胞格尺度，主要是指 CJ 爆轰波对应的胞格宽度。由于爆轰波的高温、高压、高速给实验测量带来了很多困难，因此大量的实验结果是通过烟迹显示技术得到的。这些结果使研究者对爆轰波胞格尺度的变化有了深入的了解，进而导致胞格尺度成为动力学参数研究的基础。原则上也可以用其他的特征长度，如 ZND 结构的化学反应区长度，作为后续研究的基础，然而过去几十年大量的工作都是建立在爆轰胞格尺度基础上的，已经形成了事实上的路径依赖。无论是临界直接起爆能量还是临界管道直径，都可以通过胞格宽度来表征，相关的研究工作有很多。需要注意的是，在许多气体中，胞格宽度只是一个平均值，实际情况是存在大小不同的胞格分布，通过这一参数来表征胞格特性存在过度简化的问题。这就导致了以胞格宽度为核心的动力学参数研究只能是一些唯象的结果，更深入的研究仍然有待于深入的流动、燃烧现象的挖掘和阐释。

6.2.3　爆轰波的反射与绕射

胞格爆轰波的传播和演化是一个重要的研究方向。上述关于爆轰波的研究，大部分爆轰波在圆截面或者方截面管道中的传播，截面面积不发生变化，即爆轰波达到了平衡状态，通常为 CJ 爆轰波。如果爆轰波在传播过程中几何约束突然发生变化，则胞格波面会发生变化，偏离平衡状态。这方面的研究从流动的角度看大致可以分为绕射和反射两种情况，比如，管道突扩或者渐扩导致的爆轰波绕射，或者爆轰波遇到楔面发生反射。一般而言，绕射会导致爆轰波速降低，局部解耦，而反射会导致波速增加，形成局部的过驱动爆轰波。图 6.2.4 所示为爆轰波在不同角度突扩管道中的传播,可以看到绕射会使爆轰波胞格增大,随后依据绕射条件的不同发生分化,但是总体上都实现了重新趋于以前的稳定值。绕射角较小的情况下,增大后的爆轰胞格发生分裂,形成新的胞格;绕射角中等的情况下,胞格增大后不是通过分裂,而是通过重新起爆实现在扩张管道中的传播;绕射角较大的情况下,边缘的爆轰波发生了解耦,但是由于压力增加导致胞格数目较多,中心处的胞格仍然存在,并逐渐向外扩张实现绕射后的传播。需要指出的是,绕射过程远比反射过程复杂,研究的也较多,解耦后的爆轰波能否在新的几何约束下继续维持,取决于多种因素的耦合作用。如上述情况下,扩张角的大小和原管道中的胞格数同时影响了传播特性。在极端情况下,这种研究还会和起爆研究结合在一起,如探讨圆截面管道中爆轰波绕射到自由空间中是否能够形成球面爆轰波。这方面的研究成果很多,在此不展开,感兴趣的读者可以参考相关综述和专著。

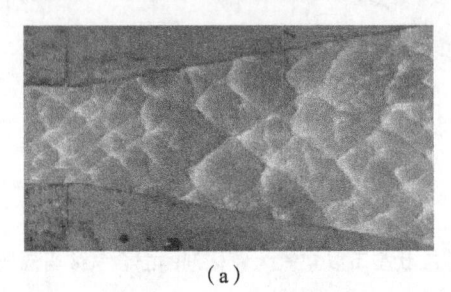

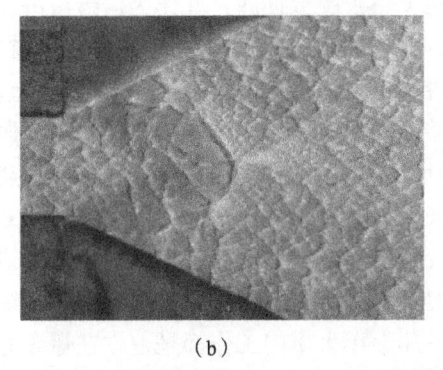

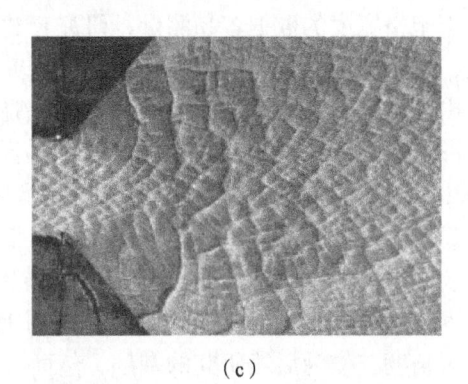

图 6.2.4 混合气体 $C_2H_2+2.5O_2$ 中的胞格爆轰波在不同角度的扩张管道中的绕射
(a) 10°, 4.0 kPa; (b) 25°, 8.0 kPa; (c) 45°, 10.6 kPa

胞格结构的研究与爆轰波的传播机理研究是密切联系的。早期的研究者不理解为什么爆轰波能够以极高的速度传播,前导激波的发现解释了这个问题,导致了 ZND 模型的出现。进一步的研究发现 ZND 结构会失稳,导致爆轰波面失稳,从而带动了胞格测量和以胞格宽度为核心动力学参数的研究。这些研究得到了一些模型,为工程应用提供了经验的方法,但是更进一步的研究超出了传统的爆轰领域,涉及高雷诺数可压缩湍流。对于比较规则的爆轰波,其波后的流动状态是比较清楚的,对其传播过程中动力学形成进行预测的难度不大。对不同情况下的传播特性进行研究,本质上就是获得爆轰波头结构对不同几何约束的响应规律。图 6.2.5 所示为一种环形管道中爆轰波的传播,是一种内壁面绕射、外壁面反射的情况。可以推测爆轰波在内壁面发生了解耦,而外壁面实现了重新耦合并形成了更密集的胞格,根据管道的内径、外径和爆轰波的胞格宽度以及化学反应特征长度不同,环形管道中爆轰波会形成多种周期性模式,是个有意思的现象。

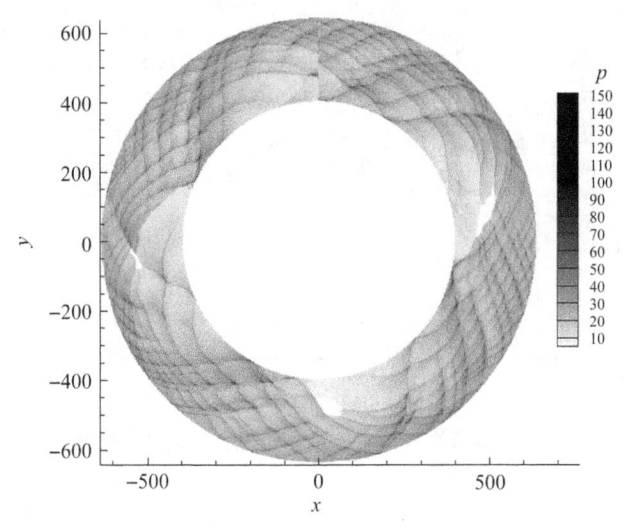

图 6.2.5　环形管道中的胞格

6.2.4　爆轰临界直径

爆轰临界直径是指爆轰波可从管道中成功传播至无约束空间的最小管道直径。Zeldovich 等人早期对爆轰的研究表明，边界条件对爆轰在管道中顺利传播影响极大，其中最重要的因素之一是管道的直径。Lee 通过研究发现，在管道中传播的平面爆轰传播至自由空间，如果管道的直径大于某个临界值（即 $d > d_\mathrm{c}$），则平面爆轰发展为球面爆轰，如图 6.2.6（a）所示；而如果 $d < d_\mathrm{c}$，则稀疏波导致反应区和前导冲击波解耦，形成球形的爆燃波，如图 6.2.6（b）所示。

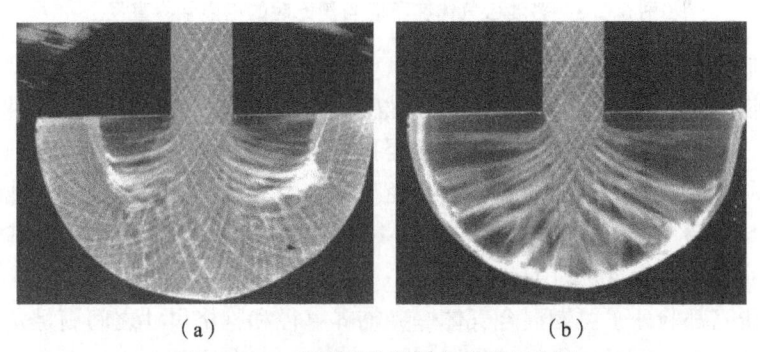

图 6.2.6　爆轰波由管道向自由场传播
(a) 成功形成球面爆轰；(b) 不能形成球面爆轰

（1）爆轰临界直径与初始状态关系。

通过大量的实验，并从获得的各种可燃混合气体的爆轰临界直径来看，爆轰临界直径与初始状态（压力、当量比、惰性气体稀释）之间的关系：初始压力越小（见图 6.2.7）、温度越低，其爆轰临界直径越大；随着燃料和氧化剂之间比例的改变，在最佳浓度时爆轰临界直径具有最小值，而随着组分的改变，爆轰临界直径也相应增加（见图 6.2.8）。这些定性的关系类似于胞格尺寸和初始状态的趋势关系，因此也产生了爆轰临界直径与胞格尺寸是否存在某种联系的猜想。

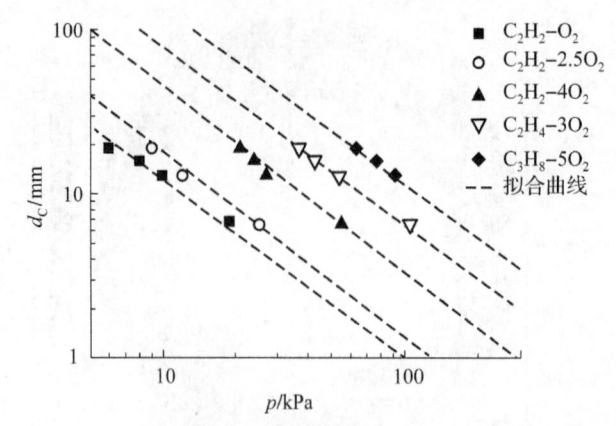

图 6.2.7　各混合气体在不同初始压力下的爆轰临界直径

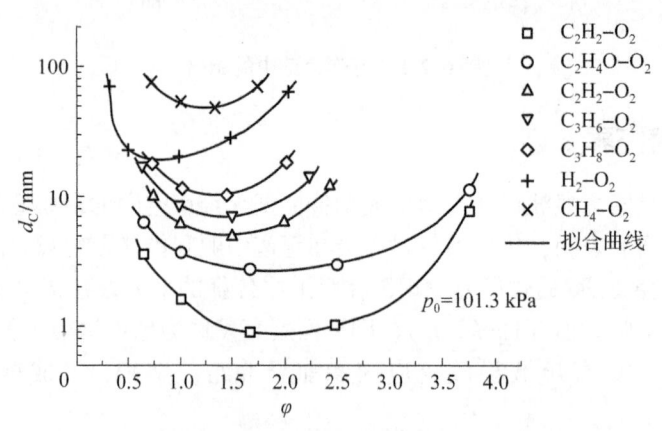

图 6.2.8　各混合气体在不同当量比时的爆轰临界直径

（2）爆轰临界直径与胞格尺寸的关系。

研究爆轰临界直径除了为判断物质爆轰敏感性提供依据之外，还可以通过测量各种物质在相同状态下的临界直径和胞格尺寸，从而得出两者之间的联系。1965 年，Mitrofanov 等人最早试图证明所有混合气体都适用的临界直径与胞格尺寸之间的普遍关系。他们发现在圆管中，临界直径与爆轰胞格之间的关系为 $d_C = 13\lambda$；在正方形的管道中，管道的宽度（W_C）与胞格尺寸之间的关系为 $W_C = 10\lambda$。

后来许多研究都验证了可燃混合气体爆轰临界直径和胞格尺寸之间满足 $d_C = 13\lambda$ 的经验关系。有研究者认为，当爆轰由管道传播至自由场时，管壁周围会产生向外扩散的高压爆轰产物，由此形成稀疏波并沿着管轴传播。稀疏波使受冲击作用的气体降温并延长诱导时间，导致反应区与前导冲击波解耦。这个气动力过程所需要的时间约为管道半径长度除以爆轰产物气体的声速，即 $t_C = R_C/C_0$。假设爆轰波的有效厚度（即由前导冲击波到平衡 CJ 面的距离）为 ΔH，如果爆轰避免熄灭，在稀疏波到达管轴之前，爆轰传播的距离必须至少为 $2\Delta H$。因此，在管轴附近至少存在一个不受气动力熄灭效应影响的爆轰中心，这个爆轰中心随后发展为球面爆轰的核心。爆轰在传播至轴向距离 $2\Delta H$ 处所需要的时间为 $t_D = 2\Delta H/V_{CJ}$，其中 V_{CJ} 为 CJ 爆轰速度。如果两个特征时间相等，即 $t_C = t_D$，可得 $R_C = 2C_0 \cdot \Delta H/V_{CJ}$。对于绝大多数的可燃混合气体，爆轰速度约为爆轰产物声速的 2 倍，即 $V_{CJ} \approx 2C_0$，因此可得到的

关系为 $R_c \approx \Delta H$，或者 $d_c \approx 2\Delta H$。Edwards 等人通过测量氢氧和乙炔氧气混合气体的横波压力振动，得出爆轰的有效厚度（或者为气动力厚度）为胞格长度的 2.5~4 倍（或者为爆轰宽度的 5~8 倍）的结论。根据该结论取平均值，$\Delta H \approx 6.5\lambda$。由于 $t_C/t_D = 1$，得出 $d_C \approx 2\Delta H \approx 13\lambda$。不过，当可燃性混合气体中自由基浓度非常高，或者混合物用高浓度的氩气稀释时 $d_C \approx 13\lambda$ 的关系式不再适用。

此外，由于爆轰波阵面以化学反应区长度为特征，而临界直径的大小决定在管道中传播的爆轰波是否可通过衍射向自由场传播。因此，从无量纲角度推测，化学反应区长度与临界直径间有联系，并得出两者的参数关系为 $d_C = A \cdot \Delta_I$。例如，Zhang 等人总结出 $C_2H_2 - N_2O - Ar$ 混合气体中爆轰临界直径与 ZND 诱导区长度之间的关系为

$$d_C = 594.8 \varphi^{0.623}(1 - X_{Ar})^{0.2176}(p_1/p_0)^{-0.0246} \Delta_I \tag{6.2.7}$$

爆轰临界直径是影响爆轰波传播的最主要的边界条件，其他因素，如激波反射、热点、旋涡和不稳定性也会对爆轰波的传播产生影响，因此爆轰临界直径的研究是一个综合性的课题，孤立对待可能导致对爆轰临界直径的认识出现偏差。

6.3 爆燃转爆轰

6.3.1 爆燃转爆轰现象

爆燃和爆轰两种燃烧波有多种区别。首先是波速，爆轰波相比爆燃波能够以很高的速度传播，主要原因是燃烧放热区之前有个很强的激波。其次爆燃属于膨胀波而爆轰属于压缩波。再者传播机理上，爆燃波通过火焰区的质量扩散和热扩散使前方反应物着火，从而实现火焰传播，其传播速度由热扩散率和质量扩散率决定，并且扩散通量依赖于维持跨过火焰前后大梯度的反应速率。而爆轰波则是一道超声速压缩激波，它通过前导激波扫过混合物时的绝热压缩加热来点燃混合物。

爆轰波的起爆可以分为两种：爆燃转爆轰和直接起爆。爆燃转爆轰是由低速爆燃波在一定条件下转变为高速爆轰波，涉及一个强激波的形成过程。直接起爆是通过瞬间的能量释放形成强激波，进而发展为爆轰波，大部分情况下初始强激波比 CJ 爆轰波的前导激波更强，是一个衰减过程。在这两个过程中，前者需要的能量通常为毫焦量级，而直接起爆至少需要焦（或千焦）量级的能量。因此，爆燃的产生较容易，大部分过程是通过爆燃转爆轰来实现的。

当满足爆燃转爆轰的临界条件时，就会在火焰区的局部产生爆轰波。临界条件的形成过程与爆轰波的产生过程无关。一般只要达到必要的临界条件，爆轰起爆发生之前并不存在一个必须达到的临界最大火焰速度。但当考虑在一根光滑壁面管中进行经典的爆燃向爆轰转变的实验时，就会发现当自发地产生爆轰波时，爆燃波通常会加速至大约 CJ 爆轰速度一半量级的某一最大速度。

在一根光滑壁面的长管内，爆燃向爆轰转变过程可以分为火焰加速阶段和爆轰产生阶段。初始火焰加速阶段包含了全部的火焰加速机制（不稳定性、湍流、声学影响等）。哪些火焰加速机制起主导作用（或不起作用）与初始条件和边界条件密切相关。因此，人们难以对转变阶段建立普适的理论。但是在爆轰波产生的最后阶段，似乎可以至少在定性上描述

爆轰波自发形成所需的临界条件。在光滑管中，实验表明，火焰通常加速至混合物的 CJ 爆燃速度的量级。但这一状态是不稳定的，并最终导致局部爆炸中心的形成。然后在这些热点中形成了过驱爆轰，过驱爆轰波先加速，随后衰减至 CJ 爆轰波。

6.3.2 爆燃波的气体动力学

从气体动力学角度考虑，爆燃解在 Hugoniot 曲线的下半支，且最大的爆燃速度（对于给定的火焰前方的初始状态）对应于 Rayleigh 线与 Hugoniot 曲线的切点。对于爆轰波，解在 Hugoniot 曲线的上半支。最小爆轰速度也对应 Rayleigh 线与 Hugoniot 曲线在上半支的切点。因此，爆燃向爆轰的转变可以看成是从 Hugoniot 曲线下半支向上半支的跳跃。

如图 6.3.1 所示，两个波面后的状态分别由下标 1 和 2 表示。为简便起见，定义 u_1 为前导激波后方气体相对于前方气体（$u_0=0$）的速度，定义 u_2 为火焰后方气体相对于其前方以速度 u_1 运动的混合物的速度。那么，火焰后方相对于实验室固定坐标系的速度为 u_1+u_2。可以写出跨过前导激波的守恒定律为

$$\rho_0 \dot{R}_s = \rho_1 (\dot{R}_s - u_1) \tag{6.3.1}$$

$$p_0 + \rho_0 \dot{R}_s^2 = p_1 + \rho_1 (\dot{R}_s - u_1)^2 \tag{6.3.2}$$

$$h_0 + \frac{\dot{R}_s^2}{2} = h_1 + \frac{(\dot{R}_s - u_1)^2}{2} \tag{6.3.3}$$

式中，$\dot{R}_s$ 是激波相对于实验室固定坐标系的速度。跨过火焰的守恒方程为

$$\rho_0 (\dot{R}_f - u_1) = \rho_1 (\dot{R}_f - u_1 - u_2) \tag{6.3.4}$$

$$p_1 + \rho_1 (\dot{R}_f - u_1)^2 = p_2 + \rho_2 (\dot{R}_f - u_1 - u_2)^2 \tag{6.3.5}$$

$$h_1 + Q + \frac{(\dot{R}_f - u_1)^2}{2} = h_2 + \frac{(\dot{R}_f - u_1 - u_2)^2}{2} \tag{6.3.6}$$

式中，Q 是跨过火焰面单位质量释放的化学能；$\dot{R}_f$ 是相对于实验室固定坐标系的火焰速度。

可解得跨过正激波的密度比、压力比、气体速度比及温度比分别为

$$\frac{\rho_1}{\rho_0} = \frac{\gamma_0 + 1}{(\gamma_0 - 1) + \dfrac{2}{M_s^2}} \tag{6.3.7}$$

$$\frac{p_1}{p_0} = \frac{2\gamma_0}{\gamma_0 + 1} M_s^2 - \frac{\gamma_0 - 1}{\gamma_0 + 1} \tag{6.3.8}$$

$$\frac{u_1}{c_0} = \frac{2(M_s^2 - 1)}{(\gamma_0 + 1) M_s} \tag{6.3.9}$$

$$\frac{T_1}{T_0} = \left(\frac{p_1}{p_0}\right)\left(\frac{\rho_0}{\rho_1}\right) \tag{6.3.10}$$

式中，$M_s = \dot{R}_s / c_0$；$c_0^2 = \gamma_0 p_0 / \rho_0$ 是激波前方混合物的声速。

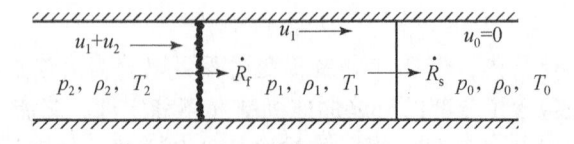

图 6.3.1 光滑管中跟随在前导激波后的火焰的传播示意图

通常前导激波的强度并不足以使激波扫过的混合物产生化学变化，可以假定 $\gamma_1 = \gamma_0$，因此，跨过激波后状态（即 p_1，ρ_1，T_1，u_1）的变化可表示为激波速度（或激波马赫数）的函数。

6.3.3 转变现象的特征

爆燃转爆轰不是一个爆燃波连续加速到爆轰波的发展过程，它实质上包含了两个阶段，即爆燃波的连续加速过程和爆轰波的突然形成过程。首先在一定条件下低速的火焰能够不断地加速成为高速的湍流火焰；然后在边界层失稳区域或者湍流火焰面附近能够产生局部爆炸中心，即起爆热点。热点起爆产生的更强的压缩波在向外传播过程中诱导更强的化学反应，形成爆轰泡。

通过高速纹影动画可以得到爆震开始的一个更好的说明。图 6.3.2 所示为氢气–氧气混合气体中爆燃转爆轰初始阶段的火焰加速纹影。火焰面出现由不稳定性引起的胞格结构，并可以看到传播中火焰的前方有一连串的压缩波。图 6.3.3 所示为氢气–氧气混合气体中爆燃转爆轰起爆前阶段的火焰加速纹影。此时火焰的胞格结构具有更精细的尺度，同时，弱压缩波汇合后，在火焰前方还可看到一连串的强压缩波。这些强压缩波串最终聚合形成火焰前方的前导激波。

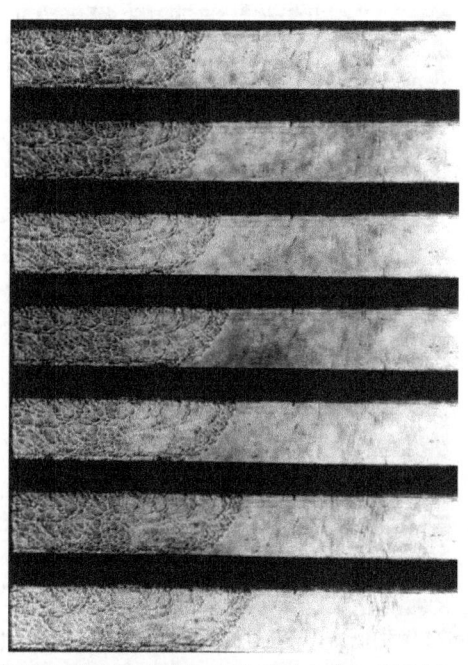

图 6.3.2　氢气–氧气混合气体中爆燃转爆轰初始阶段的火焰加速纹影（p_0 =11.16 kPa，Δt =5 μs）

图 6.3.4 所示为氢气–氧气混合气体中爆燃转爆轰形成阶段的火焰加速纹影。在第 3 帧中可以看到在湍流火焰区内通道的底壁处形成了两个局部爆炸中心。爆炸中心随时间增大，但并未从这些爆炸中心生成爆震波。从开始的第 5 帧中，注意到在前两个爆炸中心之间靠近通道底壁处产生了第三个爆炸中心，并且已经形成了爆震泡。这个源于第三爆炸中心的半球状爆震泡在被压缩后的反应物中，以过驱爆震形式向前传播。回传至反应产物中的激波称为回波。在上下壁面之间反射的横波与源自局部爆炸的半球波有关。

图 6.3.3　氢气-氧气混合气体中爆燃转爆轰起爆前阶段的火焰加速纹影（$p_0 = 11.16$ kPa，$\Delta t = 5$ μs）

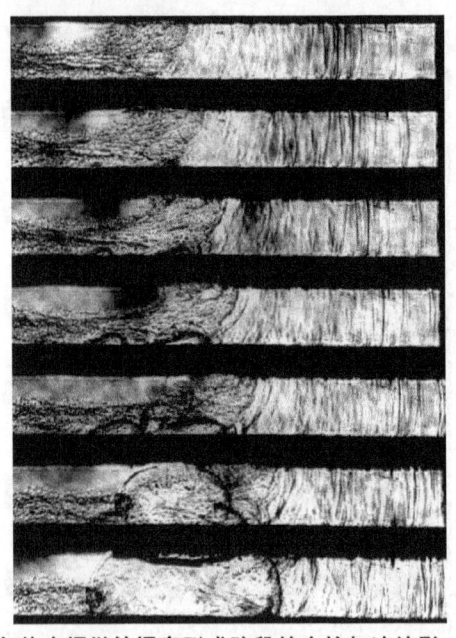

图 6.3.4　氢气-氧气混合气体中爆燃转爆轰形成阶段的火焰加速纹影（$p_0 = 11.16$ kPa，$\Delta t = 5$ μs）

由爆燃形成爆震的方式也有多种，因此至今尚未发展出描述转变现象的普适理论，即使是定性层面上的普适理论也不存在。因此，我们将讨论所有相关的火焰加速机制及产生爆震波的多种方式。在不同的初始和边界条件下，一些机制的不同组合或许在爆燃向爆震转变中起主导作用。

6.3.4　火焰加速机制

对于在管中传播的一维平面火焰，火焰速度是指平面火焰面相对于固定坐标系传播的速率。然而，传播过程中预爆震阶段的火焰锋面是三维非定常的。因此，要先阐释三维波动燃烧表面的火焰速度（沿传播方向）的含义。局部上看，湍流火焰表面的燃烧速度（相对于火焰前方未燃混合物）会发生显著变化，火焰表面上一些部分甚至会因为过度地卷曲或拉伸而熄灭。可以画出两个垂直于火焰传播方向的控制面（平面），一个在未燃反应物中湍流火焰锋的前方，另一个在充满燃烧产物的火焰区尾迹中。位于这两个平面之间的有限湍流燃烧区随时间的变化过程是可以观测的，于是可以定义一个沿管轴方向一维传播的火焰速度（或燃烧速度）。该燃烧速度乘以管的横截面积时，得到的是三维瞬态"湍流"火焰的体积燃烧速率，所以由此定义的燃烧速度实际上是一个有效燃烧速度。"湍流"一词之所以加引号，是因为除了火焰前方未燃混合物的湍流脉动以外，还有其他多种机制共同促使三维火焰面的产生。"湍流"火焰区的体积燃烧速率取决于火焰面的面积及火焰面的局部燃烧速度。任何一种导致火焰面面积增大的机制也会导致体积燃烧速率的增大。可通过湍流输运、火焰弯曲或拉伸使局部火焰增强或熄灭。因此，在三维"湍流"火焰区中，火焰加速度是指平均燃烧速度增加的速率。

传播中的层流火焰本质上是不稳定的，并且初始的平面火焰锋会因气体动力学效应及热扩散不稳定性而发展成具有胞格结构的三维火焰，其中的热扩散不稳定性是质量扩散和热扩散竞争的结果。火焰加速及声学激励对大密度梯度的影响也会诱导不稳定性，并且随着不稳定性的发展火焰面积也相应增大。火焰表面向速度梯度和湍流流场的对流输运也会使火焰表面积因火焰折叠和褶皱而增大。因此，导致传播中火焰不稳定的机制有多种，每一种都使燃烧速率（即有效火焰速度）增大。

受扰动火焰锋面前方的流线发散（或收缩）会引起扩张段（或喷管）效应，因此所有传播中的火焰都是气体动力学不稳定的。迎面气流速度的减小（或增大）使火焰扰动增大。这就是所谓的 Landau - Darrieus 不稳定性。燃料和氧化剂分子不同的扩散率倾向于使混合物中沿着受扰火焰面上含量较少的组分得到补充或被消耗，从而导致局部燃烧速度的变化。如果沿火焰面热扩散不同，则质量扩散和热扩散的共同作用将使火焰扰动增大。这称为热扩散不稳定性。

6.3.5 转变发生特性及转变判据

爆震波的传播存在一个爆震极限（对于给定的边界条件），在这个极限以外，爆震波将无法自持传播。可以假设在爆震极限以外，爆燃向爆震转变的过程是不可能的。然而，这并不意味着只要在爆震极限内，转变就一定能够发生。接近极限的爆震通常通过高能点火源起爆，形成一个初始的过驱爆震波，最终衰减为 CJ 爆震波。火焰加速机制与爆震波传播机制完全不同。因此，爆震波自持传播的条件与火焰加速的条件也有很大不同。定义一个火焰加速的判据是既无意义也不可能的，因为火焰加速牵涉到一系列不同的机制。然而，定义爆震开始的判据却是可能的。也就是说，假设爆燃波已经加速到满足给定的边界条件的最大速度时，仍然需要满足一定的条件才能自发触发爆震的开始。

考虑光滑圆管这种特定情形。在图 6.3.5 中，混合物的成分为空气中含 4% 的 C_2H_2，观察到火焰进入光滑段后爆震的开始。在某些实验中，观察到火焰进入光滑管后速度先下降然后再加速，并转变为爆震。但是在有些情况下，火焰一开始就试图加速，但这个加速不能持续，随后出现速度衰减。图 6.3.5 给出了成功的转变和失败的转变两种有代表性的情形。初始火焰速度约为 700 m/s，仍对应于 CJ 爆震速度（1 595 m/s）的 1/2。要想实现在光滑管中的转变，爆燃波的速度要求达到 CJ 爆震速度的 1/2，这对应于燃烧产物的声速和混合物的 CJ 爆燃速度。除了要达到一个最小速度外，管径似乎也需要足够大。爆震开始需要满足的尺寸条件为 $\lambda/d \approx 1$。也就是说，在触发自发的爆震之前，管径要与混合物的胞格尺寸相当。表 6.3.1 列出了一组能够实现爆震转变的混合物的组分及 λ/d 的值。表中列出的混合物的 λ/d 的值均为 1 的量级。注意到对于爆震极限，有 $\lambda/d \approx \pi$。因此，在相同的管径条件下，爆震波的转变比爆震波的传播需要更敏感的混合物。

表 6.3.1 光滑段中的转变条件

混合物	d/cm	λ/mm	λ/d
4% C_2H_2 – air	5	58.3	1.18
5% C_2H_2 – air	5	65.1	1.32
10% C_2H_2 – air	5	39.1	0.80
4% C_3H_8 – air	5	52.2	1.06
5% C_3H_8 – air	5	59.0	1.19
20% H_2 – air	5	55.4	1.12
51% H_2 – air	5	52.5	1.06

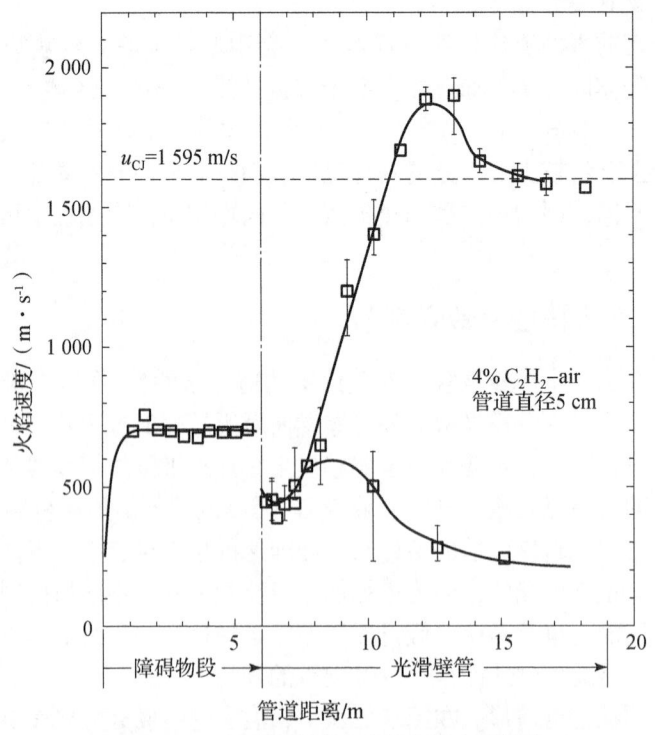

图 6.3.5 光滑管中的成功转变与失败转变

在粗糙管中（放满孔板障碍物），火焰在转变为爆震（或准稳态爆震）之前，也要先加速到大约为燃烧产物的声速的量级（或 CJ 爆燃速度）。对于粗糙管中的转变，同样要求管

径满足 $\lambda/d \approx 1$。然而，粗糙管中 d 是指多孔隔板的孔径，而不是管径，这是因为在传播方向上（即沿管轴方向）孔径是无障碍物的管的特征尺度。表 6.3.2 列出了在粗糙管中观察到的爆震转变时的 λ/d 值。可以看出，除了 C_2H_2 以外，其他燃料在粗糙管中都满足 $\lambda/d \approx 1$，同光滑管中的 λ/d 值是相同的。而 C_2H_2 不符合此规律的原因，推论与该燃料的极其敏感并生成了更敏感的二乙炔聚合物有关。

表 6.3.2　粗糙管中的转变条件

D/cm	d/cm	混合物	λ/cm	λ/d
5	3.74	22% H_2 – air	3.07	0.82
		47.5% H_2 – air	4.12	1.10
		4.75% C_2H_2 – air	1.98	0.51
		6% C_2H_4 – air	3.78	1.01
		9% C_2H_4 – air	3.01	0.81
15	11.4	18% H_2 – air	10.7	0.94
		57% H_2 – air	11.7	1.03
		4% C_2H_2 – air	5.8	0.51
		4.5% C_2H_4 – air	8.7	0.76
		13.5% C_2H_4 – air	11.5	1.01
		3.25% C_3H_8 – air	11.2	0.98
		5.5% C_3H_8 – air	11.6	1.02
30	22.86	18% H_2 – air	21.0	0.92
		57% H_2 – air	18.5	0.81
		4% C_2H_2 – air	10.6	0.46
		4.5% C_2H_4 – air	18.0	0.79
		13.5% C_2H_4 – air	20.0	0.87
		3.25% C_3H_8 – air	21.0	0.92
		5.5% C_3H_8 – air	9.2	0.40
		无转换		
5	3.74	CH_4 – air	30.0	8.02
		C_3H_8 – air	5.2	1.40
15	11.4	CH_4 – air	30.0	2.63
30	22.76	CH_4 – air	30.0	1.31

6.4 斜爆轰

正如激波可以分为正激波和斜激波，爆轰波也可以分为正爆轰波和斜爆轰波。从燃烧的角度看，爆轰波是一种强激波诱导的快速燃烧，正激波诱导的称为正爆轰波，斜激波诱导的称为斜爆轰波。

6.4.1 斜爆轰守恒关系与极线分析

对于斜爆轰波，可以类比斜激波进行分析，在已知波前参数和楔面角度 θ 的情况下，获得波后参数及斜爆轰波角 β 的值。这种计算无法考虑有限速率的化学反应，只能将斜爆轰波面处理为一个含瞬时能量添加的间断面，如图 6.4.1 所示。

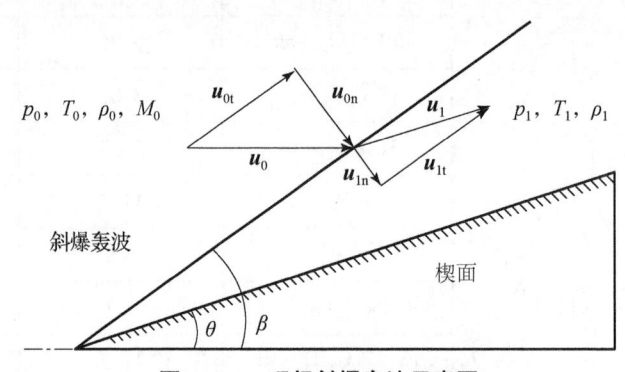

图 6.4.1 理想斜爆轰波示意图

通常波前和波后气体的比热比 γ 是不同的，放热量也取决于波后状态，但是在目前的理论研究中先假定这两者都是已知的定值。根据质量、动量和能量守恒关系，可以推导出斜爆轰波的基本守恒关系

$$\dot{m} = \rho_0 u_{0n} = \rho_1 u_{1n} \tag{6.4.1}$$

$$p_0 + \rho_0 u_{0n}^2 = p_1 + \rho_1 u_{1n}^2 \tag{6.4.2}$$

$$\frac{\gamma}{\gamma-1} \cdot \frac{p_0}{\rho_0} + \tilde{q} + \frac{1}{2} u_{0n}^2 = \frac{\gamma}{\gamma-1} \cdot \frac{p_1}{\rho_1} + \frac{1}{2} u_{1n}^2 \tag{6.4.3}$$

式中，角度与法向/切向速度关系为

$$\tan\beta = \frac{u_{0n}}{u_{0t}}, \quad \tan(\beta-\theta) = \frac{u_{1n}}{u_{1t}} \tag{6.4.4}$$

式中，p、u、ρ、γ、β、θ 表示压力、速度、密度、比热比、斜爆轰波角和楔面角度；下标 0 和 1 表示爆轰波前后。

类似于斜激波关系，经过斜爆轰波切向速度保持不变，因此有

$$u_{0t} = u_{1t} \tag{6.4.5}$$

所以

$$\frac{u_{0n}}{u_{1n}} = \frac{\tan\beta}{\tan(\beta-\theta)} \tag{6.4.6}$$

由式 (6.4.1) 和式 (6.4.6) 得到

$$\frac{\rho_1}{\rho_0} = \frac{u_{0n}}{u_{1n}} = \frac{\tan\beta}{\tan(\beta-\theta)} \tag{6.4.7}$$

综合式（6.4.1）和式（6.4.3）得到

$$\frac{\gamma}{\gamma-1}\left(\frac{p_1}{\rho_1} - \frac{p_0}{\rho_0}\right) - \tilde{q} = \frac{1}{2}(u_{0n}^2 - u_{1n}^2) = \frac{1}{2}\left(\frac{\dot{m}^2}{\rho_0^2} - \frac{\dot{m}^2}{\rho_1^2}\right) = \frac{1}{2}\dot{m}^2\left(\frac{1}{\rho_0} - \frac{1}{\rho_1}\right)\left(\frac{1}{\rho_0} + \frac{1}{\rho_1}\right) \tag{6.4.8}$$

由式（6.4.1）和式（6.4.2）得到

$$p_1 - p_0 = \rho_0 u_{0n}^2 - \rho_1 u_{1n}^2 = \frac{\rho_0^2 u_{0n}^2}{\rho_0} - \frac{\rho_1^2 u_{1n}^2}{\rho_1} = \dot{m}^2\left(\frac{1}{\rho_0} - \frac{1}{\rho_1}\right) \tag{6.4.9}$$

再由式（6.4.8）和式（6.4.9）得到

$$\frac{\gamma}{\gamma-1}\left(\frac{p_1}{\rho_1} - \frac{p_0}{\rho_0}\right) - \tilde{q} = \frac{1}{2}(p_1 - p_0)\left(\frac{1}{\rho_0} + \frac{1}{\rho_1}\right) \tag{6.4.10}$$

对式（6.4.10）进行变换

$$\frac{p_1}{p_0} = \frac{2\dfrac{\tilde{q}}{\dfrac{p_0}{\rho_0}}}{\dfrac{\gamma+1}{\gamma-1}\cdot\dfrac{\rho_0}{\rho_1} - 1} + \dfrac{\dfrac{\gamma+1}{\gamma-1}\cdot\dfrac{\rho_1}{\rho_0} - 1}{\dfrac{\gamma+1}{\gamma-1} - \dfrac{\rho_1}{\rho_0}} \tag{6.4.11}$$

对放热量进行无量纲处理

$$\frac{\tilde{q}}{\dfrac{p_0}{\rho_0}} = \frac{\gamma\tilde{q}}{\gamma RT_0} = \gamma Q \tag{6.4.12}$$

代入式（6.4.11）得到

$$\frac{p_1}{p_0} = \frac{2\gamma Q}{\dfrac{\gamma+1}{\gamma-1}\cdot\dfrac{\rho_0}{\rho_1} - 1} + \dfrac{\dfrac{\gamma+1}{\gamma-1}\cdot\dfrac{\rho_1}{\rho_0} - 1}{\dfrac{\gamma+1}{\gamma-1} - \dfrac{\rho_1}{\rho_0}} \tag{6.4.13}$$

对式（6.4.9）分别除以波前压力 p_0，得到

$$\frac{p_1}{p_0} = 1 + \left(1 - \frac{\rho_0}{\rho_1}\right)\frac{\rho_0}{p_0}u_{0n}^2 = 1 + \left(1 - \frac{\rho_0}{\rho_1}\right)\frac{\gamma}{\gamma RT_0}u_0^2\sin^2\beta = 1 + \left(1 - \frac{\rho_0}{\rho_1}\right)\gamma Ma_0^2\sin^2\beta \tag{6.4.14}$$

联立式（6.4.13）和式（6.4.14）求解，可以得到

$$\frac{\rho_1}{\rho_0} = \frac{\tan\beta}{\tan(\beta-\theta)} = \frac{(\gamma+1)Ma_0^2\sin^2\beta}{\gamma Ma_0^2\sin^2\beta + 1 \pm \sqrt{(Ma_0^2\sin^2\beta - 1)^2 - 2(\gamma^2-1)Ma_0^2\sin^2\beta\cdot Q}} \tag{6.4.15}$$

式（6.4.15）给出了楔面角度 θ、斜爆轰波角度 β 和来流马赫数 Ma_0 的关系，在知道来流比热比和放热量的情况下，可以计算出三者的定量结果。类似斜激波关系，在获得斜爆轰波角度之后，其余的物理量可以通过该方程计算出来。通常情况下，斜爆轰波角度是未知的，利用该方程可以求解该未知量。一旦斜爆轰波角度求解出来，密度比和压力比可以通过式（6.4.11）和式（6.4.13）分别求得，进而利用守恒关系可以得到波后其他参数。如果将放热量设为零，则退化为经典的斜激波关系。所以，此处给出的斜爆轰波基本关系式具有普适性、可以兼容激波关系式，是包含热释放的广义激波关系式。这是因为推导该方程的时

候，仅仅用到了质量、动量、能量守恒和速度几何关系，没有引入别的假设。更进一步，如果化学反应放热量是负的，例如，高超声速流动中的强激波后，由于气体离解、电离导致波后化学反应是吸热的，这个基本关系式仍然成立。

以横轴表示楔面角度或者气流偏转角，以纵轴表示斜爆轰波角，将式（6.4.15）所有的解画成一条曲线，就是斜爆轰波的极线，如图 6.4.2 所示。极线的纵轴也可以是气压比、密度比或温度比，这是一种对静态的斜激波或斜爆轰波参数关系进行分析的理论方法。可以看到两条曲线既有明显的差别，又存在着一定的联系。激波极线分为上下两个分支，分别称为强斜激波和弱斜激波，而斜爆轰波分为三个分支，除了相应的强斜爆轰波（上面分支）和弱斜爆轰波（下面分支）外，左侧还存在一个分支（通常认为是没有物理意义的）。需要指出的是，强斜爆轰波出现的情况较少，绝大部分情况下都是弱斜爆轰波，这与斜激波的强弱解出现规律是相同的。此外，在给定的楔面角度下，如果同时存在斜激波和斜爆轰波的弱解，则后者的角度大于前者。这种现象从气体动力学角度是容易理解的，燃烧放热会导致波后压力、温度及声速的增大，为了形成驻定波系，斜爆轰波必须有更大的角度，以对来流气体实现压缩程度的增加。

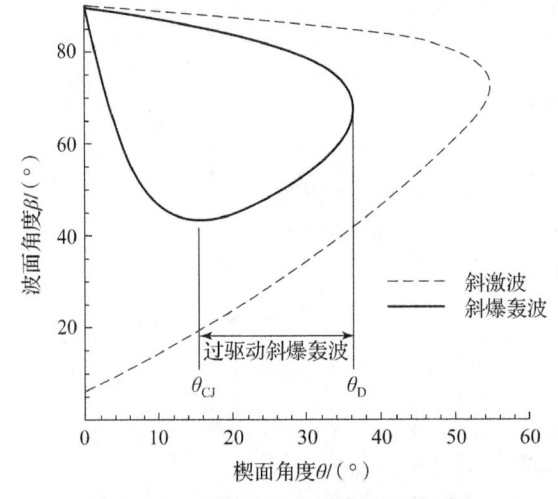

图 6.4.2 斜激波与斜爆轰波极线对比

注：$Ma_0 = 9$，$\gamma = 1.2$，$Q = 50$（斜爆轰波）或 $Q = 0$（斜激波）。

燃烧放热过程不仅导致斜爆轰角度相对斜激波角度的增加，而且导致脱体角度的减小。在斜爆轰推进技术研究中，为了确保燃烧过程的可控性，通常希望爆轰波能够附体而不是脱体。因此，脱体角度对于斜爆轰发动机的设计是一个非常重要的参数。另外一个重要角度是斜爆轰波分支的最低点，也就是与第三分支的交叉点。在斜爆轰波分支上，斜爆轰波后的气流是超声速的，但是其法向速度对应的 Ma 是亚声速的。随着楔面角度的减小，波后 Ma 逐渐增加，达到这个特定角度后，波后气流法向速度对应的 Ma 为 1，即对应的波后气流法向速度是声速，导致出现与 CJ 爆轰波相同的热力学状态，因此该角度又称 CJ 斜爆轰波角。脱体角和 CJ 斜爆轰波角共同组成了一个由 Ma 和放热量决定的区域，只有在这个区域内才能形成过驱动的驻定斜爆轰波，所以也把这个区域称为斜爆轰波的驻定窗口。驻定窗口实际上对应斜爆轰波极线上的弱解分支，其边界是由式（6.4.15）决定的，涉及三个变量，即放热量、Ma 和比热比，因此有必要对它们的影响进行分析。

比热比是一个比较复杂的参数，在爆轰波中来流的比热比和燃烧产物的比热比通常是不同的，微观上涉及分子振动的激发及化学反应带来的组分变化，在简化分析中通常认为是常数，爆轰领域习惯于取 1.2。另外两个参数，即放热量和来流马赫数，是影响斜爆轰波极线的关键参数，图 6.4.3 所示为改变这两个变量时，斜爆轰波极线的变化。当 Ma 增大时，相同楔面角度对应的斜爆轰波角减小，极线向外扩张，导致驻定窗口增大；当放热量减小时，同样导致相同楔面角度对应的斜爆轰波角减小，极线向外扩张，以及驻定窗口增大；当比热比增大时，相同楔面角度对应的斜爆轰波角增大，极线向内收缩，导致驻定窗口减小。因此，从组织燃烧的角度来看，增加来流马赫数、减小放热量，有利于获得驻定爆轰波系。

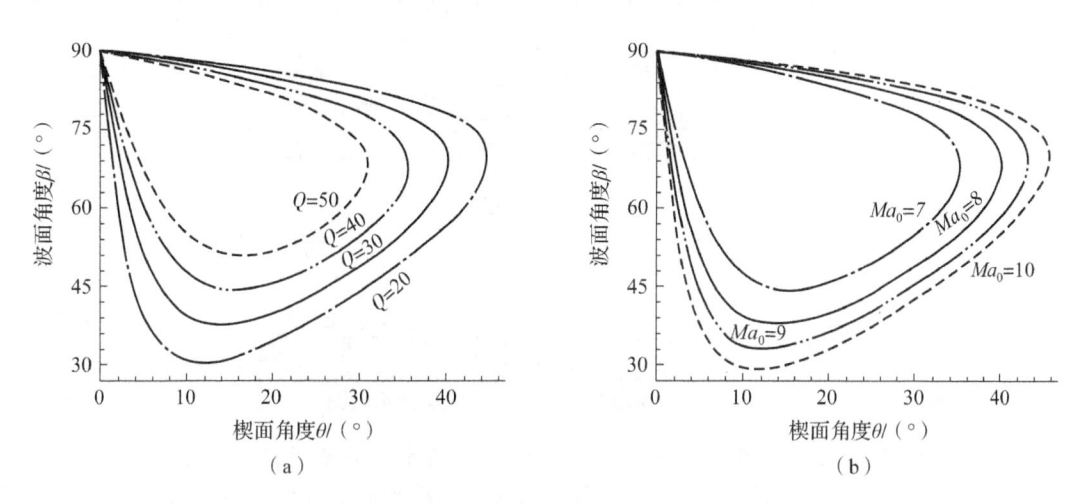

图 6.4.3 斜爆轰波极线（默认参数 $Ma_0=8$, $Q=30$, $\gamma=1.2$）的变化趋势
(a) 放热量；(b) 来流马赫数

6.4.2 斜爆轰的起爆

斜劈诱导的斜爆轰是起爆研究中关注的主要形式，相对于更容易实现的钝头体起爆，其流动阻力和总压损失更小，有利于发动机应用。斜劈诱导的斜爆轰，就是先诱导一个斜激波，通过斜激波压缩点燃可燃气体形成放热区，进而通过放热膨胀，在下游实现斜激波与燃烧带的紧密耦合，实现爆轰波起爆。因此，这种起爆波面上游是斜激波，下游是斜爆轰波，通过斜激波到斜爆轰波的过渡实现起爆。如果斜激波强度不够，波后温度无法实现点火和迅速放热，则可能发生起爆失败的情况，无法形成斜爆轰波。

对于通过斜激波到斜爆轰波的过渡实现起爆的情况，一个核心问题就是过渡是如何实现的，即过渡区的波系情况。图 6.4.4 所示为目前研究者们归纳出的斜爆轰波系结构，包括无反应激波和有反应激波、诱导区、滑移线和爆燃波，其中无反应激波即前文所说斜激波面，有反应激波即斜爆轰波面，两者通过一个转折点联结。由于这个转折点还联结下面的爆燃波，因此通常称为斜爆轰波起爆区三波点。

整体而言，楔面诱导的斜爆轰波起爆通过斜激波到斜爆轰的转变来实现，起爆波面上游是斜激波，下游是斜爆轰波，两者的过渡区存在突变和渐变两种情况，如图 6.4.5 所示。突变过渡通过三波点来实现，而渐变过渡通过光滑的弯曲激波来实现，前者更容易引发斜爆轰波面的失稳，以及诱导复杂的过渡区波系结构。

图 6.4.4 斜爆轰波系结构示意图

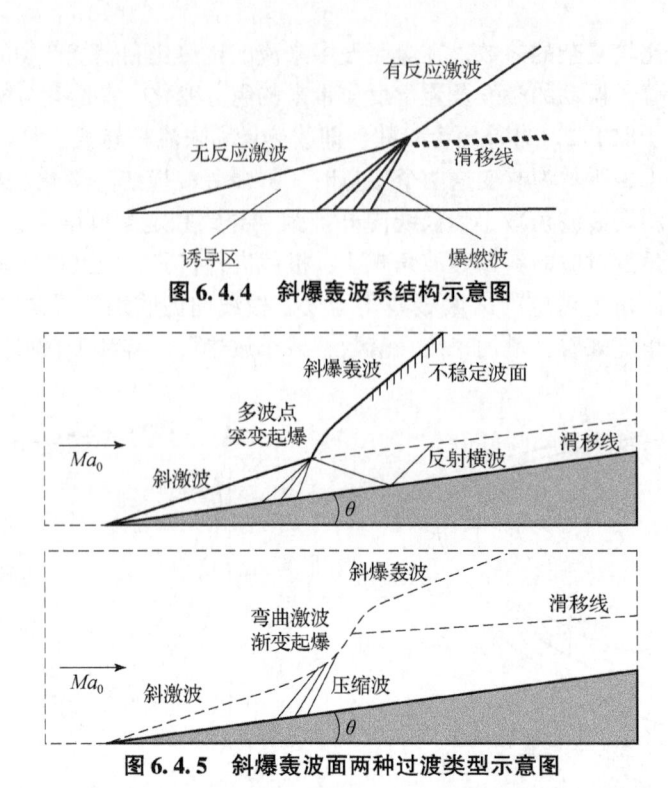

图 6.4.5 斜爆轰波面两种过渡类型示意图

斜爆轰不仅可以通过楔面诱导起爆，而且存在其他多种起爆的诱因。在楔面诱导起爆中，斜激波后的高温高压起到了点火的作用，其数值大小和流动参数决定了能否形成斜爆轰波面，即斜激波与释热区的紧密耦合。理论上，超声速气流中的任何物体都有可能诱导激波，进而利用激波后的高温高压区实现爆轰点火。出于不同的考虑，以前的研究者对双楔面诱导的斜爆轰波开展了研究，楔面类型包括角度从大变小或者从小变大，或者角度大小不变但是中间包括一段平直的缓冲段。除了最简单的单楔面外，在斜爆轰研究中还存在两种研究较多的基本几何构型，即轴对称锥和轴对称钝头体，如图 6.4.6 所示。锥面相对于二维楔面存在一个周向的膨胀，锥激波在气体动力学中研究较多，流动特性和二维平面激波存在明显的差别。钝头体的构型变化较多，如完整圆球或半球头加圆柱体，其共同特点是通过脱体的弯曲激波诱导高温高压区实现点火起爆。此外，轴对称的锥也可以后接圆柱，形成锥柱组合。

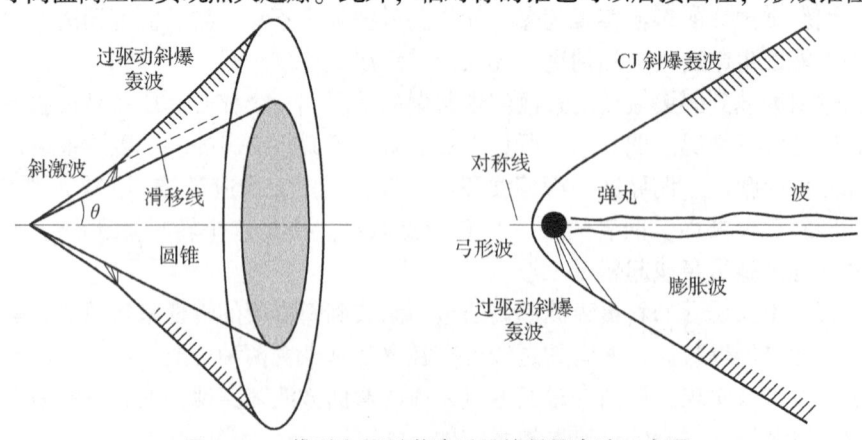

图 6.4.6 锥形和弓形激波诱导的斜爆轰波示意图

6.4.3 斜爆轰的波面失稳和局部结构

斜爆轰波面是起爆后形成的斜激波和放热区紧密耦合的间断面。在斜爆轰发动机中，波面后的放热区是大部分燃料发生能量转换的区域，因此对斜爆轰波面的研究是进行可靠、高效燃烧组织研究的基础。大量已有研究表明，爆轰波在管道中传播时会发生失稳，形成包含往复运动横波的局部结构，又称胞格爆轰波面。同样，这种现象也发生在斜爆轰波面上，但是与正爆轰波面存在显著差异，因此对其进行研究具有理论和应用价值。

早期的研究者们采用单步反应模型对波面稳定进行了大量研究。结果说明，单步反应模型中反应活化能是影响波面稳定性的核心参数，在具有较高活化能的气体中，斜爆轰波容易失稳，反之在较低活化能气体中不易或者不会失稳。由活化能表征了反应发生的难易和剧烈程度，这种现象是容易理解的。此外，值得注意的是，计算网格分辨率不足将严重影响斜爆轰波失稳的模拟结果。图 6.4.7 所示的斜爆轰波系结构温度场结果依赖于网格分辨率且采用无黏假设，因此可能并非真实的物理现象。如果考虑黏性的作用，真实的流动可能不会显示出如此强的不稳定性。这些现象说明，计算精度对波面不稳定性的研究是至关重要的，即使计算网格能够捕捉起爆区波系结构，对波面局部结构的模拟也未必精确，这个认识是开展进一步研究的重要基础。

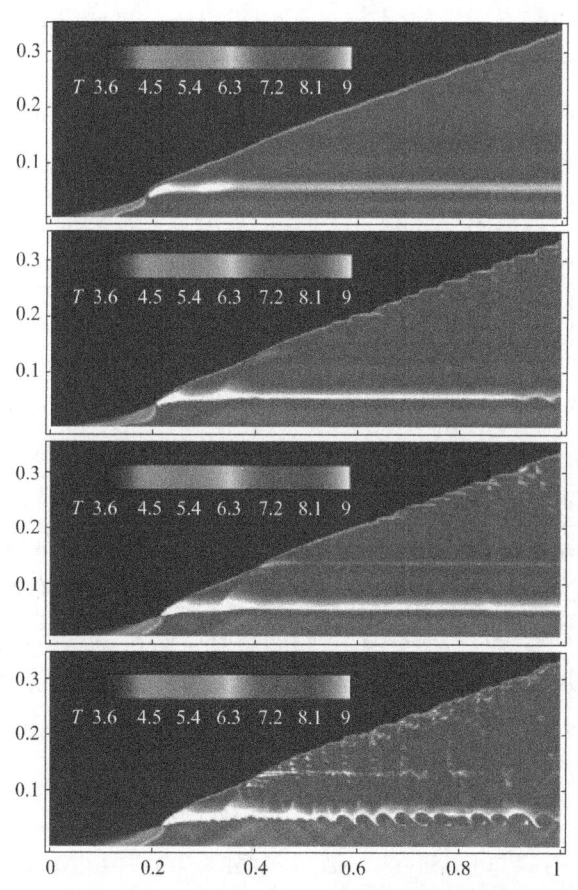

图 6.4.7　采用不同网格模拟获得的斜爆轰波系结构温度场（附彩插）

注：单步反应活化能 $E_a = 30$，x 方向网格为 250，500，1 000，2 000。

虽然爆轰波的不稳定性已经得到了广泛研究，但是对其进行量化分析是比较困难的。研究者提出了稳定性参数 χ，能够对不同的爆轰波稳定性进行较好的评估。这个稳定性参数的定义是

$$\chi = \frac{E_\mathrm{I}}{T_\mathrm{S}} \cdot \frac{\Delta_\mathrm{I}}{\Delta_\mathrm{R}} \tag{6.4.16}$$

式中，E_I 是诱导反应活化能（采用波前气体状态 RT_0 进行无量纲化，R 是气体常数，T_0 是波前气体温度）；T_S 是一维 ZND 爆轰波前导激波后的温度；Δ_I 和 Δ_R 分别是诱导反应和放热反应宽度。基于大量数据的分析表明，稳定性参数 χ 的值越小，爆轰波越稳定，而且其绝对大小对于不同燃料类型和预混气体参数都适用。稳定性参数 χ 可以看作一个改进的活化能，引入了 T_S、Δ_I 和 Δ_R 对其进行修正，获得了广泛爆轰波稳定性预测能力。基于上述方法，表 6.4.1 显示了不同楔面角度和释热速率下的稳定性参数。可以看到 χ 随着楔面角度的增大而减小，随着释热速率的增大而增加。然而，这个稳定性参数对楔面角度不敏感，对释热速率很敏感，这导致跨行或跨列的比较斜爆轰波稳定性时，该参数无法使用。这说明正爆轰研究中提出的稳定性参数可以定性地应用于斜爆轰，但不是一个能够对稳定性进行量化表征的参数。

表 6.4.1　不同楔面角度和释热速率下的稳定性参数

释热速率	$\theta = 28°$	$\theta = 30°$	$\theta = 32°$
$k_\mathrm{R} = 1.0$	0.97	0.94	0.92
$k_\mathrm{R} = 2.0$	1.92	1.88	1.82
$k_\mathrm{R} = 3.0$	2.86	2.80	2.72
$k_\mathrm{R} = 4.0$	3.79	3.71	3.61

比较前文采用不同化学反应模型得到的斜爆轰波稳定性，可以发现一些共同的规律。上述研究均采用了均匀混合的定常来流条件作为初始条件，因此排除了来流中扰动导致的失稳。这种均匀来流中的波面非定常现象，机制在于激波和释热区耦合结构的内在不稳定性，在某些情况下小扰动能够发展起来，诱导横波或三波点的形成。可以看到，无论采用什么化学反应模型，波面都会形成两种失稳过程，分别对应左行横波和右行横波的形成。与此同时，通过横波的振荡频率，可以分析两种小扰动发展过程。一种是完全随机的小扰动，一种是源于起爆区的小扰动。前者对应的反应区压力在失稳后表现为嘈杂无规则的振荡，且没有起主导作用的主频信号，后者反应区压力振荡具有显著的周期性，且存在特征频率，在下游失稳后剧烈振荡的波面上仍然能够清晰地分辨出来。

习　题

（1）由 Rayleigh 线的性质，试说明缓燃波和爆震波的区别。

（2）试验证以下 CJ 条件：当 Hugoniot 曲线与经过初始点的 Rayleigh 线相切时，它同时也与等熵线相切，因此，上 CJ 点和下 CJ 点上的 Ma 都是 1，而与介质的热力学性质无关。

（3）对由 $2H_2+O_2$ 组成的预混气体混合物，不计离解影响，试用逐次逼近法计算爆震波的速度 v_D，已知反应物的初始温度为 298.15 K，初始压力为 1 atm。

（4）试结合斜激波关系式与斜爆轰波的守恒关系推导斜爆轰波的波面前后温度、压力、密度的关系式。

（5）试根据激波极线理论编写速度与激波角度的计算小程序，并绘制极线图。

参 考 文 献

[1] FICKETT W, DAVIS W C. Detonation: theory and experiment [M]. Chicago: Courier Corporation, 2000.

[2] LEE J H S. Handbook of shock waves [M]. Burlington: Academic Press, 2001: 309-415.

[3] NG H D, LEE J H S. Direct initiation of detonation with a multi-step reaction scheme [J]. Journal of Fluid Mechanics, 2003, 476: 179-211.

[4] LEE J H S. Dynamic parameters of gaseous detonations [J]. Annual review of fluid mechanics, 1984, 16 (1): 311-336.

[5] SHEPHERD J E. Detonation in gases [J]. Proceedings of the Combustion Institute, 2009, 32 (1): 83-98.

[6] AUSTIN J M. The role of instability in gaseous detonation [D]. California: California Institute of Technology, 2003.

[7] ZHANG F. Shock wave science and technology reference library [M]. Heidelberg: Springer Berlin, 2009.

[8] LEE J H S. On the critical tube diameter problem [M]. Stuttgart: Dyn Exother, 1995: 321-335.

[9] ZHANG B, NG H D, LEE J H S. Measurement and relationship between critical tube diameter and critical energy for direct blast initiation of gaseous detonations [J]. Journal of Loss Prevention in the Process Industries, 2013, 26 (6): 1293-1299.

[10] MATSUI H, LEE J H. On the measure of the relative detonation hazards of gaseous fuel-oxygen and air mixtures [J]. Symposium (International) on Combustion, 1979, 17 (1): 1269-1280.

[11] KNYSTAUTAS R, LEE J H, GUIRAO C M. The critical tube diameter for detonation failure in hydrocarbon-air mixtures [J]. Combustion and Flame, 1982, 48: 63-83.

[12] PERALDI O, KNYSTAUTAS R, LEE J H. Criteria for transition to detonation in tubes [J]. Symposium (International) on Combustion, 1988, 21 (1): 1629-1637.

[13] LI C, KAILASANATH K, ORAN E S. Detonation structures behind oblique shocks [J]. Physics of Fluids, 1994, 6 (4): 1600-1611.

第 7 章
工程中的化学流体力学前沿

吸气式发动机可以利用大气中的氧气进行燃烧，从而减少携带氧化剂的负载，这使吸气式飞行器在一些特定的应用场景中更加适用，如民用飞机、天地往返飞行器等。从飞行速域上看，涡轮发动机是低速段最为普遍的动力形式，且技术成熟度较高。而当速度达到高超声速以后，基于超燃冲压发动机的动力形式是普遍认为的最佳解决方案，是近年来研究的热点。而到达更高马赫数时，目前尚无较好的动力形式，但由于斜爆震燃烧组织方式的日渐成熟，其被认为是较为可行的一种解决方案，近年来也吸引了大量的目光。此外，随着"载人登月""火星探测"等热门项目的提出，外太空的探索历程也快速发展，本章将从这些工程应用中介绍其涉及的化学流体力学问题。

7.1 涡轮发动机

目前，燃烧不稳定性是限制发动机发展和满足低排放要求的关键问题。用于推进和发电使用的燃气涡轮发动机一般使用扩散火焰燃烧器，这是由于它们具有可靠的性能和较好的稳定性。然而难以接受的是，这类燃烧器通常会产生高水平的热，而目前关于污染物排放的监管日益严格，这促使发动机制造商开发满足各种监管要求的燃烧器。

燃烧不稳定性是广泛存在于火箭发动机、喷气发动机、超燃发动机的燃烧振荡现象，在燃气轮机燃烧室中这种现象尤为显著。一方面，燃烧不稳定性（非定常流动振荡）能够干扰发动机运行振幅，某些极端情况下会由于过度的结构振荡及燃烧室的热传递而导致系统故障和器件损坏；另一方面，发动机运行时为自动点火及避免火焰回闪都使燃油—空气混合不完全，诱导产生压力振荡，降低了燃烧的稳定性范围，也加剧了污染物的排放。过去几十年中，国外针对工业燃机中的燃烧不稳定现象进行了广泛研究，目前国际上普遍认为燃烧场与声场的相互作用可以分为三个过程：首先，燃烧的放热脉动导致声压脉动；然后，声压脉动作用于流场导致速度场脉动；最后，速度场脉动作用于火焰又导致放热脉动。火焰—声—流动的相互耦合构成了燃烧不稳定的固有反馈机理。

热声不稳定现象的发生通常可以通过瑞利准则来判断。瑞利准则认为产生不稳定时燃烧室的热释放率波动与声压波动相位一致，这时声压波动会被增大。增大了的压力波动又成比例地导致质量流率的波动，最终又增大了反应的热释放率波动，如此便形成了一个图 7.1.1 所示的闭环系统。热声不稳定的产生机理可按如下顺序进行表述：首先，流体热力学参数的扰动导致了热释放率的波动；其次，热释放率的波动产生声压的振动，产生声波，而且声波在燃烧室传递和反射；最后，声压的振动引起流体热力学参数的改变，形成一个封闭的反馈环。

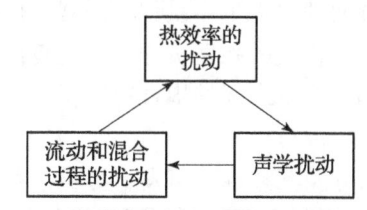

图 7.1.1　燃烧室声场和燃烧过程耦合系统图

通过瑞利准则可以看出，对于燃烧系统来说，当不稳定的热释放传递能量到声场后并非一定导致热声不稳定。这主要取决于热释放过程为声场提供能量的速度与声波衰减和扩散的能量速度之间的差别。当燃烧室的热释放脉动与声压波动的相位之差小于 90° 时，周期性的热释放为声场提供能量的速度快于声波通过燃烧边界而衰减和扩散能量的速度时，燃烧过程才变得不稳定（见图 7.1.2）。如此便可以用以下公式来说明

$$\iint p'(x,t)q'(x,t)\mathrm{d}t\mathrm{d}V \geq \iint \sum_i L_i(x,t)\mathrm{d}t\mathrm{d}V \tag{7.1.1}$$

式中，$p'(x,t)$ 与 $q'(x,t)$ 分别表示压力振动与热释放率的波动；$L_i(x,t)$ 表示第 i 阶的声波能量损失。

式（7.1.1）的左右两边分别代表在一个周期中放热提供给振荡的能量和振荡消耗的能量。可以看出，只有当声场增加的能量超过衰减和扩散的能量时才会产生燃烧不稳定。当满足上述条件（不等式左边大于不等式右边）时，燃烧室的声压振动便会被增强。而所提供能量与振荡消耗能量相等时就会出现极限环振荡。

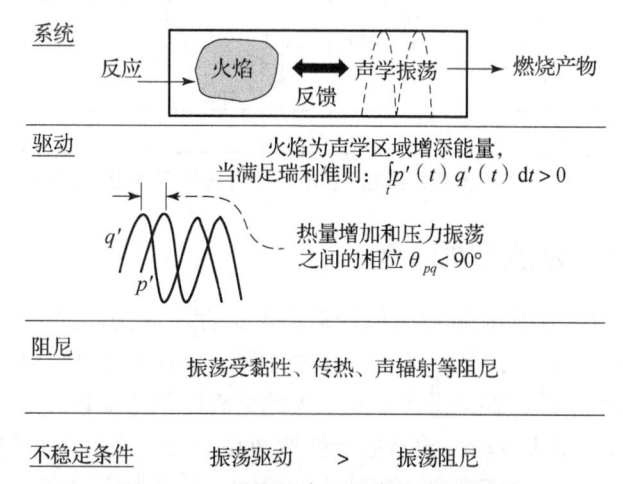

图 7.1.2　燃烧热声不稳定的瑞利准则

涡轮发动机燃烧室的热声不稳定问题一直是过去的数十年中各界研究的焦点。对于涡轮发动机来说，为了提高其燃烧室的安全性和稳定性，在燃烧室设计阶段其热声不稳定问题就是需要关注的重点。燃烧室的设计参数、几何结构、燃料喷注方式等的一些微小变化，都有可能瞬间导致稳态的燃烧过程变为振荡燃烧过程。若要改进发动机的燃烧室设计，就需对预混燃烧热声不稳定有一个全面的了解，而热声不稳定问题涉及燃烧学、流体力学、声学、控制学等学科，属于各学科的交叉领域。

近几十年来，随着燃烧诊断技术及数值仿真技术的发展，关于燃烧热声不稳定性的理论

研究、分析方法、数学建模等方面都取得了一系列的进展。燃烧器热声不稳定的诱发因素多且互相耦合，为了阐明燃烧热声不稳定的触发机理，研究者们通过火焰对声学的响应、火焰传递函数、火焰响应函数、火焰与声学之间的耦合等进行了大量的研究，获得了一系列的实质成果。

如图7.1.3所示，燃料的组分及其掺混、蒸发、雾化过程，火焰与壁面相互作用，热释放，燃烧室的声学阻抗，火焰与涡脱相互作用，流场熵波等参数息息相关。当量比、流量、火焰形态的变化都会影响燃烧热声不稳定的动态特性，不同燃烧器、不同工况也会有不同表征的热声不稳定现象。热声不稳定的影响因素与过程具有复杂性，给揭示声波/火焰相互作用机理带来了困难，根据瑞利准则与已有的成果，其影响因素可以概括为三类，分别为燃烧室内的流动、热释放率、声学阻抗。

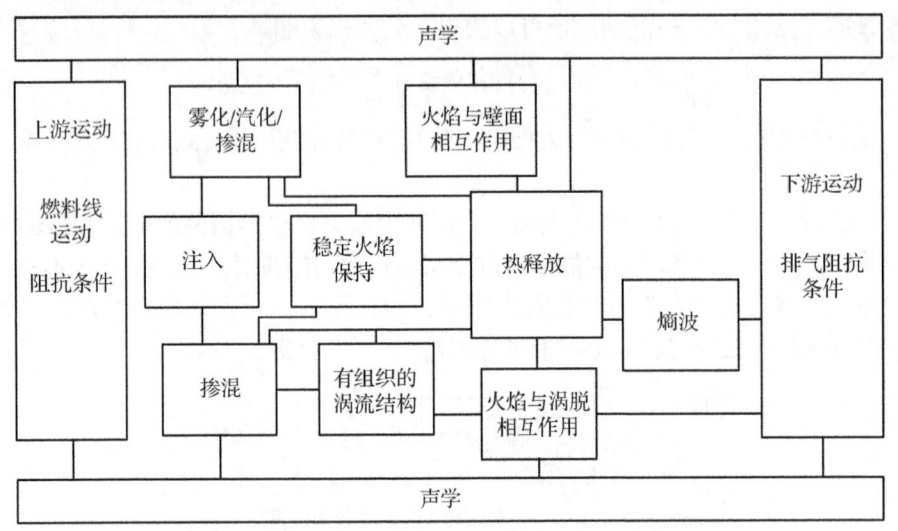

图 7.1.3　燃烧不稳定产生中不同过程相互作用示意图

7.1.1　燃烧室内的流动与混合

燃烧室的流动与混合参数会影响火焰的动力学特性，如涡团的脱落与破裂，旋进涡核（precessing vortex core，PVC），燃料混合的不均匀性；燃烧室几何结构和运行条件的变化等会带来流体动力学不稳定性，如当量比波动，火焰比表面积的变化。

涡团的脱落与PVC是流体动力学不稳定性的典型代表，黏性气流绕过放置其中的不良流线体时，必然会产生绕流脱落现象。在钝体火焰中，高速中心射流会在钝体和旋流流体相互作用下生成多个回流区。燃烧室内气体的流动一般处于湍流状态，此时，回流区内的不稳定流动会形成更复杂的流动，在钝体的下游形成周期性的涡团生成、长大与脱落。因此，当其发生在火焰前沿时，就可能与燃烧室的声压脉动耦合在一起，导致热声不稳定现象的发生。声波在燃烧室内向前传播，在壁面与出口处会折返，当相位恰当时将会导致新的涡团产生，形成一个反馈耦合过程，如此便在系统内部产生一个周期性热激励源。

PVC是在强旋流流场中的一种三维非稳态流动现象。PVC很容易引起低频高幅值的压力、速度振荡和随机湍流，当PVC频率与声场频率一致并耦合在一起时，将会引发燃烧热声不稳定的发生。旋流燃烧器的旋转气流会形成利于着火的回流区，并且气流混合强烈的特点能够实现燃料稳燃。然而，在旋流过程中的 PVC 存在周期的不稳定性。通常认为，燃烧将抑制 PVC 的出现，但研究显示在大旋流数下，PVC 仍然可能存在，其运动主要取决于流动的情况，其中以燃料的喷注方式、当量比、整个燃烧室的边界条件等对 PVC 的影响最为直接。图 7.1.4 为钝体流场与旋流燃烧器流场示意图。

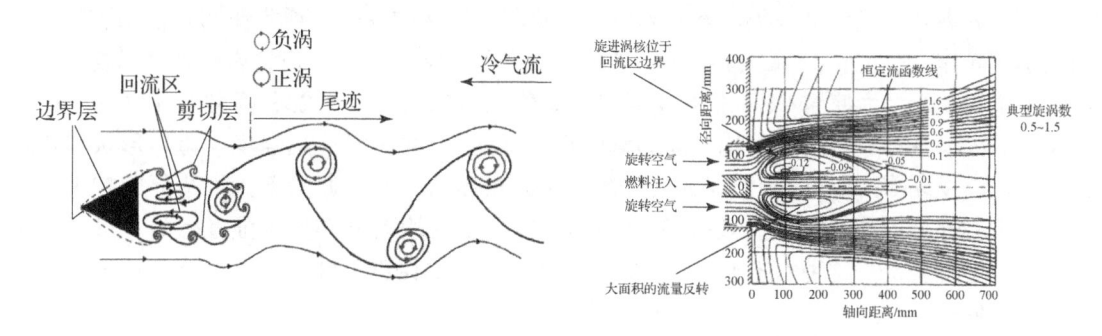

图 7.1.4　钝体流场与旋流燃烧器流场示意图（附彩插）

对于旋流火焰，Kelvin - Helmholtz(K - H) 不稳定性主要由于燃烧室入口和壁面的相互作用，这种不稳定产生于气体剪切层的运动。对于低旋流数的流场，旋涡螺旋从剪切层演变而来，呈现出明显的轴向和方位角方向的 K - H 不稳定性，这种旋涡螺旋结构围绕着燃烧器的中心轴线旋转并在最后分裂成碎片。对于高旋流数流场，流场呈现近似旋涡螺旋结构，但该结构要比低旋流条件下的要复杂得多，由于离心力较高，旋涡螺旋向外扩散加速，会快速分解成小规模的涡脱结构。从而，随着旋流数的提高，流场会产生大结构的不稳定运动（见图 7.1.5）。

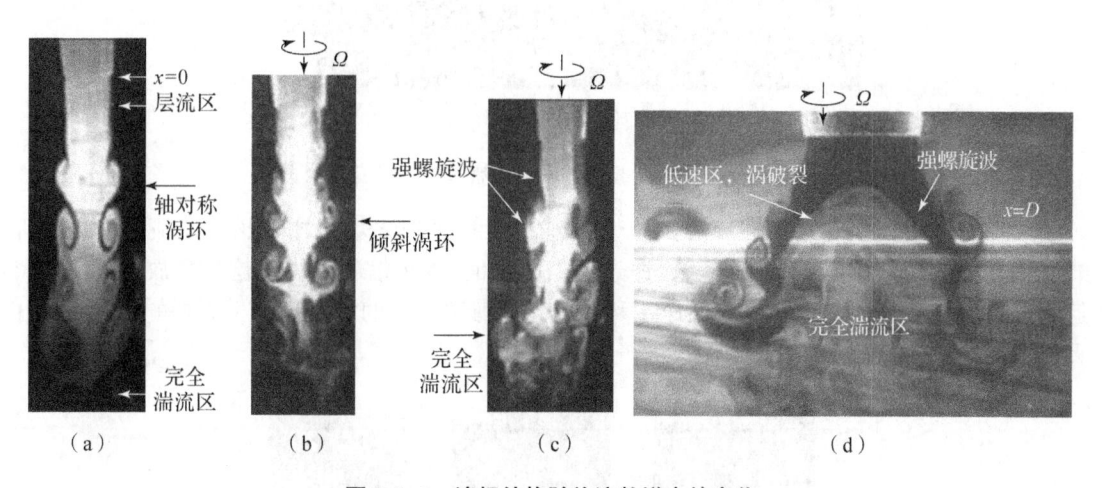

图 7.1.5　流场结构随旋流数增大的变化
(a) 无旋流；(b) 旋流数为 0.44；(c) 旋流数为 0.80；(d) 旋流数为 1.03

7.1.2　火焰的热释放率

热声震荡常伴随着大量的热释放率与压力的大幅度振动，燃烧中的任何一个扰动都可能导致热释放与声压脉动的耦合。首先，熵波、燃烧速度波动及平均流等能够影响火焰的热释放速率；其次，不稳定的热释放也会导致穿过火焰区的声波出现振幅改变与相位偏移。两种效应主要由压力和火焰热释放之间的相位差来决定，同相位的热释放波动会导致燃烧室声压幅值的放大，而90°或270°相位的火焰热释放波动会改变横穿热释放区域的声波相位。通常说来第一种效应最重要，能够使具有不稳定热释放的系统出现自激振荡现象，而第二种效应只导致固有频率的变化。

不同的燃料、氧化剂种类，都会导致火焰热释放速率的变化。通常使用 OH* 或者 CH* 的化学发光作为标记物，通过强度变化来标识热声不稳定过程中火焰的热释放速率波动。

图 7.1.6 所示为使用 OH* 的化学发光标记物拍摄的丙烷、甲烷和两种合成气在不同的氧量下的火焰热释放特征。对比不同的氧化剂、不同 O_2 浓度的火焰强度、边界形状和相对位置，可以发现 O_2 浓度的降低能够使火焰边界区域逐渐变宽，而随着火焰边界的扩大，靠近火焰中心部分的高 OH* 化学发光强度逐渐衰减，变为均匀分布的低强度信号，最后完全扩展到整个燃烧室。这种 OH* 化学发光空间浓度梯度的降低意味着每单位体积火焰的反应速率的降低。

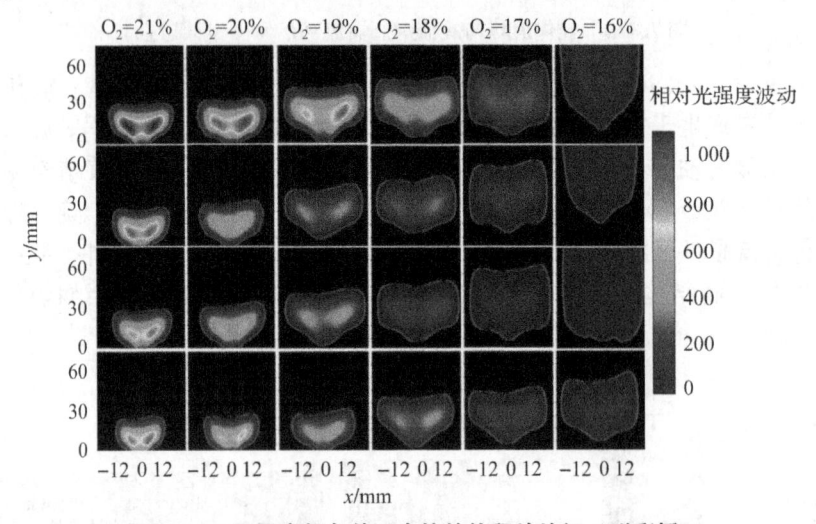

图 7.1.6 不同富氧条件下火焰的热释放特征（附彩插）

此外，PLIF 可以通过高时空分辨率自由基，测量实现火焰涡团、燃烧器流场和自由基的演化过程捕捉。如图 7.1.7 所示，通过示踪丙酮的 PLIF 信号可得火焰热释放率的波动伴随着涡脱演变。由于燃烧器内部低速区和外部高速剪切层区的相互作用，火焰的前缘出现了大规模的起皱现象。

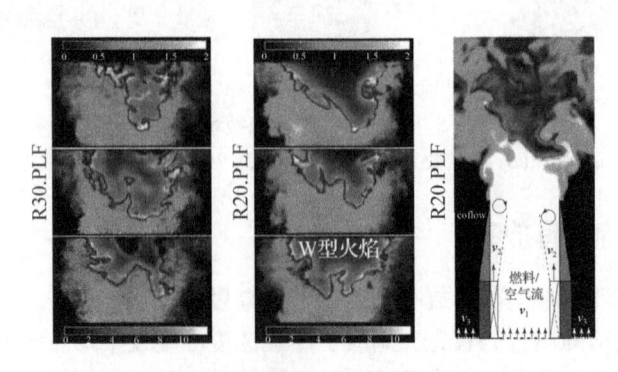

图 7.1.7 不同火焰结构下的热释放变化（附彩插）

7.1.3 燃烧室的声学结构

由于热声耦合机制的存在，燃烧室的流场、声波与火焰三者是紧密相关的，燃烧室中声学结构变化便会改变燃烧器的共振特性。因而，燃烧室内声波的发射、反射及边界阻抗是影响燃烧热声不稳定的关键因素。图 7.1.8 显示了燃烧室中的三类热声不稳定模态。

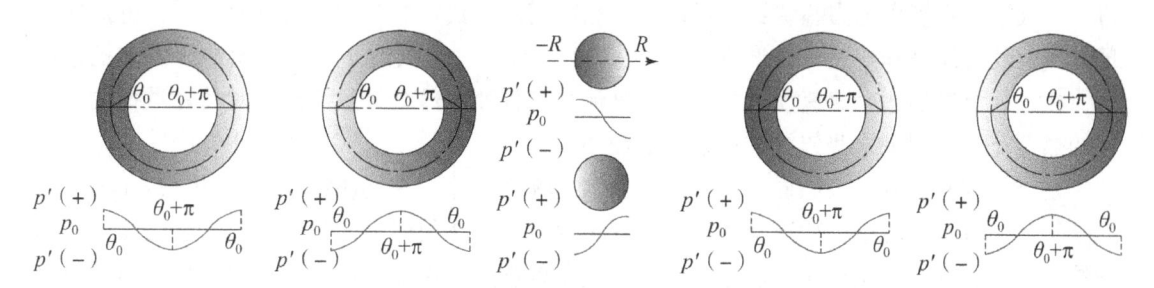

图 7.1.8　燃烧室中的三类热声不稳定模态

若在一个柱坐标系内描述热声不稳定现象，则可能出现三类模态形式：轴向模态、横向或周向模态及径向模态。在不同的热声振荡模态下，燃烧器的流场和火焰热释放发生明显变化。两种火焰的振荡模态表明，轴向振荡对非定常火焰动力学起主导作用。与此同时，对火焰流场的本征正交分解（proper orthogonal decomposition，POD）也捕捉到了在相同 POD 模式下火焰和流动结构的相反分布，这表明在这两个火焰之间存在一个相位延迟，即火焰不稳定和流动不稳定的相位延迟。

燃烧器的内部结构设置会改变声学响应，从而影响火焰的稳定性。研究者们发现不同的热源位置分布将带来不同模态的热声振荡，而热声振荡时内回流区、外回流区和两者之间的剪切层，这些敏感区域对热声振荡具有显著影响。火焰的吹熄和回火过程则往往由燃烧器喷嘴区域的结构（尤其是钝体结构）决定。

数值方面，大涡模拟在声波/火焰相互作用应用很多。然而，声阻抗是包含虚部的复杂变量，虚部表示延迟时间（与频率密切相关），代表了边界处的声波被反射回燃烧室内所经过的时间尺度。要解决该问题则需要在大涡模拟结果的基础上建立热声求解器。首先，利用大涡模拟方法获得燃烧室内的脉动项；然后，将脉动项的参数传递给热声求解器，计算声学扰动参数；最后，将热声求解器获得的扰动参数导入大涡模拟程序，开始新一轮的循环。

7.2　超燃冲压发动机

在过去的几十年中，人们在高超声速飞行器的研究和开发上不断探索与突破，致力于打造能够以数倍声速飞行的航空器。这些飞行器对于国家安全至关重要，不仅可以作为新一代的高超声速武器，也能应用于太空探索领域，能够实现多次往返于低地球轨道。此外，此类飞行器还能在商业航空领域极大地缩短全球范围内的飞行时间。本节聚焦于超声速燃烧问题，介绍近期的飞行实验与地面研究成果，并简略地讲解其中的基础流体物理机制。

高超声速吸气式飞行器的发动机燃烧室必须释放足够的能量,以产生推力来克服飞行器的外部阻力和通过发动机的吸入空气引起的内部摩擦阻力。但是,随着飞行速度的增加,气流在燃烧室内的停留时间变得越来越短,会抑制混合和燃烧所需的气动过程。在中等速度下,客机和战斗机通常使用涡轮喷气和涡轮扇发动机,这些发动机通过旋转压缩机来增压并减缓气流速度至亚声速,以实现燃烧并产生推力。在超声速飞行中,通过增加变几何进气口、空气增压系统和加力燃烧器,可以将涡轮喷气发动机转换为冲压发动机模式,有效地实现气流的动态压缩和减速,如洛克希德SR-71"黑鸟"搭载的J-58涡轮冲压发动机。然而,在进入更高的超声速速度范围时,将气流减速到亚声速会导致无法接受的能量损失和巨大的热负荷,限制了这些传统推进系统的使用。

要克服这些限制,人们提出了一种不同类型的发动机——超燃冲压发动机(scramjet)。如图7.2.1所示,在超燃冲压发动机中,气流通过集成在前体中的进气系统动态压缩,无须旋转部件,燃料和氧化剂在燃烧室内以超声速条件燃烧。然而,因为反应物燃烧的总停留时间通常是以超声速流动的毫秒量级计算的,在如此高的速度下,混合和燃烧过程难以适应燃烧室的长度,为了发生燃烧化学反应,单独注入燃烧室的燃料需要在分子层面与吸入气流中的氧气混合。因此,必须具备足够的停留时间,以便剪切层中的大尺度湍流结构能够生长并形成更小的涡旋,来触发反应物之间的微观混合,并最终由部分气流减速形成的高温(1 000~1 400 K)触发,形成燃料和氧化剂在一系列化学反应中混合燃烧。这些高温通常是由发动机内部的多个激波导致,而在此条件下,典型的自燃时间为10~100 ms,除非对燃烧室进行修改以实现更长的停留时间和稳定的火焰锚定机制,否则燃烧室中的相当一部分流动路径将保持化学冻结状态。因此,用通俗的话来说,超声速燃烧冲压发动机的难度就像在飓风中点燃火柴一样困难。

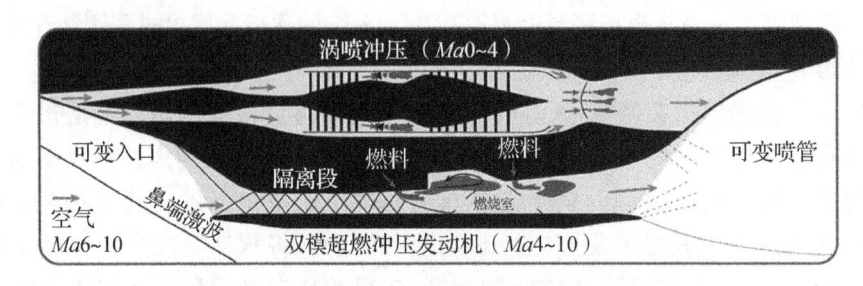

图 7.2.1 超燃冲压发动机结构示意图(附彩插)

过去50多年中,各航空航天大国开展了一系列重要的超燃冲压发动机研究,Heiser等人及Curran等人的专著详细描述了美国、俄罗斯、德国、日本、澳大利亚和法国的超燃冲压发动机研究项目。例如,美国国家航空航天局(NASA)的Hyper-X项目在2004年,X-43A高超声速飞行器以$Ma9.6$成功试飞(见图7.2.2)。对于吸气式高超声速飞行器来说,一个核心挑战在于实现超声速燃烧发动机中的稳定超声速燃烧,以产生持续与足够的推力来克服阻力。这是当前一个亟待解决的问题,在大多情况下该问题要比其他空气动力学问题更重要。例如,2013年的X-51A成功地以$Ma5.1$飞行210 s,而在第二次飞行中便发生了严重的不启动故障。这种内部激波系统在短时间内意外地被推出发动机外,导致无法快速纠正发动机动力，进而造成飞行器失控。

在超燃冲压发动机中，不启动现象会导致整个发动机气体流动变为亚声速。结果就是气流的动态压缩完全通过外部激波来实现，这会在进气口周围产生大量漏气及巨大的阻力增加现象。激波串的扭曲会由两个原因引起：一个是进气口处的局部气动效应，如由于攻角变化而导致的边界层分离；另一个是在燃烧室下游产生的强烈压力干扰，这可能是由燃料喷射产生的堵塞和过度加热引起的热壅塞引起的。

图 7.2.2　NASA 的 X-43A 与 X-51A 超燃冲压发动机测试现场图

根据一维的可压缩无黏流理论，当在定常截面管道中以超声速运动的气体中累积添加了每单位质量热量 q 时，静压会增加而马赫数则减小。对于临界热量 q_{max}，其取决于热力学滞止焓和热源前马赫数，当气体速度等于局部声速时，流道内则达到热力学壅塞状态。进一步释放 $q > q_{max}$ 的热量需要改变上游边界条件以获得稳定解，否则解会成为由热源区域向外移动的一组正激波，以恢复稳定的瑞利解。当然，实际构型下此问题要复杂得多，以 Laurence 等人的 HyShot-2 发动机模型试验为例，他们发现热壅塞所产生的压缩波沿着湍流流动向上游传播，在其中的混合层、燃料喷射、边界层和跨声速区域显著影响着三维动力学。如果热壅塞引起的流动干扰很明显，激波串会蔓延进入隔离段，在发生不启动时的激波串会形成强逆压梯度，从而导致侧壁湍流边界层的分离。由此产生的结构就是一种伪激波，其向入口移动并最终移出发动机。而在双模超燃冲压发动机中，隔离段足够长，可以在下游压力扰动不太大时约束和稳定伪激波，从而实现从超燃冲压到冲压模态的安全过渡，并分别在燃烧室和隔离段中实现亚声速和超声速流动（见图 7.2.3）。

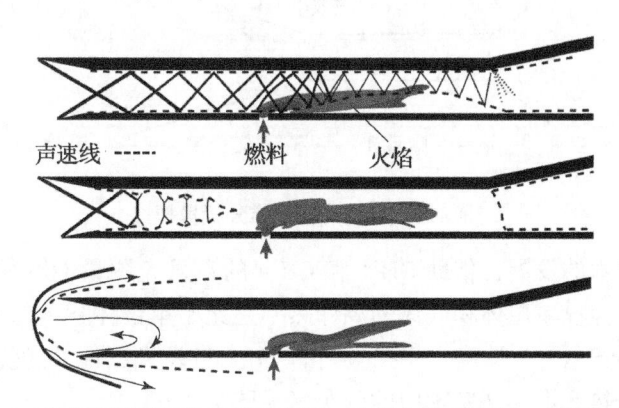

图 7.2.3　双模超燃冲压发动机示意图（实线为激波波系，虚线为声速线）

作为一种宽域飞行的超燃冲压发动机方案，双模态超燃冲压发动机可以在不同飞行马赫数下以亚燃和超燃两种不同模态工作，因其能够扩展发动机的工作马赫数范围，得到了各国研究者们的广泛关注，如图 7.2.4 所示。典型的双模态超燃冲压发动机包括进气道、隔离段、燃烧室和尾喷管等组成部件。隔离段的存在使同一燃烧室内既能实现亚声速燃烧又能实现超声速燃烧，根据燃烧室的流动状态可以将双模态超燃冲压发动机分为亚燃模态、双模态的超燃模态及纯超燃模态。

图 7.2.4　双模态超声速燃烧室不同工作模态示意图

在双模态超燃冲压发动机中，燃烧释热分布是了解燃烧特性、评价及优化燃烧室和发动机的重要参数。沿燃烧室轴向的释热分布决定了进气道不启动及亚燃向超燃转化的条件，并且在亚燃模态下，沿轴向的释热分布直接决定了热力喉道的位置，从而影响燃烧室内马赫数、压力及其他流动特征。影响燃烧室释热分布的因素有很多，包括来流条件、燃烧室构型、燃料性质和喷注条件等，近几十年来，国内外对释热分布的研究也取得了很多进展。1994 年，Heiser 和 Pratt 在 *Hypersonic Airbreathing Propulsion* 一书中建立了超声速燃烧室一维分析模型，并将燃烧室流动过程分为了绝热压缩、等压释热和膨胀释热三个部分，如图 7.2.5 所示。燃料在隔离段末段从壁面喷入超声速气流中，并从 d 点开始燃烧，在 d 和 s 之间为等压释热区间。由于燃烧释热使压力升高，激波串和边界层相互作用引起边界层在 u 点分离。随着等压释热的结束，边界层在 s 点再附。该模型的提出极大地简化了人们对燃烧室的状态分析，不过该模型中采用的等压释热假设与实验结果并不完全相符，边界层再附点的位置选取存在较大的人为因素，边界层再附过程的核心流面积也需要根据经验公式处理。

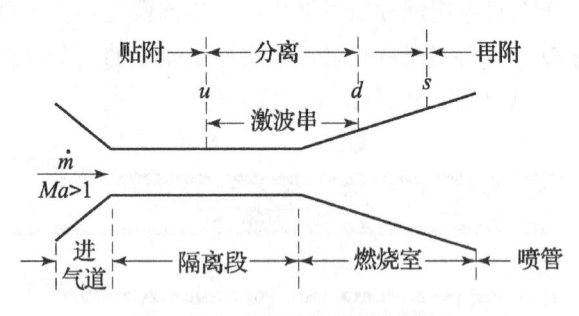

图 7.2.5　燃烧室一维分析模型

随着超燃测试技术的发展，借助 OH* 和 CH* 的自发光测量能够很好地反映火焰形态及释热特性。例如，假设单位体积气体燃烧释热率正比于单位体积内的 CH* 浓度，并认为 CH* 自发光强度正比于 CH* 浓度，将拍摄到的 CH* 自发光图像沿燃烧室高度方向进行积分，可以得到相对释热率沿燃烧室轴向的分布（见图 7.2.6）。

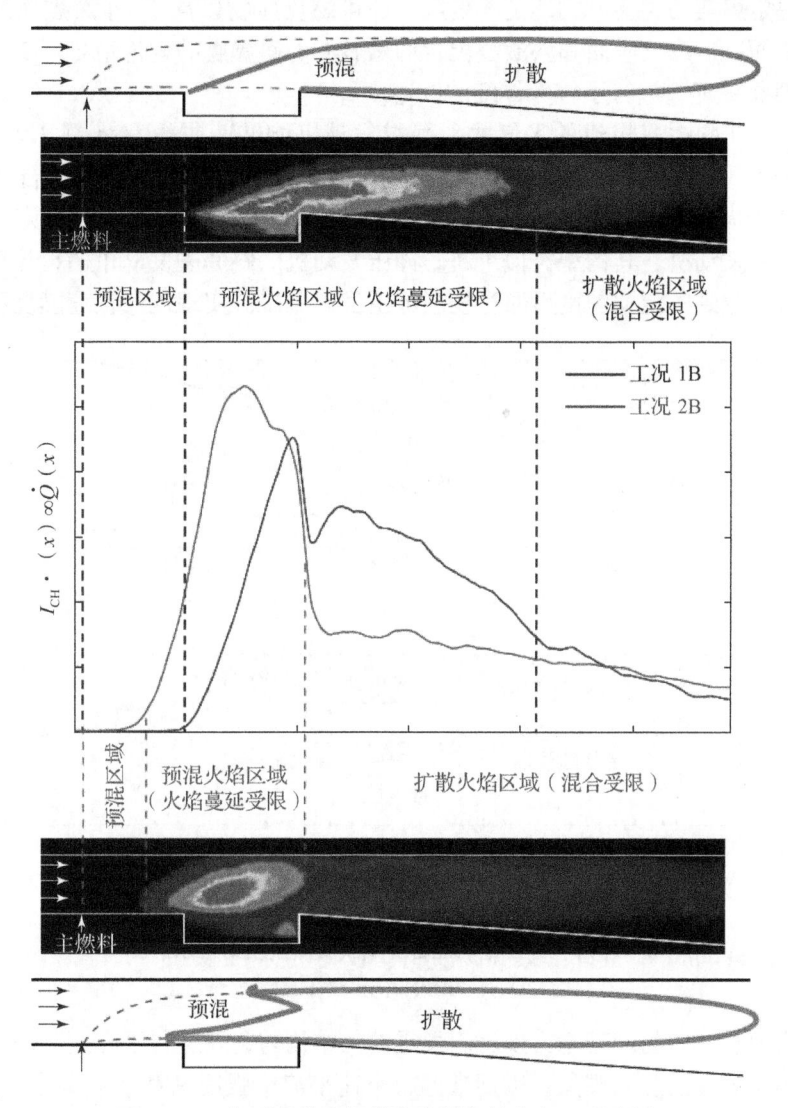

图 7.2.6 相对释热率沿燃烧室轴向的分布（附彩插）

7.3 斜爆震发动机

爆震波最早在研究煤矿爆炸中被发现，对其进行的相关研究长期围绕爆炸灾害预防的关键技术问题开展。近年来，爆震推进技术正在以颠覆性技术的角色为航天航空领域提供新的发展机遇。这种研究热度，体现为理论分析模型、数值仿真及地面测试研究大量研究报道，更体现为学术界和工业界的高度融合。大量研究报道和总结，为爆震推进技术的快速发展提供了基石；但也要清醒地认识到，爆震推进技术的工程化依然有大量问题亟待解决。

使爆震波稳定在超声速来流中的某一特定位置，即所谓的驻定爆震，是实现吸气式高超声速动力燃烧组织的一种理想方式。驻定爆震发动机的概念在 1958 年已由 Dunlap 等提出，但由于理想的正驻定爆震要求来流速度恰好等于 CJ 爆震速度，一般难以满足，因此到目前为止，实现驻定爆震的主要方式还是斜爆震，即可燃反应物以高于 CJ 爆震速度的流速冲击楔形或锥形壁面，形成反应面和斜激波耦合的爆震波。斜爆震的理论最早于 20 世纪 60 年代建立，Pratt 对相关理论进行了较为详细的阐述。

理论上，基于斜爆震构建的吸气式斜爆震发动机能够适应较宽范围（大于 CJ 爆震速度）的高超声速飞行，且具有爆震发动机的高热循环效率，在高马赫数飞行工况具有显著优势。国外学者提出了两种斜爆震发动机–飞行器构型（见图 7.3.1），可见这是一种基于乘波体飞行器的发动机，其构型类似于超燃冲压发动机。斜爆震发动机的设计理念是燃料喷射后优先混合，达到一定均匀度后通过楔形体诱发斜爆震波实现混气快速燃烧释热。

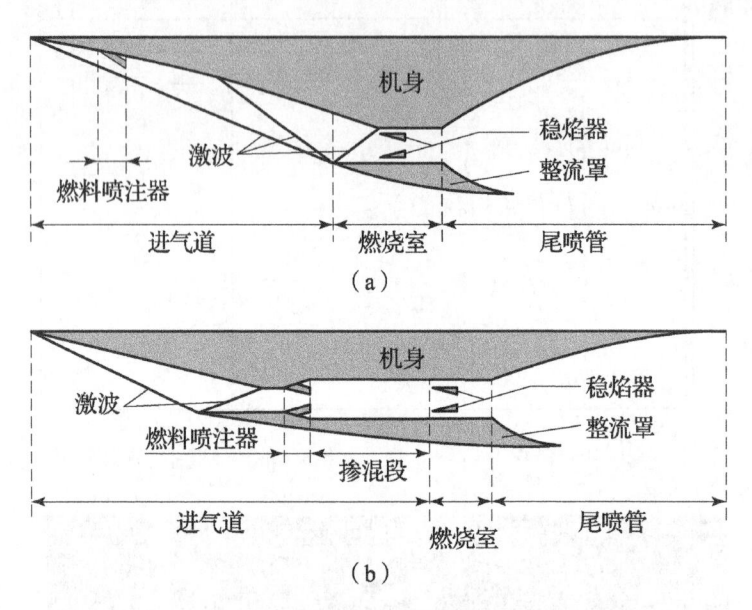

图 7.3.1 外压缩和混合压缩式斜爆震发动机示意图
(a) 外压缩式；(b) 混合压缩式

第 6 章主要从爆震物理理念出发对斜爆震波的结构与起爆进行了介绍，侧重于斜爆震条件下激波和燃烧导致的复杂现象，以期掌握超声速来流中强间断和放热耦合的机制和规律。然而，对于斜爆震发动机的研制来说，不仅需要考虑来流的复杂性，如非定常来流和非均匀混合，还需要考虑有限长度楔面及发动机几何限制造成的影响。因而接下来将对这些方向的研究进展进行介绍。

7.3.1 非定常来流中的斜爆震稳定性

非定常来流效应是面向发动机斜爆震流动和燃烧机理研究不可回避的问题，相对于燃料在空间分布上的非均匀更加重要。然而，非定常效应的研究比非均匀性的研究要困难得多，这是因为非定常流动的模拟参数多、计算量大、现象复杂、分析困难。为了降低研究难度，减少不必要的因素，目前的研究一般采用简单的化学反应模型，来流的参数变化形式也比较简单。在高空飞行状态下，飞行器速度、高度、姿态（如攻角）的改变都会给燃烧室入口来流带来变化，而且不同参数的变化量往往差别很大。作为最简单的一种情况，研究人员研究了来流速度突变情况下的斜爆震结构演化。这个过程与实际的飞行过程并不对应，目前选取的是一种简化情形,其参数是独立变化的,来流压力、温度、速度绝对值均保持不变,只是飞行攻角发生改变。基于单步不可逆放热化学反应模型(采用波前参数无量纲化,放热量为50,比热比为1.2,活化能为20,Ma为12),通过模拟获得了楔角为18°和24°对应的斜爆震结构,均为渐变起爆结构,前者靠近下游(x约为100),后者靠近上游(x约为30)。

基于已经建立的稳定斜爆震流场,图7.3.2所示为来流角度突变导致的斜爆震波从上游向下游传播的过程,0时刻代表来流角度开始突变,无量纲时间由无量纲长度和速度导出。无量纲长度为半反应区长度,无量纲速度为波前声速的1/1.2(其中1.2为混合气体比热比)。可以看到,随着来流角度的突变,斜爆震波的起爆区向下游移动,并经过大概20个无量纲时间达到稳定状态。虽然初始和最终的稳定斜爆震波都是渐变起爆结构,但是在中间过程中会出现突变起爆结构,如图7.3.2(a)所示扭结状结构。在整体起爆区向下游移动的过程中,壁面附近的波移动速度快,远离壁面区域的波移动速度慢,形成了反应前沿,如图7.3.2(b)所示。总体上,这种来流角度突变导致的斜爆震波结构变化,经历了起爆区从上游向下游传播的过程。

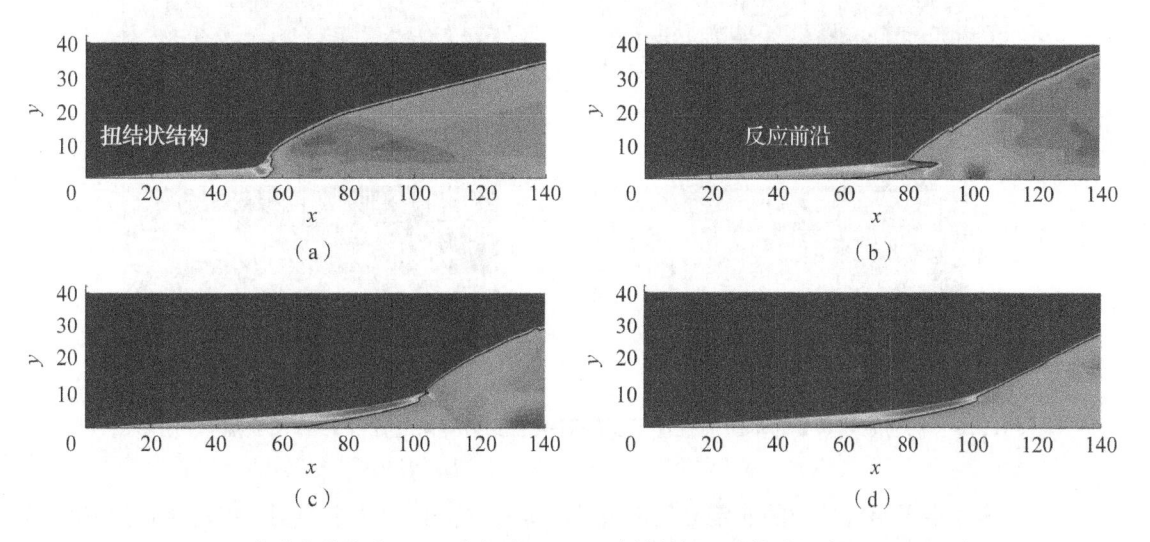

图7.3.2 来流角度突变(24°减小到18°)导致的斜爆震结构演化密度场(附彩插)
(a) $t=4.8$;(b) $t=9.3$;(c) $t=13.7$;(d) $t=18.3$

上述结果表明,即使对于非常简单的斜爆震波系,来流突变也可能导致复杂的结构演化过程。这种结构演化过程受到很多因素的影响,导致角度变化引起的波系结构演化是不可逆的。有研究者对来流角度连续变化导致的斜爆震波演化过程进行模拟,发现同样的角度下可能导致不同的斜爆震结构,源于角度变化引起的结构变化存在弛豫现象。这和上述结果是类似的,从不同角度说明了非定常斜爆震波的复杂性。对于来流的变化,数值模拟结果显示斜激波区域能够迅速改变,而斜爆震波区域响应较慢,因此流场从上游(激波主导)到下游(爆震波主导)重新建立。

考虑更复杂的来流扰动。假设这种来流扰动在物理上仍然是非常简单的,即以三角函数表征的连续扰动。与上述扰动前后平衡结构发生变化相比,这种情况对应的来流情况是扰动前后参数不变的一系列扰动。这种情况仍然与真实发动机中的流动相差较远,但是在来流中引入连续扰动的工作之前尚未开展,这种基本简化模型是开展进一步复杂模型研究的基础。

单周期扰动和连续多周期扰动导致的非定常斜爆震波流场如图 7.3.3 和图 7.3.4 所示。这两个流场所选取的扰动波数均为 0.2，即无扰动斜爆震波的化学反应诱导区长度为对应扰动波长的 0.2 倍。由于来流温度扰动量仅为初始温度的 20%，在图 7.3.3 和图 7.3.4 上是看不到来流中的扰动的，但是波面明显受到了扰动的影响。可以看到，首先波面会后退，然后贴近壁面附近的波面向上游移动，如图 7.3.3（b）和图 7.3.3（c）所示。贴近壁面的波面响应快，这和之前的结果不同之处在于向上游是波面的发展而非重新起爆，这是因为来流扰动是连续变化的，体现了扰动性质对波动力学过程的影响。在这种运动过程中，波面上产生了三波点，并向下游传播。在图 7.3.3（d）中，斜爆震波经过扰动回到了初始位置，第一个三波点向下游移动接近出口边界，但是在起爆区附近又产生了新的向下游传播的三波点。经过一个完整的扰动周期，波面上产生了两个三波点。

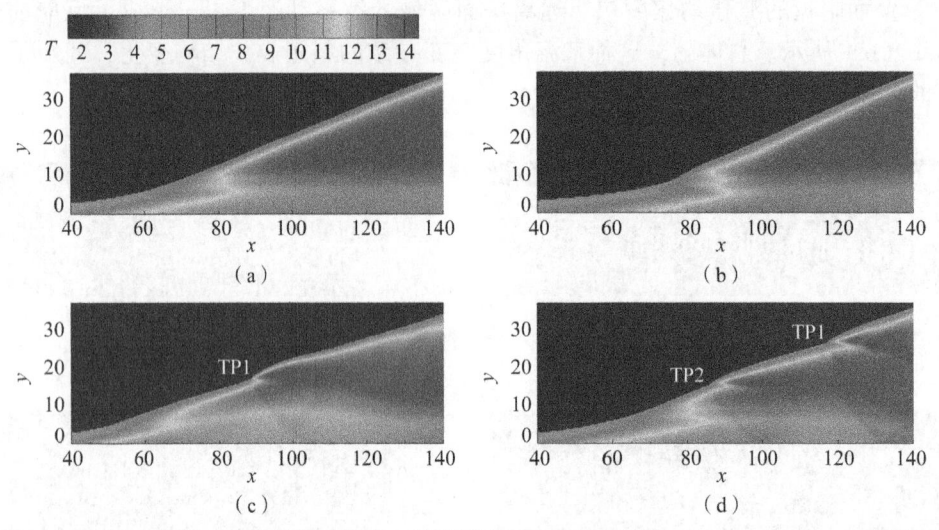

图 7.3.3 扰动波数 0.2 的单脉冲扰动下斜爆震波温度场演化过程（TP：三波点）（附彩插）
(a) $t=0.0$；(b) $t=12.4$；(c) $t=16.9$；(d) $t=27.4$

对于连续多周期扰动中的非定常斜爆震波，先排除开始的几个周期，以避免初始静止斜爆震波的影响。图 7.3.4 显示了流场已经达到准定常状态的一个周期，可以看到第一个时刻和最后一个时刻的流场是完全相同的。在这一个完整的周期中，原始波面，即图 7.3.4（a）所示的第一个三波点 TP1 已经向下游传播，离开了计算域，而原来的第二个三波点 TP2 到达了原来第一个三波点的位置。与此同时，起爆区附近的振荡导致了新的三波点，即 TP3 的形成，并传播到了 TP2 原来的位置。由于具体的三波点形成和传播过程受到很多因素的影响，在此不再进行分析。然而，从上述现象可以得出结论，在连续扰动中，波面上虽然可以观察到多个三波点（如果采用更大的区域则可能观察到三个及其以上三波点），但是每个周期只形成了一个三波点。这和单脉冲扰动的情况，即一个周期可以形成两个三波点，形成了鲜明的对比。采用更高的扰动波数也可以观察到类似的现象。如果采用较低的波数，如 0.05 m^{-1}，则可能出现单脉冲扰动形成三波点，而连续多周期扰动不形成三波点的情况。这说明虽然连续扰动看似导致了具有更强不稳定性的波面，但是后续周期对流场影响，其实质是抑制了波面三波点和小尺度结构的形成。这种机理是非定常来流中影响波面失稳的关键因素。

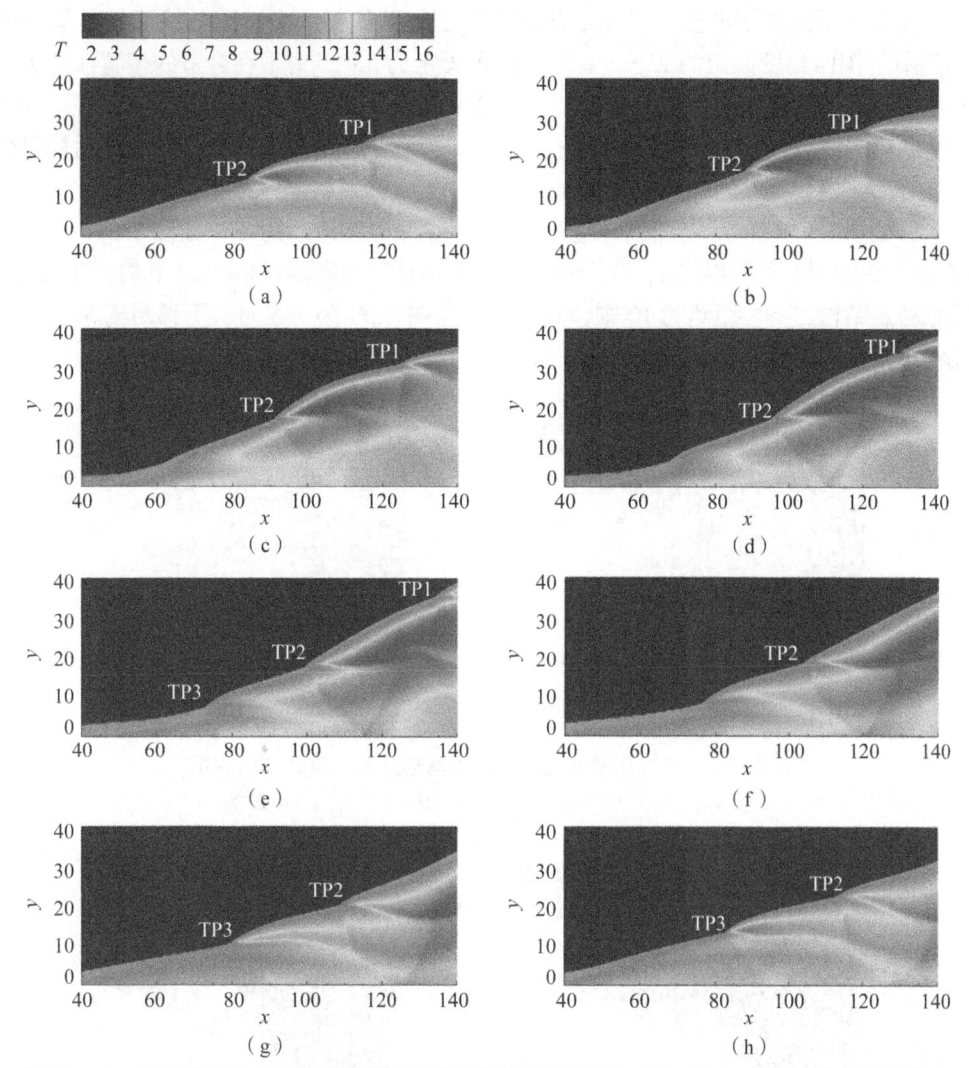

图 7.3.4　扰动波数 0.2 的连续扰动下斜爆震波温度场演化过程（TP：三波点）（附彩插）
(a) $t=49.2$；(b) $t=50.7$；(c) $t=52.2$；(d) $t=53.6$；(e) $t=55.1$；(f) $t=56.6$；(g) $t=58.1$；(h) $t=59.5$

7.3.2　几何约束对波系结构和稳定性的影响

斜爆震波在推进系统中的应用，不仅需要研究上述激波和燃烧耦合机理，而且必须关注其与复杂的几何边界的相互作用。由于激波和燃烧的耦合非常复杂，里面还有许多基础问题没有搞清楚，目前对斜爆震波与几何边界作用的研究较少，这方面的研究应当是下一阶段的研究重点之一。从几何构型上来说，斜爆震发动机需要保持主流以较高马赫数超声速流动，因此不应该存在较复杂的几何结构或运动部件。然而，之前的研究一般采用二维半无限长楔面，即不考虑楔面尾部膨胀及流道上壁面限制的二维平面流动，是一种过于简化的理想情况。在实际的流动中，楔面不可能是无限长的，燃烧产物必然要进入喷管膨胀，进而才能产生推力。由于目前对于斜爆震发动机总体方案的研究比较落后，对喷管流动的研究几乎没有。这种情况下，对不同几何条件的研究，仍然局限于燃烧室内的情况，因此接下来主要介绍的是燃烧室内壁面与斜爆震波的相互作用。

图 7.3.5 所示为基于两步诱导—放热反应模型得到的斜爆震波在上壁面发生马赫反射的流场，其中下楔面角度固定为 25°，上壁面拐角固定为 55°。为了在合适的位置添加上壁面扰动，模拟了上边界为自由边界的斜爆震波，获得了流道高度（本模拟选取 140）对应的波面位置。如果斜爆震波正好与上壁面相交于此位置，则是最理想的情况。数值结果显示如果壁面位置向下游移动，则会导致斜爆震波在壁面上发生马赫反射。发生马赫反射之后，有可能形成稳定的结构，如图 7.3.5 所示，也有可能发生失稳导致爆震波持续前传，如图 7.3.6 所示。稳定斜爆震波存在一个最大下移距离，这个距离受来流马赫数的影响：Ma 为 7.0 时，下移距离为 5 能够诱导稳定结构，下移距离为 10 则稳定结构不存在；Ma 为 7.5 时，下移距离为 15，仍然能够形成稳定结构，如图 7.3.5（b）所示。

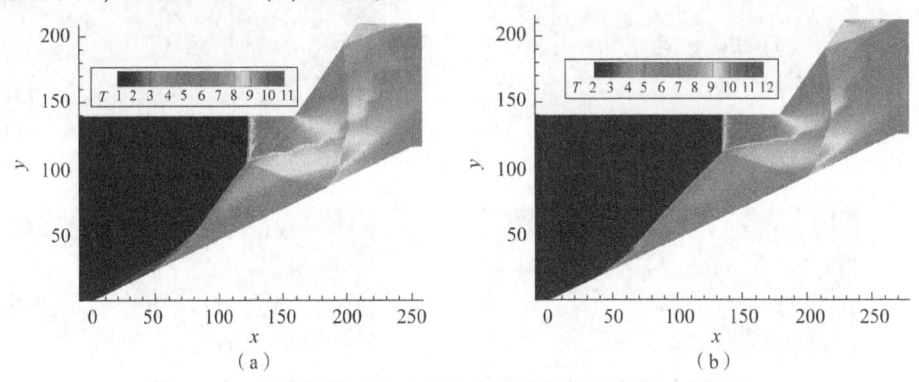

图 7.3.5 斜爆震波在上壁面发生马赫反射的流场（附彩插）
（a）Ma 为 7.0，下移距离为 5；（b）Ma 为 7.5，下移距离为 15

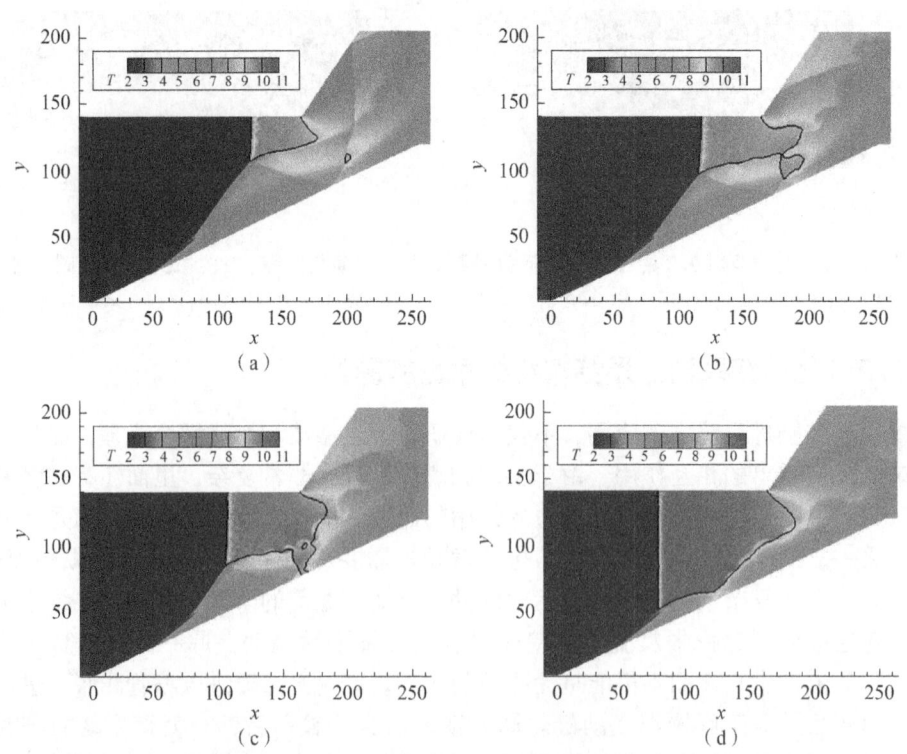

图 7.3.6 斜爆震波在上壁面反射形成的非定常结构温度场（黑线表示声速面），Ma 为 7.0，下移距离为 9（附彩插）
（a）$t=317$；（b）$t=1\,530$；（c）$t=1\,830$；（d）$t=1\,910$

对 Ma 为 7.0 的情况，研究发现当下移距离从 8 变为 9 时，斜爆震结构开始失稳，其流场演化过程如图 7.3.6 所示。可以看到，一开始形成的结构与稳定结构类似，均是斜爆震波在上壁面发生马赫反射。然后经过了相对比较慢的流场演化之后，下楔面上的反射激波诱导亚声速区与马赫杆之后的亚声速区合并，形成了热壅塞。这种热壅塞导致稳定结构不能维持，斜爆震波不断向上游移动，直到最后从左侧边界移出计算域。上述现象说明如果斜爆震波打在上壁面上，可能形成稳定结构，也可能由于热壅塞无法形成稳定结构。稳定结构的边界取决于波面与拐角的距离，也和来流马赫数有关，较大的马赫数有利于形成稳定结构。

如果上壁面拐角在斜爆震波面平衡位置上游，会诱导另一种结构，如图 7.3.7 所示。此时用拐角在流动方向上，距离下楔面起始位置（$x=0$）的距离来表示其位置，分别为 100 和 90。可以看到两种结构是类似的，均在拐角下游形成了一个高温区，且高温区流动是亚声速的。对流线的追踪发现，这个高温区是一个回流区，在其边缘存在放热，但是高温主要是由回流流动引起的。回流区的形成机理比较复杂，总体上来说是由于斜爆震燃烧导致的高压（波面下游）和膨胀波导致的低压（拐角后）相互作用引起的。值得注意的是，虽然超声速来流中拐角会导致中心膨胀波，但是在这种结构中其原位置已经被回流区导致的压缩波取代，此处可以看到明显的温升。这种结构也受来流马赫数的影响，如图 7.3.7（b）所示，可以看到较低的来流马赫数下，波面会出现失稳并伴随较大的波后亚声速区，而在较高的来流马赫数下是不存在的。目前对这些斜爆震波与几何条件影响的研究还处于起步阶段，其中的结构特性、局部失稳机制、宏观稳定性及其影响因素，都有待于进一步研究。

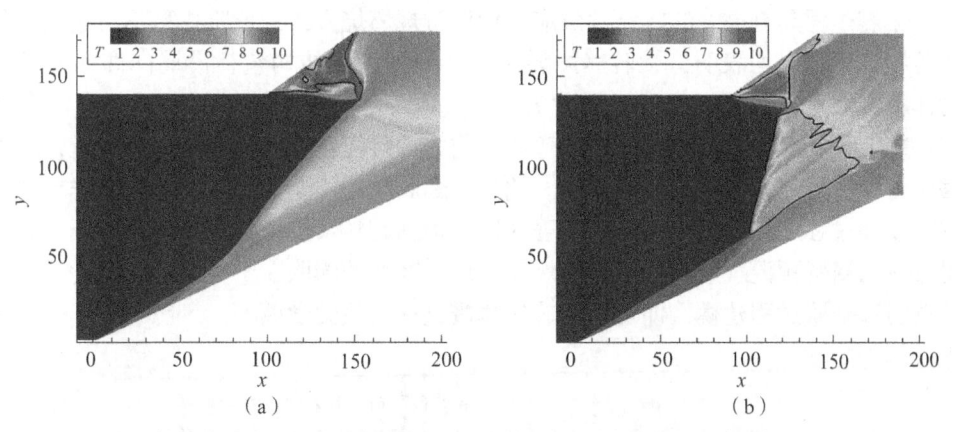

图 7.3.7 斜爆震波在上壁面膨胀波作用形成的温度场（黑线表示声速面）（附彩插）
(a) Ma 为 7，拐角位置为 100；(b) Ma 为 6，拐角位置为 90

7.4 旋转爆震发动机

与斜爆震发动机不同，旋转爆震发动机是一种以爆震波在燃烧室内沿圆周方向传播为典型特点的新型动力装置。旋转爆震这一燃烧形式最早由苏联科学院的 Voitsekhovskii 于 1959 年在研究横向爆震波时发现，他将被氩气稀释的 C_2H_2/O_2 预混气注入圆盘形燃烧室中点燃，并利用完全补偿条纹摄像方法获得了燃烧室内旋转的爆震波结构。在 1966 年，美国 Nicholls

等首次提出了将旋转爆震应用于动力系统的理念并开展了实验研究，他们尝试在环形腔室内实现旋转爆震，然而由于组分混合不均匀且燃烧室出口收缩比过大，这一尝试并未成功，实验中只获得了爆燃。1975 年前后，Bykoviskii 等和 Edwards 分别在环形燃烧室中成功实现了旋转爆震。图 7.4.1 所示为目前连续旋转爆震燃烧室的典型结构，可燃混气从环形燃烧室头部进入，爆震在头部起爆沿周向运动，并在向下游膨胀的高温燃气中形成一道斜激波；爆震波后压力下降，新鲜混气得以持续注入，从而形成连续旋转的爆震波。

图 7.4.1　Voitsekhovskii 等获得的旋转爆轰波结构

作为爆震推进装置的一种，连续旋转爆震发动机除了具有潜在的热力循环效率增益外，其燃烧室结构简单、适用飞行范围宽等优势使其成为近年来最受关注爆震发动机。至今，针对旋转爆震现象、机理及稳定性影响因素等关键问题，各国学者已经开展了大量理论和试验研究，取得了显著进展。自 2011 年以来，相关研究结果的发表数量大幅增加，有力支撑了旋转爆震技术的应用前景。目前，包括火箭式、涡轮式和冲压式等在内的多种连续旋转爆震发动机已经得到工程实践。

旋转爆震过程具有显著的非定常效应，针对常规燃烧方式的低阶模型不再适用。数值模拟和实验测试的结果均表明，旋转爆震燃烧室的典型流场结构包括沿周向高速旋转的爆震波、附体斜激波及一系列膨胀波，如图 7.4.2 所示，由于爆震波和斜激波前气流参数不均匀，使爆震波、斜激波、滑移线会发生弯曲。作为低阶模化方法，为减少计算量，斜激波及其压缩区与膨胀区的滑移线可视为直线。此外，爆震波的周期性传播，导致新鲜预混气向燃烧室中的喷注过程与传统燃烧室具有显著区别。根据旋转爆震燃烧室的流场特征，其热力学过程可分解为新鲜预混气的喷注、旋转爆震、爆震产物的膨胀 3 个子过程。因此，分别针对进气、爆震和膨胀过程建模，即可得到旋转爆震过程的热力学模型。

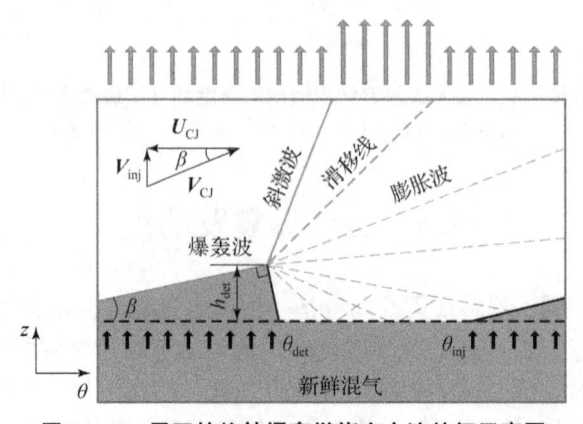

图 7.4.2　展开的旋转爆轰燃烧室主流特征示意图

旋转爆震是一种燃烧模式，理论上在各种发动机中都可以应用，前期应用主要关注火箭发动机和冲压发动机。火箭发动机的燃烧室是圆截面，燃料和氧化剂从燃烧室顶部的喷注盘连续进入，可燃混气的流速一般为亚声速，因此用旋转爆震来替换常规燃烧难度不大。在合适的条件下，燃烧室头部可以形成一个或多个旋转爆震波沿圆周方向传播，爆震燃烧产物同时沿轴向和周向膨胀。近年来，美国空军实验室与多家单位合作，借助激光诱导荧光技术，获得了火箭发动机中旋转爆震波的高频实验图像，分析了当量比和质量流量对爆震波数目、速度及燃烧室压力的影响。日本名古屋大学采用乙烯和氧气开展了基于旋转爆震的火箭发动机地面自由飞行试验，通过数千个周期（2 s）的旋转爆震验证了燃烧稳定性。2021 年，日本名古屋大学和日本宇宙航空研究开发机构（JAXA）合作开展了旋转爆震飞行演示验证，基于旋转爆震的火箭发动机作为轨道控制发动机工作 5 s，获得的推力为 530 N，实现了关键技术指标的重大突破。

现有布局的冲压发动机最低工作 $Ma>3.0$，面临低速难以启动、无法作为单一推进系统使用等困境。同时，带有旋转部件的涡轮发动机难以在 $Ma>2.5$ 的工况下应用，造成涡轮基组合循环发动机遭遇了 Ma 在 2.5~3.0 范围的"推力陷阱"。依据对旋转爆震燃烧室的理论与实验研究基础，连续旋转爆震冲压发动机在面向工程化应用时面临着进气道、燃烧室与尾喷管等多核心部件之间相互协同工作的问题，其最终影响连续旋转爆震冲压发动机的工作稳定性和整体性能。

北京动力机械研究所开展了基于液态碳氢燃料的连续旋转爆震冲压发动机部件匹配研究及整机设计，成功实现了液态碳氢燃料/空气的旋转爆震燃烧组织，针对连续旋转爆震冲压发动机地面原理样机开展了自由射流试验，成功实现了发动机进气道、燃烧室和尾喷管的协同稳定工作，通过试验手段验证了液态碳氢燃料/空气连续旋转爆震冲压发动机的工程可实现性及性能优越性。连续旋转爆震冲压发动机试验图如图 7.4.3 所示。

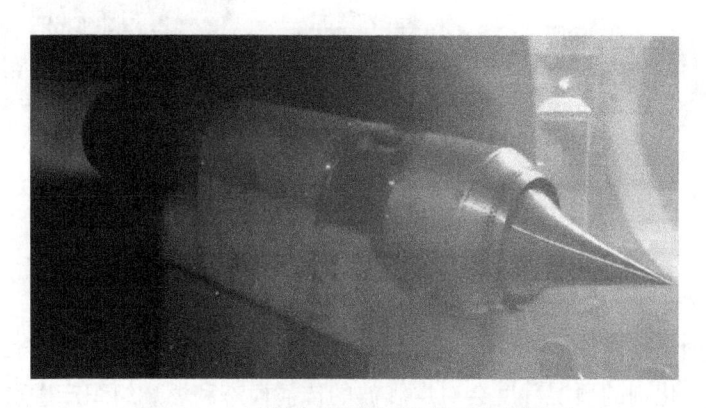

图 7.4.3　连续旋转爆震冲压发动机试验图

连续旋转爆震发动机中燃烧组织面临诸多关键问题，如燃烧室入口温度、燃烧室径向尺寸和非预混喷注等。入口温度对应着飞行马赫数，飞行马赫数越大，则入口温度越高。研究发现，由于化学反应对温度比较敏感，温度的增加会引起反应物化学反应活性的增加，使燃烧更加容易进行。图 7.4.4 所示为不同无量纲总温 T_t 来流条件下，旋转爆震燃烧室内无量纲静温 T 的分布，计算采用当量比 1.0 的 JP10 和空气预混气，燃烧室无量纲内径 $R_i=18$，无量纲外径 $R_o=20$。可以看出，随着总温增加，爆震波数目增加，尺寸减小，强度变弱，传播速度下降。当来流总温过高时,燃烧室内难以形成稳定传播的爆震,大多数燃料在喷入之后就以爆燃的形式被消耗掉。

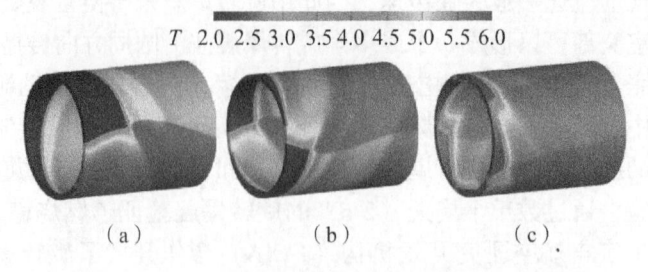

图 7.4.4　入口总温对发动机内温度场的影响（附彩插）
(a) $T_t = 2.2$；(b) $T_t = 2.4$；(c) $T_t = 2.6$

原则上,径向尺寸的增加在一定程度上增加了燃料喷注的时间,如果燃烧室内爆震波的数目不发生变化,则爆震波的大小会随着燃烧室半径的增加而增加。然而,数值模拟结果显示,燃烧室径向尺寸的增加能够改变旋转爆震波的传播模态,而呈现出单波、双波对撞甚至多波同向传播等燃烧组织形式。图 7.4.5 所示为不同燃烧室无量纲外径条件下,旋转爆震燃烧室内无量纲静温 T 的分布,其中,来流为无量纲总温 $T_t = 2.2$,当量比 1.0 的 JP10 和空气预混气,燃烧室无量纲厚度为 2。燃烧室径向尺寸的增加会在一定程度上改变燃烧室内爆震波的数目,由此会导致爆震波的大小、强度和传播速度发生变化。燃烧室径向尺寸的影响相对比较复杂,需要综合考虑燃料的喷注特性、可燃物的反应活性甚至点火方式的影响。

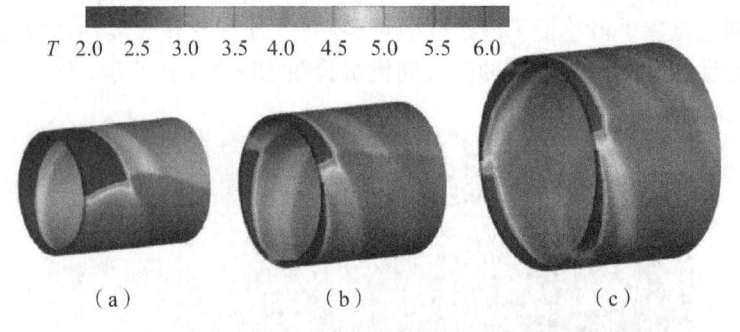

图 7.4.5　径向尺寸对发动机内温度场的影响（附彩插）
(a) $R_o = 20$；(b) $R_o = 25$；(c) $R_o = 35$

爆震燃烧的理想情况是波前完全预混好,但在连续旋转爆震发动机的实际应用中存在较大困难,燃料和氧化剂的预混程度会对爆震波的传播模态和燃烧组织产生重要影响。非预混造成的直接影响就是燃料的非均匀分布和不稳定燃烧,为了研究非预混的影响,将燃料和氧化剂进行间隔喷注,并保证当量比为 1.0。图 7.4.6 所示为 C_2H_4 和空气在不同喷注面积比时燃烧室内无量纲静温 T 的分布,其中,来流为无量纲总温 $T_t = 3.0$,燃烧室无量纲内径 $R_i = 18$,无量纲外径 $R_o = 20$。计算结果显示,非预混程度的增加（或者混合效果变差）,波面扭曲变形增强,爆震波能够维持相对稳定的传播,但出现局部提前燃烧的现象,甚至导致爆震波数目的增加。同时也能看到,非预混面临的另外一个问题是在燃烧室内爆震和爆燃燃烧的占比,可能会对发动机的性能产生比较大的影响。

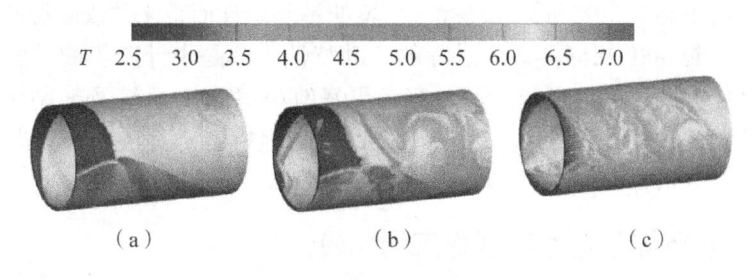

图 7.4.6 预混程度对发动机内温度场的影响（附彩插）
(a) 1∶1; (b) 1∶2; (c) 1∶4

7.5 火星进入器

火星是距离地球最近的行星，也是太阳系中被探测次数最多的行星，人类探测火星已有 60 多年的历史。以往的火星登陆任务中，失败多发生在进入—下降—着陆（Entry - Descent - Landing，EDL）过程，所以这个过程常称为"死亡 7 分钟"，是关系任务成败的关键因素。在火星探测 EDL 过程中的进入段，面临的问题来自火星特殊的大气成分和稀薄环境，其性质与地球大气差异较大，对基于地球再入建立起来的现有理论、数值和试验技术提出了新的要求。对火星大气性质的认识不充分、对火星进入气动力热特性预测的能力不足，致使早期火星进入飞行器的轨道设计和热防护系统设计存在较大的不确定性，造成实际进入过程中气动参数往往很容易超出设计值或遭遇未被充分理解的物理现象，最终导致任务失败。近年来，随着火星登陆成功率提升，对火星大气环境的了解不断增加，对 EDL 过程，尤其是进入阶段的气体动力学和气动热力学计算与分析也在不断成熟。

火星大气主要由 95.7% 的 CO_2、2.7% 的 N_2 和 1.6% 的 Ar 组成，与地球大气显著不同，密度也只有地球大气的 1%，因此飞行器进入火星大气和再入地球大气的过程与遭遇的气动环境非常不同。以往的火星探测器中，除海盗Ⅰ号和海盗Ⅱ号在进入火星大气前先进入环绕轨道，其余所有的探测器均采用钝体设计进行减速，沿双曲轨道直接进入火星大气。这种设计方案可省去燃料和推进系统，减轻系统质量，降低着陆器设计和发射费用。随着探测器有效载荷逐渐增大，探测器的质量和体积越来越大，对于非常稀薄的火星大气，为使探测器有充足时间进行减速，必须采用升力式进入方式以增加下降过程时间。升力式进入面临最主要的问题就是，升力式进入过程中探测器的飞行速度更高，这意味着飞行器要经受更大的热流和热负荷，造成热防护系统不得不更加复杂。海盗Ⅰ号和海盗Ⅱ号是首次以非零配平攻角进入火星大气的飞行器。当时 20 世纪 70 年代还缺乏先进的计算流体力学技术，因此对海盗号飞行前气动特性评估主要采用地面试验数据，并附加 CO_2 大气环境修正。之后，火星探路者号（Mars Pathfinder，MPF）和火星探索漫游者号（Mars Exploration Rovers，MER）成功进入，这两颗进入器均采用 0°攻角。对 MPF 和 MER 的气动评估几乎全部基于计算流体力学模拟结果。所以，对这两颗进入器都没有开展气动特性的地面实验研究。随着探测器有效载荷逐渐增大，探测器的质量和体积越来越大，对于非常稀薄的火星大气，为使探测器有充足时间进行减速，必须采用升力式进入方式，以增加下降过程时间。美国最新研制的火星科学实验室（mars science laboratory，MSL）探测器采用了升力式进入的设计思路。导航控制算法依靠升力减小由于导航、气动特性和大气环境的不确定性而带来的着陆椭圆误差。通过计算流体力学仿真预测 MSL 探测器进入过程的气动特性依然是设计阶段的重要手段。对火星进入器气动特性的准确预测也可以帮助研究者更好地理解 EDL 系统及其在异常条件下的鲁棒性。本节以美国的 MSL 探测器（见图 7.5.1）为物理模型对其进入阶段所涉及的化学流体力学问题计算与分析。

7.5.1 完全气体与化学非平衡流场比较

根据火星大气的成分特征，将火星大气简化为纯 CO_2，来流参数选定进入高度 44 km，进入速度约 4.3 km/s。数值模拟考虑完全气体和化学非平衡模型。其中完全气体仅考虑 CO_2，化学非平衡模型采用 5 组分（CO_2，CO，O_2，O，C）8 种化学反应的化学反应动力学模型。化学反应如下所示：

图 7.5.1　MSL 探测器模型示意图

$CO_2 + M1 \Longleftrightarrow CO + O + M1$, 　　M1：$CO_2$，$O_2$，CO
$CO_2 + M2 \Longleftrightarrow CO + O + M2$, 　　M2：C，O
$CO + M1 \Longleftrightarrow C + O + M1$, 　　M1：$CO_2$，$O_2$，CO
$CO + M2 \Longleftrightarrow C + O + M2$, 　　M2：C，O
$O_2 + M1 \Longleftrightarrow 2O + M1$, 　　M1：$CO_2$，$O_2$，CO
$O_2 + M2 \Longleftrightarrow 2O + M2$, 　　M2：C，O
$CO + O \Longleftrightarrow O_2 + C$,
$CO_2 + O \Longleftrightarrow O_2 + CO$

图 7.5.2 所示为 0°攻角的对称面温度云图和流线。在完全气体和化学非平衡两种模型下的比较。化学非平衡影响下激波厚度大为减小，驻点区温度不到完全气体时的 1/2，化学反应消耗了大量能量。激波形状的改变导致气流经过探测器拐点过膨胀后的流动状态改变，完全气体时尾迹中的涡远大于化学非平衡，奇点距后体较远。化学非平衡时，在尾迹中形成两条汇聚流线，尾迹流动结构与完全气体差异很大。

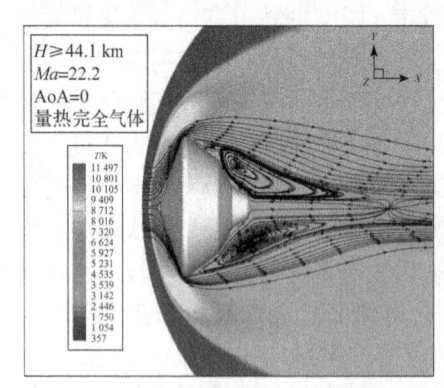

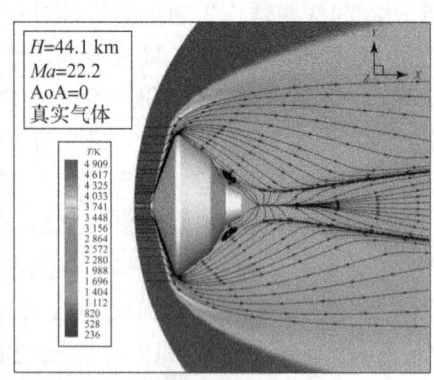

图 7.5.2　0°攻角的对称面温度云图和流线（附彩插）

图 7.5.3 所示为 -15°攻角的对称面温度云图和流线。同样的，温度云图显示化学非平衡影响温度显著降低，后体流线有相似的结构，化学非平衡时的尾迹涡依然较小，下部汇聚流线更靠近轴线，对称轴附近的流动状态比完全气体复杂很多，需要更深入的研究。

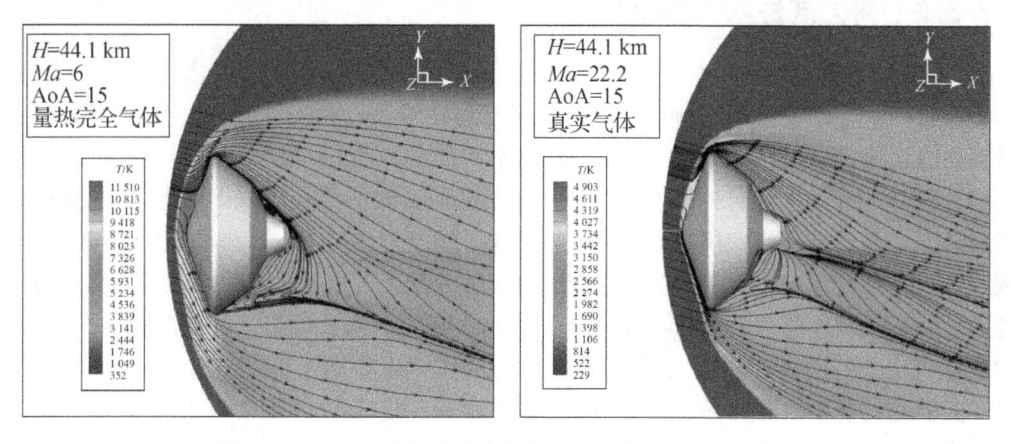

图 7.5.3 −15°攻角的对称面温度云图和流线（附彩插）

图 7.5.4 所示为对称面上各组分质量分数云图。激波后流场温度升高，导致化学反应增强，CO_2 大量分解，浓度下降。上拐点后方 CO_2 浓度最低。后体附近流场温度较低，壁面温度取值为 500 K，因此化学反应相比不强，气流中主要为 CO_2。CO 和 O 在激波后开始增多，CO 在拐点后尾流中浓度最大，此处也是温度最低的区域。O_2 分布与 CO 类似。O 由于 O_2 分解的逆反应和与 CO_2 的反应，大量被用于生成 O_2，因此浓度较 CO 低很多，在流场尾迹中分布较为均匀。C 仅在激波附近有极其微量生成。

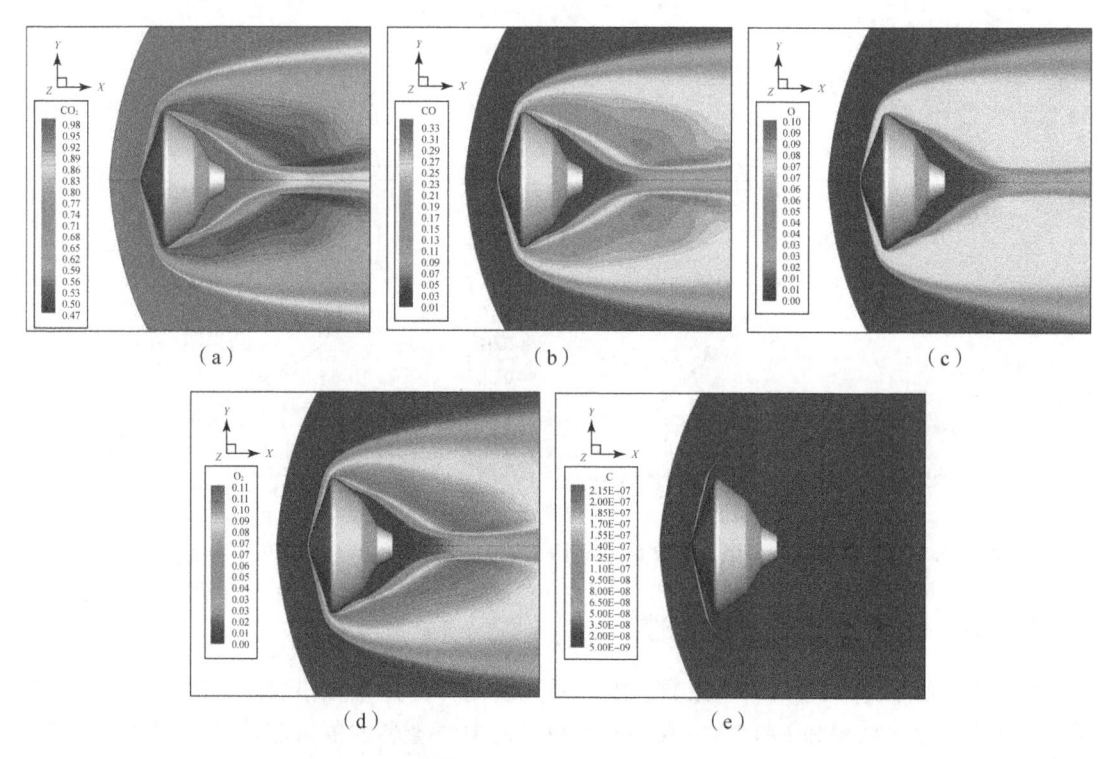

图 7.5.4 对称面上各组分质量分数云图（附彩插）

(a) CO_2；(b) CO；(c) O；(d) O_2；(e) C

7.5.2 升力式进入气动特性

针对火星大气环境下的升力式进入过程，计算攻角由 $-30°\sim0°$ 的多组状态可以考察化学非平衡效应对气动特性的影响。化学非平衡计算中来流比热比大约为 1.345，因此完全气体计算中也选定比热比为 1.345。以来流流高度为 44.1 km、Ma 为 22.2 的条件为例，如图 7.5.5 所示，随着攻角绝对值增大，升力系数逐渐增大，阻力系数逐渐减小。化学非平衡效应对升力系数影响不大，两者几乎重合；对阻力系数影响较大，化学非平衡影响下的阻力系数在各攻角均高于完全气体，差值约 5.5%~13.4%。升阻比变化曲线显示出随攻角近似线性的增长趋势，化学非平衡影响下由于阻力增大导致升阻比略低于完全气体。分析俯仰力矩的变化曲线，$-10°$ 攻角后化学非平衡影响的俯仰力矩均高于完全气体，两种模型得到火星科学实验室的配平攻角分别为 $-16.1°$ 和 $-18.0°$，相差 $1.9°$，配平攻角对应的升阻比分别约为 0.28 和 0.24。

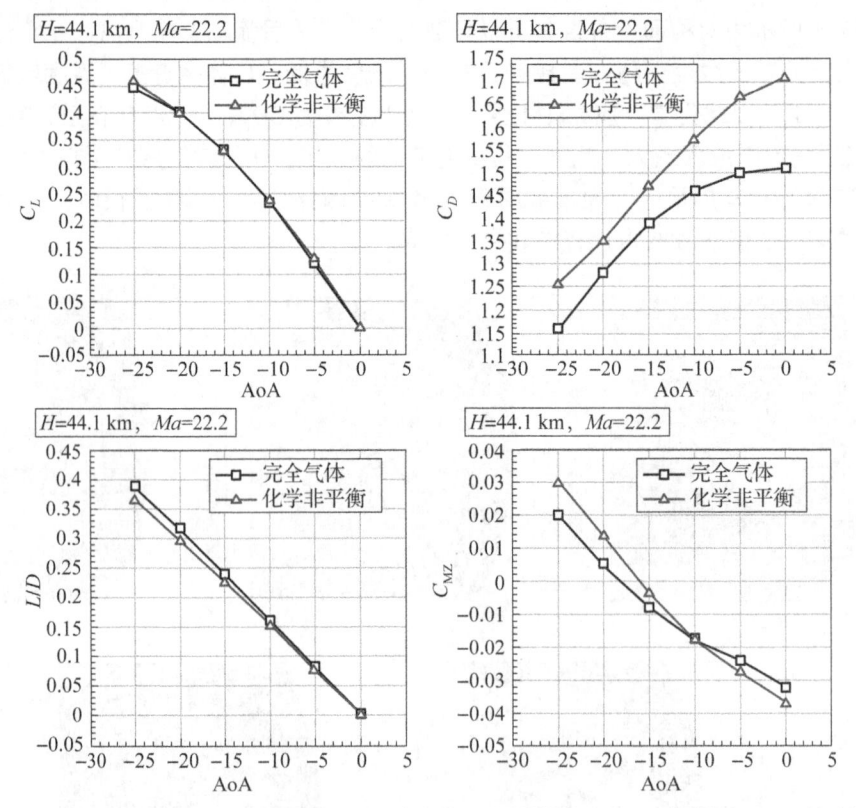

图 7.5.5 升力系数 C_L、阻力系数 C_D、升阻比 L/D 及俯仰力矩 C_{MZ} 随攻角 AoA 的比较

7.5.3 MPF 小攻角不稳定性

图 7.5.6 所示为 MPF 的升力系数、阻力系数及俯仰力矩系数沿轨道的变化。结果显示真实气体模型预测结果和 LAURA（NASA 兰利研究中心著名的复杂流动计算程序，为许多工程和科学问题提供了气动数据）的计算结果非常接近，升力系数二者完全相符，阻力系数偏差不超过 1.2%，证实了模型和方法的适用性。完全气体模型的升力系数和复杂模型的

结果非常接近，而阻力系数较为平坦，偏差稍大。在飞行过程中，随高度下降飞行器周围的气体经历平衡—非平衡—冻结的变化过程，其比热比会呈现先减小后增大的变化，即激波后流动压缩性先加强后减弱，表现为阻力系数先上升后下降，真实气体模型预测结果准确反映了这一规律。由于俯仰力矩系数本身数值非常小，对计算模型的要求也就更高。同样地，复杂模型结果非常接近，显示出飞行器在沿轨道下降过程中出现两处静不稳定区域，而完全气体模型的预测值均约等于0，接近配平状态。

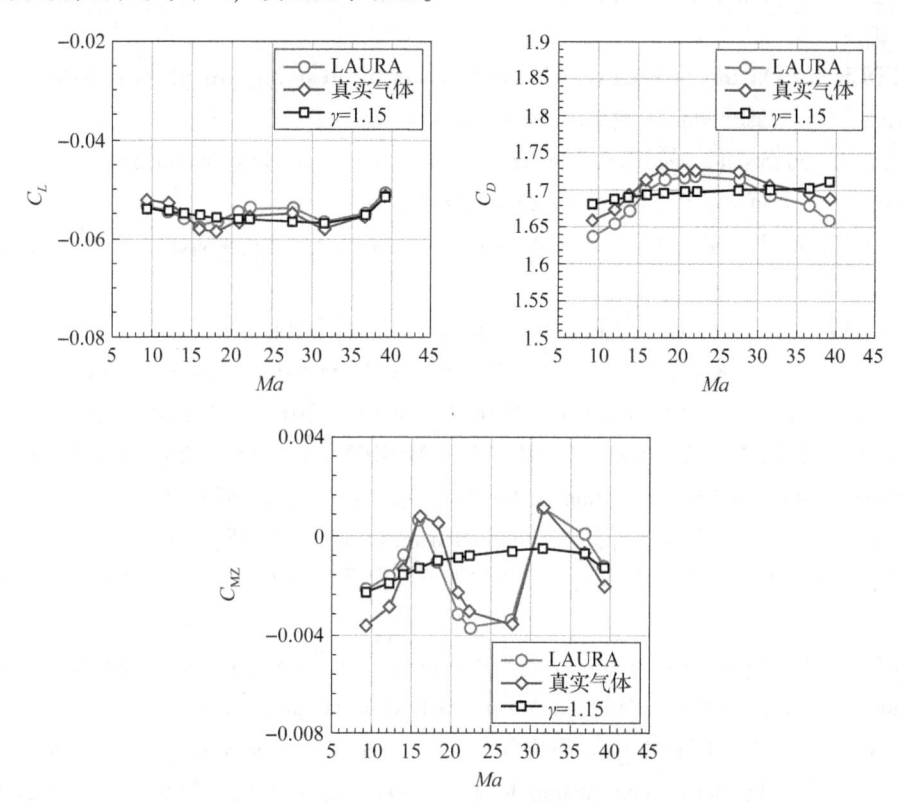

图 7.5.6　MPF 的升力系数、阻力系数及俯仰力矩系数沿轨道的变化

参 考 文 献

[1] RAYLEIGH J W S. The theory of sound [M]. New York: Dover Publications, 1945.
[2] POINSOT T. Prediction and control of combustion instabilities in real engines [J]. Proceedings of the Combustion Institute, 2017, 36 (1): 1-28.
[3] 孙晓峰,张光宇,王晓宇,等. 航空发动机燃烧不稳定性预测及控制研究进展 [J]. 航空学报, 2023, 44 (14): 1-23.
[4] SYRED N. A review of oscillation mechanisms and the role of the precessing vortex core (PVC) in swirl combustion systems [J]. Progress in Energy and Combustion Science, 2006, 32 (2): 93-161.
[5] LIANG H, MAXWORTHY T. An experimental investigation of swirling jets [J]. Journal of Fluid Mechanics, 2005, 525: 115-159.

[6] ROY R, GUPTA A K. Flame structure and emission signature in distributed combustion [J]. Fuel, 2020, 262: 116460.

[7] NOGENMYR K J, PETERSSON P, BAI X S, et al. Structure and stabilization mechanism of a stratified premixed low swirl flame [J]. Proceedings of the Combustion Institute, 2011, 33 (1): 1567-1574.

[8] 李春炎. 多火焰动力学特性及其对热声稳定性的影响研究 [D]. 北京: 清华大学, 2018.

[9] BUILDER C. On the thermodynamic spectrum of airbreathing propulsion: AIAA 1st annual meeting [C]. Washington: AIAA, 1964: 243.

[10] URZAY J. Supersonic combustion in air-breathing propulsion systems for hypersonic flight [J]. Annual Review of Fluid Mechanics, 2018, 50: 593-627.

[11] HEISER W H, PRATT D. Hypersonic airbreathing propulsion [M]. Washington: AIAA, 1994.

[12] MURTHY S N B, CURRAN E T. Scramjet propulsion [M]. Washington: AIAA, 2001.

[13] LAURENCE S J, KARL S, SCHRAMM J M, et al. Transient fluid-combustion phenomena in a model scramjet [J]. Journal of Fluid Mechanics, 2013, 722: 85-120.

[14] LARSSON J, LAURENCE S, BERMEJO-MORENO I, et al. Incipient thermal choking and stable shock-train formation in the heat-release region of a scramjet combustor. Part II: Large eddy simulations [J]. Combustion and Flame, 2015, 162 (4): 907-920.

[15] 王靛. 超燃冲压发动机双模态燃烧室模态转换及性能研究 [D]. 西安: 西北工业大学, 2009.

[16] MICKA D J. Combustion stabilization, structure, and spreading in a laboratory dual-mode scramjet combustor [D]. Michigan: University of Michigan, 2010.

[17] DUNLAP R, BREHM R L, NICHOLLS J A. A preliminary study of the application of steady-state detonative combustion to a reaction engine [J]. Journal of Jet Propulsion, 1958, 28 (7): 451-456.

[18] PRATT D T, HUMPHREY J W, GLENN D E. Morphology of standing oblique detonation waves [J]. Journal of Propulsion and Power, 1991, 7 (5): 837-845.

[19] ALEXANDER D C, SISLIAN J P, PARENT B. Hypervelocity fuel/air mixing in mixed-compression inlets of shcramjets [J]. AIAA Journal, 2006, 44 (10): 2145-2155.

[20] ZHANG Y, YANG P, TENG H, et al. Transition between different initiation structures of wedge-induced oblique detonations [J]. AIAA Journal, 2018, 56 (10): 4016-4023.

[21] LIU Y, WANG L, XIAO B, et al. Hysteresis phenomenon of the oblique detonation wave [J]. Combustion and Flame, 2018, 192: 170-179.

[22] YANG P, NG H D, TENG H. Numerical study of wedge-induced oblique detonations in unsteady flow [J]. Journal of Fluid Mechanics, 2019, 876: 264-287.

[23] WANG K, ZHANG Z, YANG P, et al. Numerical study on reflection of an oblique detonation wave on an outward turning wall [J]. Physics of Fluids, 2020, 32 (4): 046-101.

[24] WANG K, TENG H, YANG P, et al. Numerical investigation of flow structures resulting from the interaction between an oblique detonation wave and an upper expansion corner [J]. Journal of Fluid Mechanics, 2020, 903: A28.

[25] VOITSEKHOVSKII B V. Maintained detonations [J]. Doklady Akademii Nauk SSSR, 1959, 129: 1254-1256.

[26] NLCHOLLS J A, CULLEN R E, RAGLAND K W. Feasibility studies of a rotating detonation wave rocket motor [J]. Journal of Spacecraft and Rockets, 1966, 3 (6): 893-898.

[27] BYKOVSKII F A, KLOPOTOV I D, MITROFANOV V V. Spin detonation of gases in a cylindrical chamber [J]. Doklady Akademii Nauk SSSR, 1975, 224: 1038-1041.

[28] EDWARDS B D. Maintained detonation waves in an annular channel: A hypothesis which provides the link between classical acoustic combustion instability and detonation waves [J]. Symposium (International) on Combustion, 1977, 16 (1): 1611-1618.

[29] 王兵, 谢峤峰, 闻浩诚, 等. 爆震发动机研究进展 [J]. 推进技术, 2021, 42 (4): 721-737.

[30] 吕俊明, 黄飞, 苗文博, 等. 火星进入气体辐射加热研究进展 [J]. 宇航学报, 2019, 40 (5): 489-500.

[31] 吕俊明, 李飞, 李齐, 等. 火星大气高温光谱建模与非平衡辐射热流预测 [J]. 航空学报, 2022, 43 (3): 35-46.

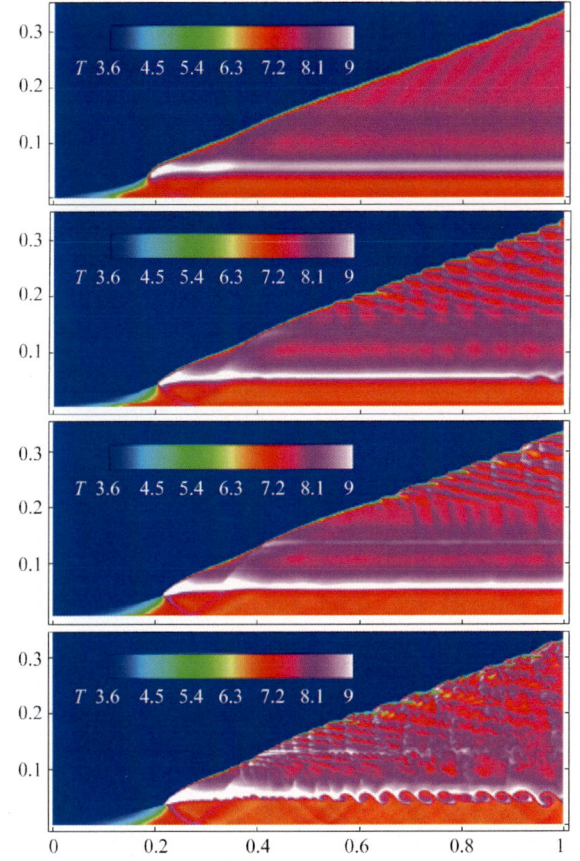

图 6.4.7 采用不同网格模拟获得的斜爆轰波系结构温度场

注：单步反应活化能 $E_a = 30$，x 方向网格为 250，500，1 000，2 000。

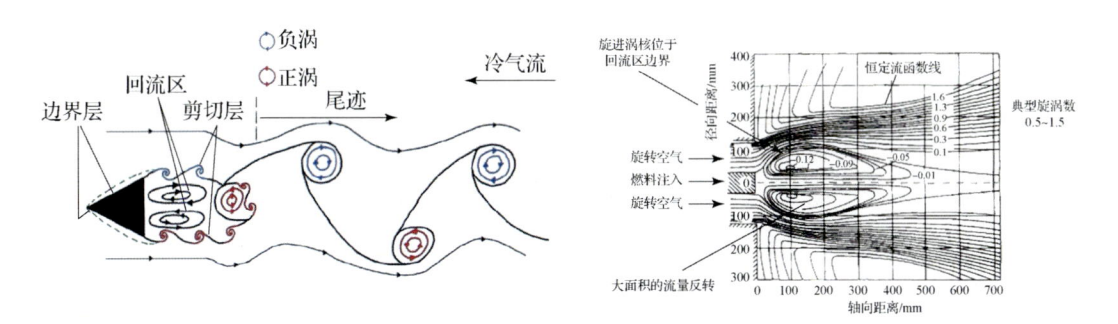

图 7.1.4 钝体流场与旋流燃烧器流场示意图

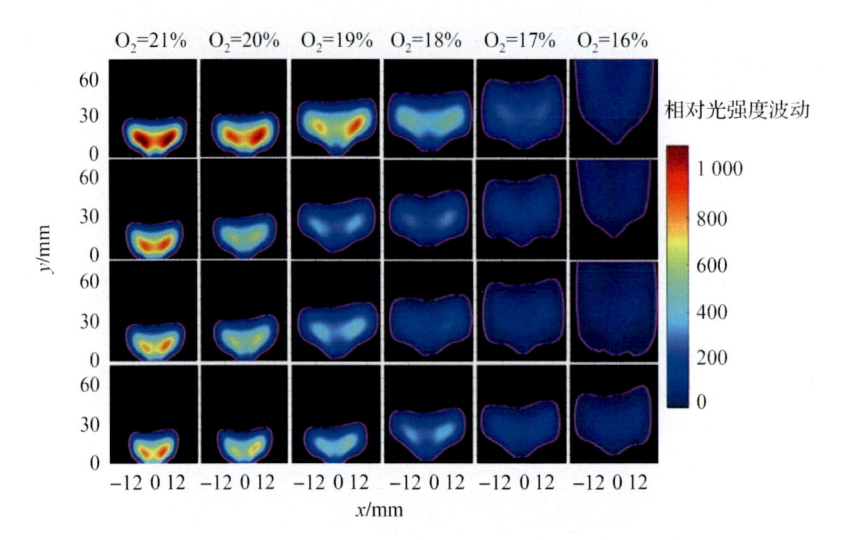

图 7.1.6　不同富氧条件下火焰的热释放特征

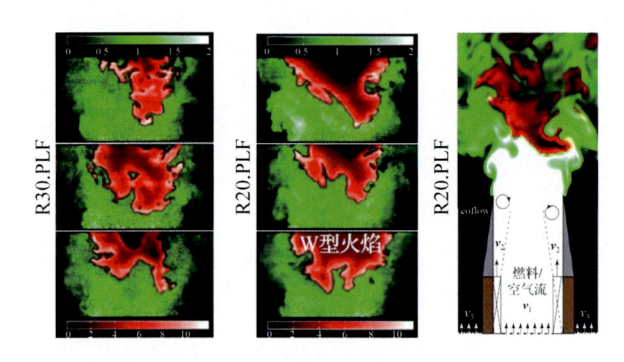

图 7.1.7　不同火焰结构下的热释放变化

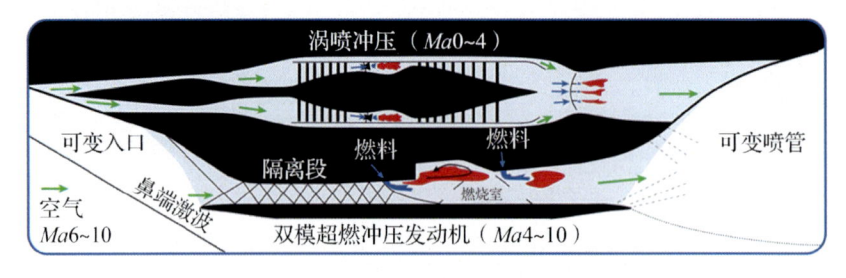

图 7.2.1　超燃冲压发动机结构示意图

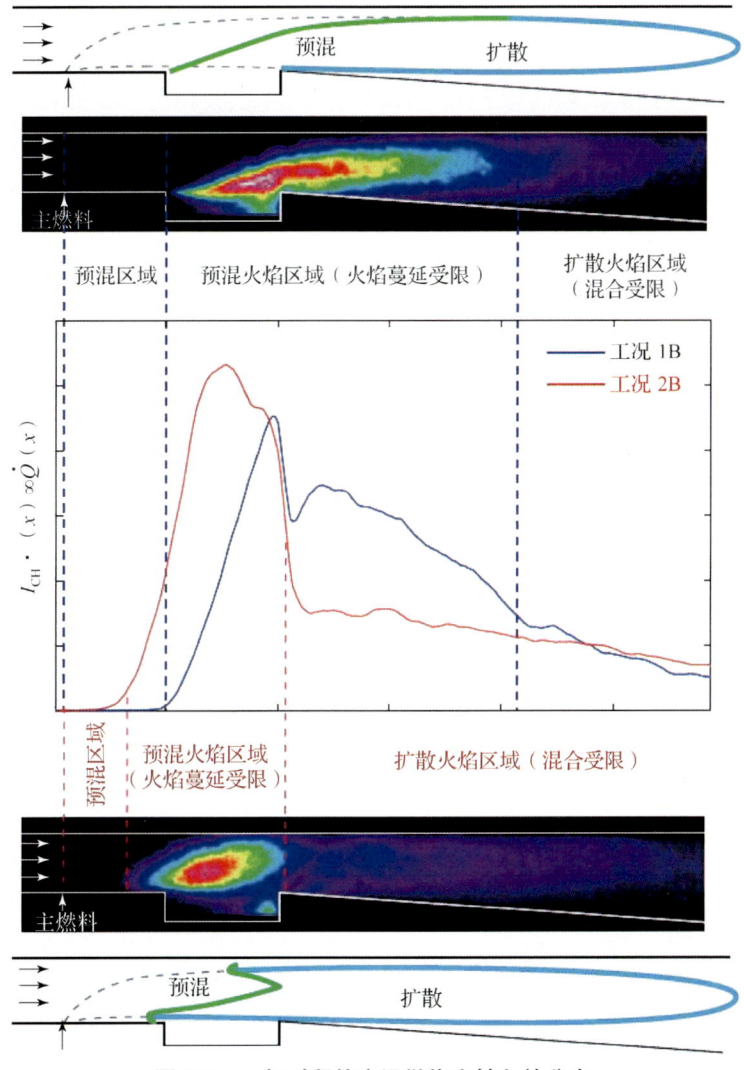

图 7.2.6 相对释热率沿燃烧室轴向的分布

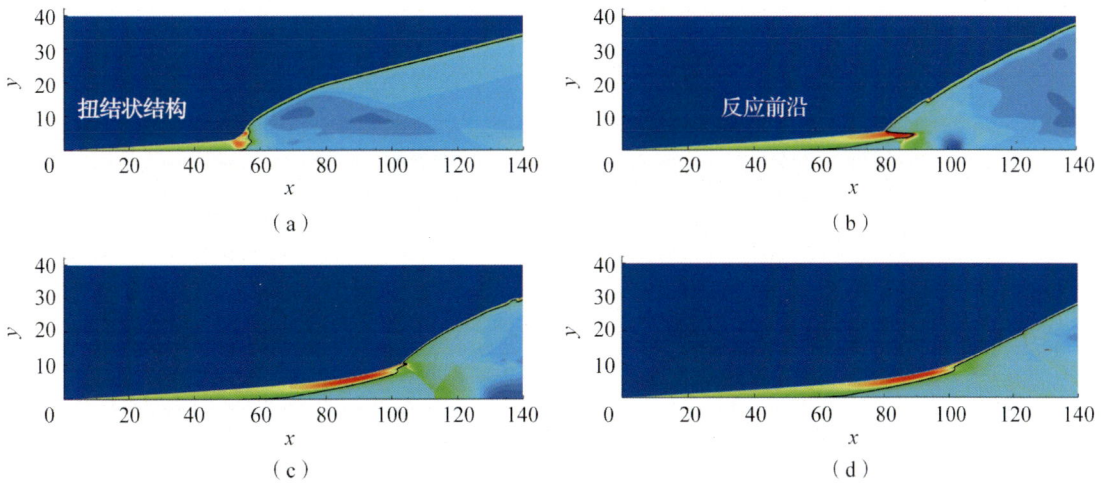

图 7.3.2 来流角度突变（**24°**减小到 **18°**）导致的斜爆震结构演化密度场
（a）$t=4.8$；（b）$t=9.3$；（c）$t=13.7$；（d）$t=18.3$

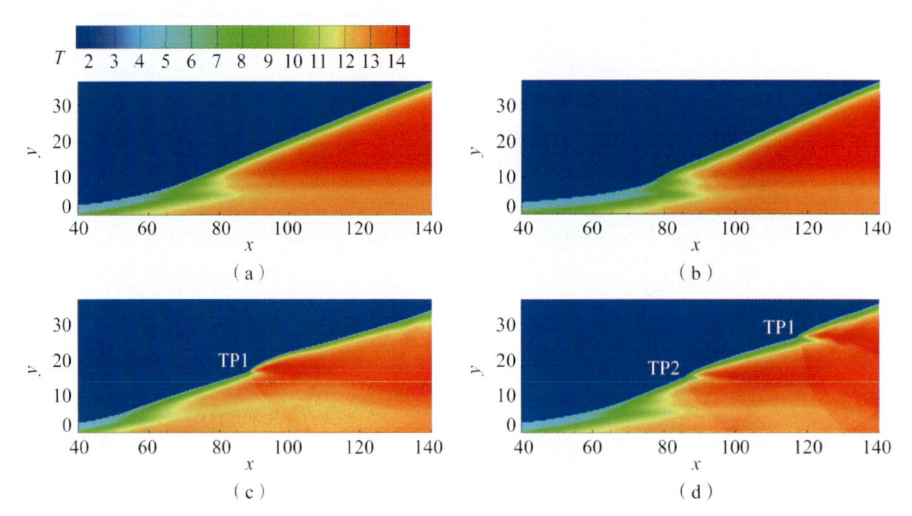

图 7.3.3 扰动波数 0.2 的单脉冲扰动下斜爆震波温度场演化过程（TP：三波点）
（a）$t=0.0$；（b）$t=12.4$；（c）$t=16.9$；（d）$t=27.4$

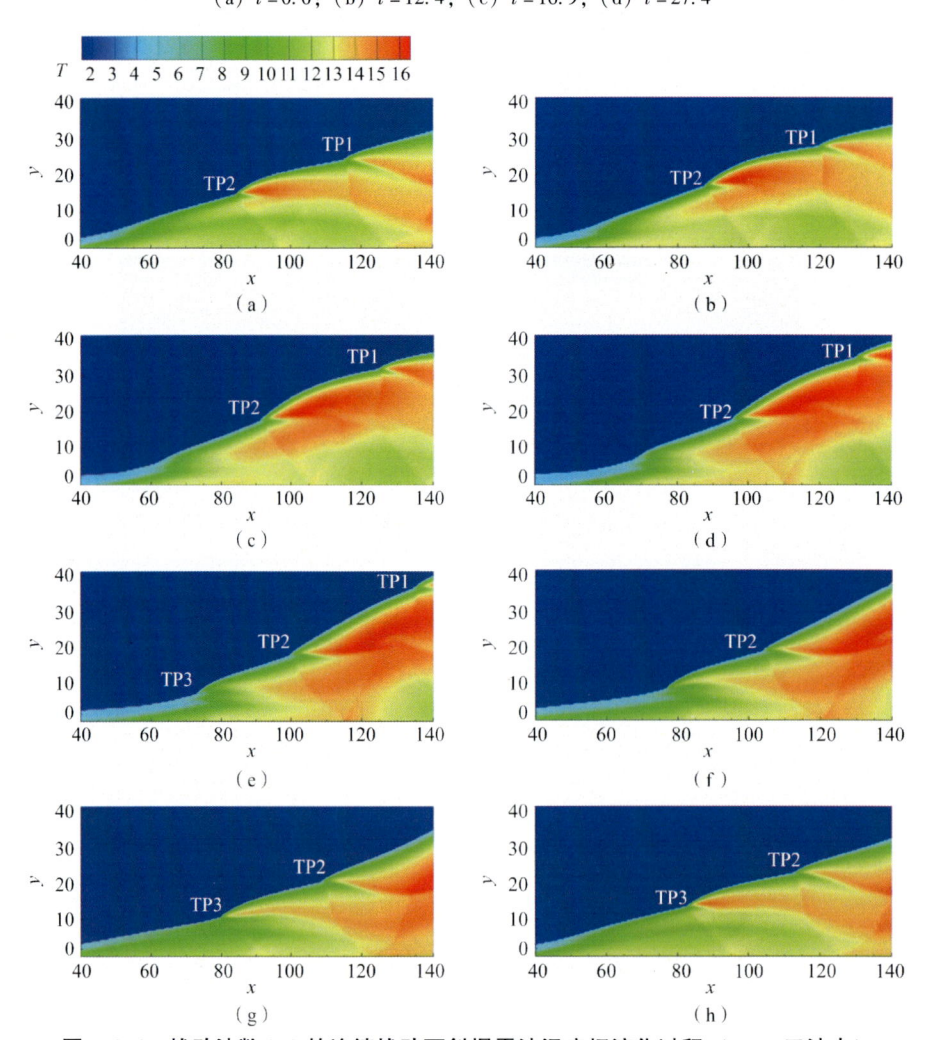

图 7.3.4 扰动波数 0.2 的连续扰动下斜爆震波温度场演化过程（TP：三波点）
（a）$t=49.2$；（b）$t=50.7$；（c）$t=52.2$；（d）$t=53.6$；（e）$t=55.1$；（f）$t=56.6$；（g）$t=58.1$；（h）$t=59.5$

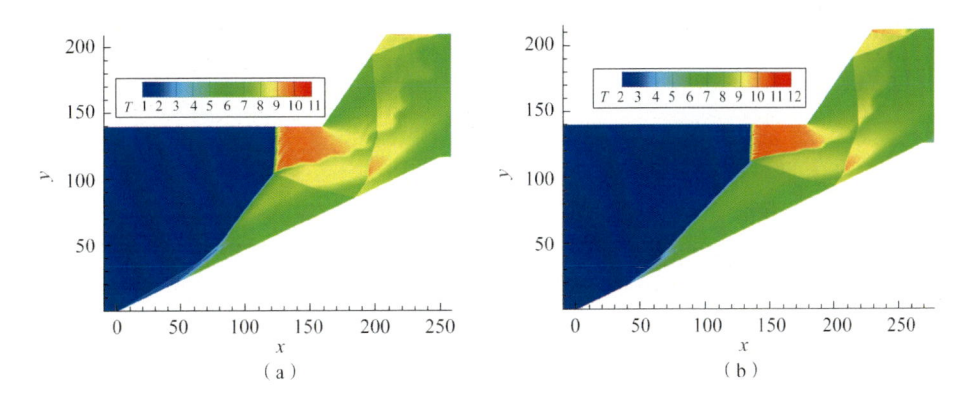

图 7.3.5 斜爆震波在上壁面发生马赫反射的流场

(a) Ma 为 7.0，下移距离为 5；(b) Ma 为 7.5，下移距离为 15

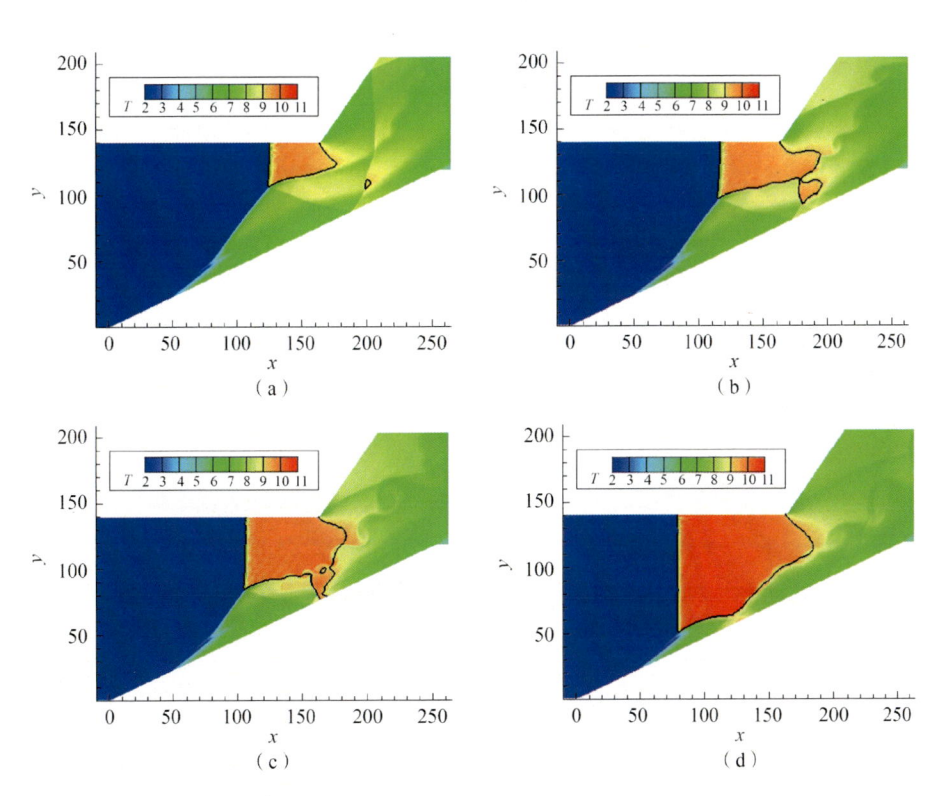

图 7.3.6 斜爆震波在上壁面反射形成的非定常结构温度场（黑线表示声速面），Ma 为 7.0，下移距离为 9

(a) $t=317$；(b) $t=1\,530$；(c) $t=1\,830$；(d) $t=1\,910$

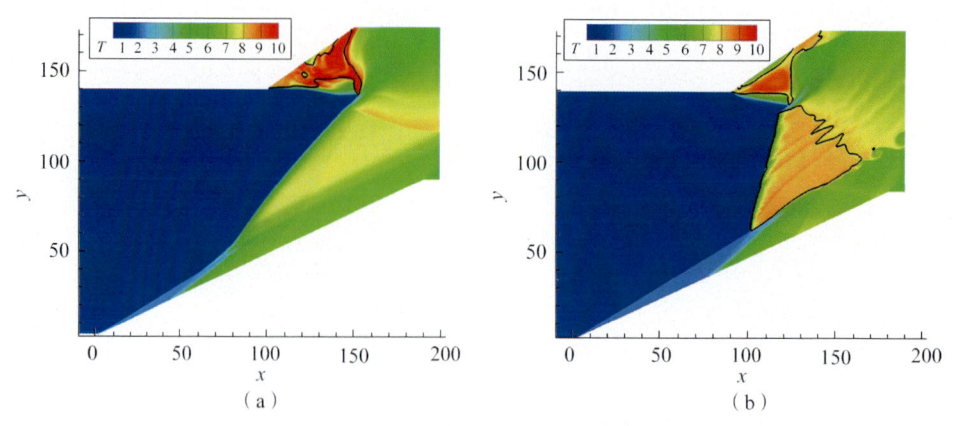

图 7.3.7 斜爆震波在上壁面膨胀波作用形成的温度场（黑线表示声速面）

（a）Ma 为 7，拐角位置为 100；（b）Ma 为 6，拐角位置为 90

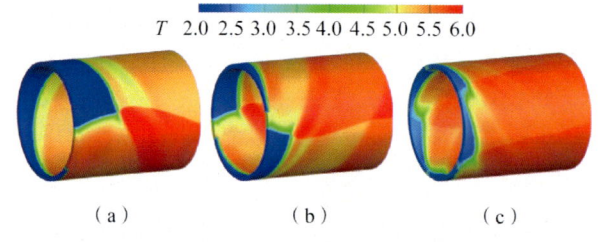

图 7.4.4 入口总温对发动机内温度场的影响

（a）$T_t = 2.2$；（b）$T_t = 2.4$；（c）$T_t = 2.6$

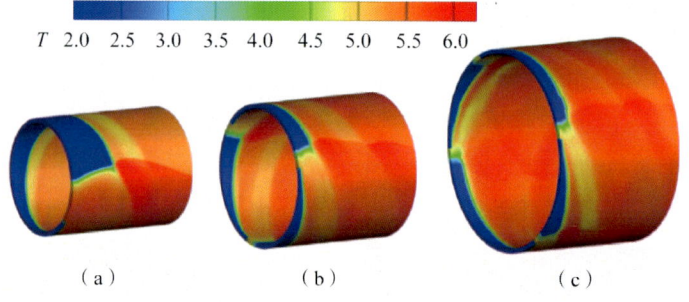

图 7.4.5 径向尺寸对发动机内温度场的影响

（a）$R_o = 20$；（b）$R_o = 25$；（c）$R_o = 35$

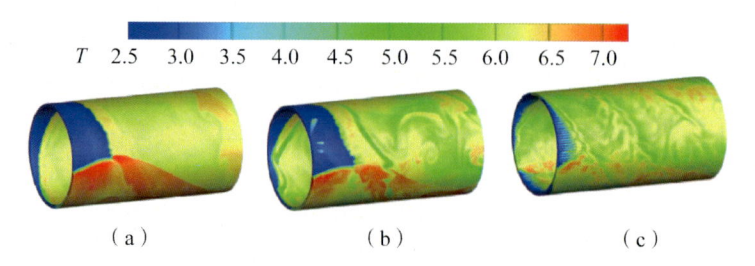

图 7.4.6 预混程度对发动机内温度场的影响

（a）1∶1；（b）1∶2；（c）1∶4

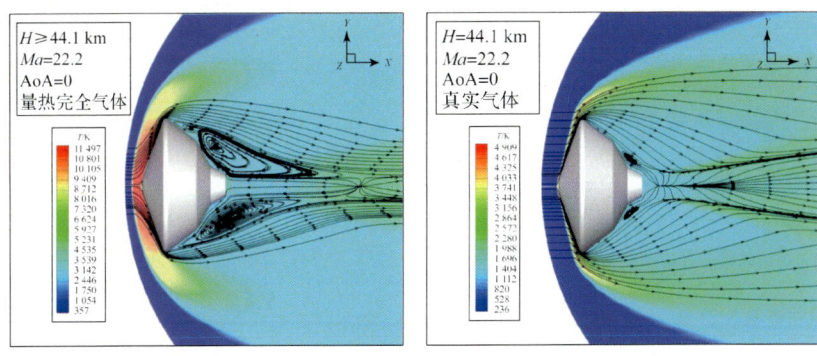

图 7.5.2 0°攻角的对称面温度云图和流线

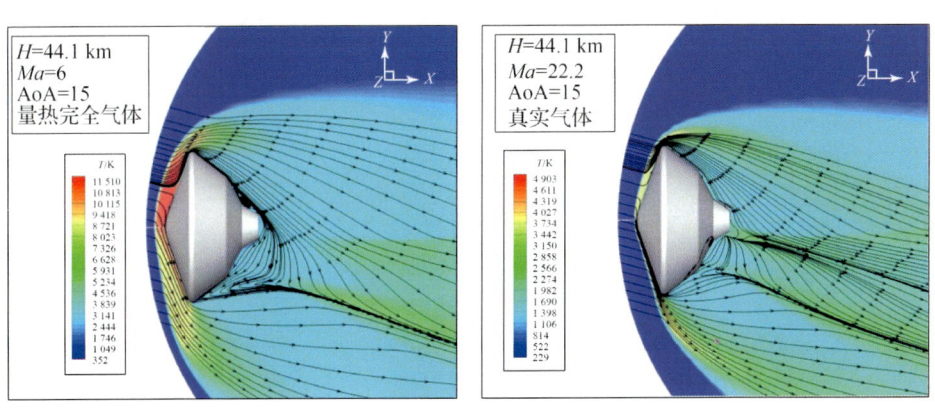

图 7.5.3 −15°攻角的对称面温度云图和流线

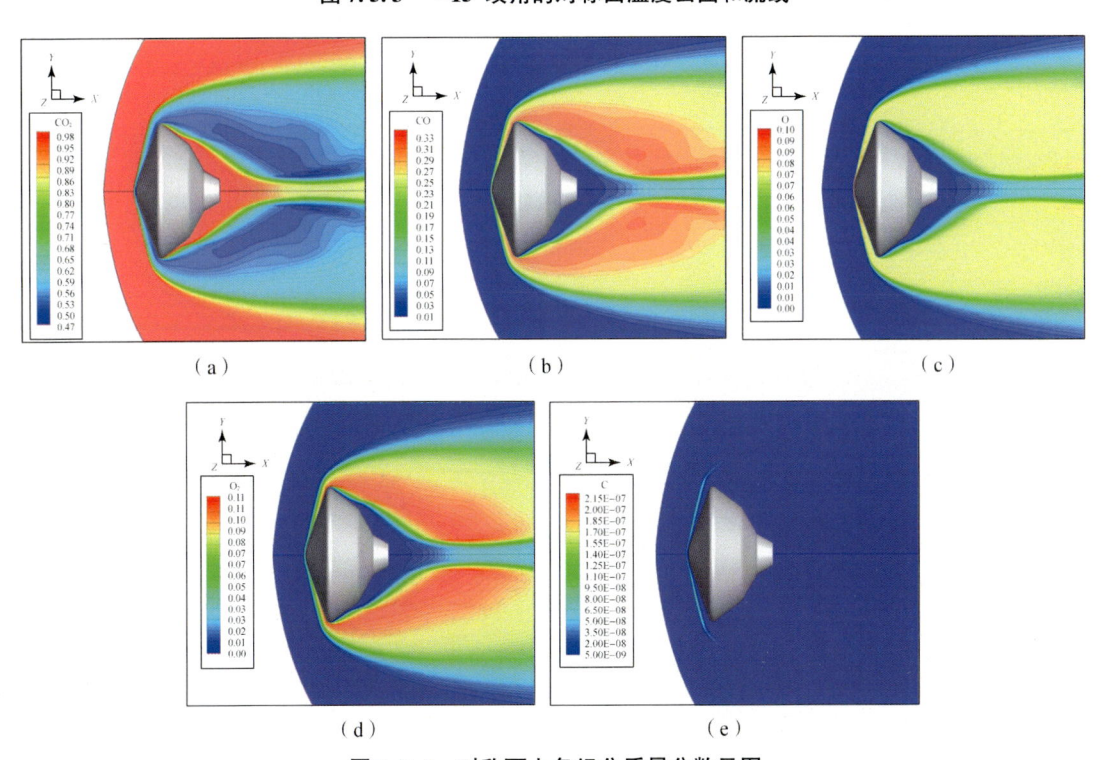

图 7.5.4 对称面上各组分质量分数云图
(a) CO_2；(b) CO；(c) O；(d) O_2；(e) C